Karsten Gareis
Werner Korte
Markus Deutsch

Die E-Commerce Studie

Karsten Gareis

Werner Korte

Markus Deutsch

Die E-Commerce Studie

Richtungweisende Marktdaten,
Praxiserfahrungen, Leitlinien für
die strategische Umsetzung

Die Deutsche Bibliothek – CIP-Einheitsaufnahme
Ein Titeldatensatz für diese Publikation ist bei
Der Deutschen Bibliothek erhältlich.

1. Auflage Oktober 2000

www.vieweg.de

Die Wiedergabe von Gebrauchsnamen, Handelsnamen, Warenbezeichnungen usw. in diesem Werk berechtigt auch ohne besondere Kennzeichnung nicht zu der Annahme, dass solche Namen im Sinne der Warenzeichen- und Markenschutz-Gesetzgebung als frei zu betrachten wären und daher von jedermann benutzt werden dürften.

Höchste inhaltliche und technische Qualität unserer Produkte ist unser Ziel. Bei der Produktion und Auslieferung unserer Bücher wollen wir die Umwelt schonen: Dieses Buch ist auf säurefreiem und chlorfrei gebleichtem Papier gedruckt. Die Einschweißfolie besteht aus Polyäthylen und damit aus organischen Grundstoffen, die weder bei der Herstellung noch bei der Verbrennung Schadstoffe freisetzen.

Konzeption und Layout des Umschlags: Ulrike Weigel, www.CorporateDesignGroup.de

ISBN-13: 978-3-322-84968-7   e-ISBN-13: 978-3-322-84967-0
DOI: 10.1007/978-3-322-84967-0

Vorwort

„Elektronischer Geschäftsverkehr", „Electronic Commerce" oder „virtuelle Organisationen" sind Schlagworte für neue Formen des Geschäftsverkehrs über die weltweiten Telekommunikationsnetze. Selbst im deutschsprachigen Raum sind wir auf dem besten Weg, für diese neuen Formen den Begriff „Electronic Commerce" in unseren Sprachgebrauch zu übernehmen und zu einer Selbstverständlichkeit werden zu lassen.

Electronic Commerce entwickelt sich mit großem Tempo nicht nur hinsichtlich seiner Verbreitung, sondern auch der Vielfalt seiner Anwendungsmöglichkeiten im privaten und geschäftlichen Bereich. Fast täglich werden uns neue Umsatzprognosen über den elektronischen Handel vermittelt, denen eines gemeinsam ist: Sie zeigen alle steil nach oben.

Mittlerweile mischen sich aber auch einige Wermutstropfen in den Wein: Mehr und mehr der noch eben so Erfolg versprechenen neuen Internet-Firmen geraten in finanzielle Schwierigkeiten. Experten schätzen heute z.B., dass drei Viertel der momentan tätigen Business-to-Business Marktplätze über kurz oder lang wieder verschwinden werden.

Dennoch liegen im Electronic Commerce große Potentiale gerade auch für kleine und mittelständische Unternehmen. Neue Märkte und Funktionen entstehen, neue Geschäftsmodelle setzen sich durch, neue Methoden zur Effizienzsteigerung und zur Erhöhung der Kundenorientierung werden verfügbar. Was bedeutet das für den Unternehmer, der jetzt entscheiden und handeln muss?

Die vorliegende Studie möchte die Potenziale und Möglichkeiten konkret aufzeigen und Mut machen für die praktische Einführung und Umsetzung im eigenen Unternehmen.

Sie wendet sich an Führungskräfte und Projektleiter in Industrie und Wirtschaft sowie der öffentlichen Verwaltung, politische Entscheidungsträger, Internet Service Provider und andere Infrastruktur Provider, aber auch an Systemhäuser, Beratungsunternehmen und Consultants sowie Wissenschaftler, Forscher und Interessenvertreter in den Verbänden.

Grundlage für die Erstellung der Studie waren die Ergebnisse von zwei großen Projekten der *empirica Gesellschaft für Kommunikations- und Technologieforschung mbH, Bonn*. Zum einen handelt es sich dabei um das Projekt ECaTT (Electronic Commerce and Telework Trends in Europe: Benchmarking Progress on New Ways of Working and Electronic Commerce) (http://www.ecatt.com), das empirica mit einem Konsortium von Partnern aus mehreren europäischen Ländern, den USA und Japan mit finanzieller Unterstützung der Europäischen Kommission durchgeführt hat. Zum anderen ist hier das Projekt „Stand und Entwicklungsperspektiven des elektronischen Geschäftsverkehrs in Deutschland, Europa und den USA unter besonderer Berücksichtigung der Nutzung in kleinen und mittleren Unternehmen" für das Bundesministerium für Wirtschaft und Technologie zu nennen.

Die vorliegende Studie gibt einen Überblick über die zentralen Fragestellungen an der Schnittstelle zwischen Electronic Commerce-Potenzialen und der unternehmerischen Praxis in Deutschland. Übersichten und Fallbeispiele – gekoppelt mit einem, für den Leser kostenlosen, Online-Zusatzangebot (http://www.empirica.com/ec-studie) runden dieses Buch ab.

Wir danken in diesem Zusammenhang Dr. Peter Johnston und Athanassios Chrissafis von der Europäischen Kommission, Generaldirektion „Information Society", sowie Dr. Rolf Hochreiter und Ralf Franke vom Bundesministerium für Wirtschaft und Technologie für die finanzielle Unterstützung unserer Arbeiten. Dank gebührt auch unseren internationalen Partnern in dem ECaTT-Konsortium: Richard Wynne, Marie-Therese Fanning, Ivica Milicevic und Petrina Duff (Work Research Centre, Irland), Tarja Nupponen und Mika Vainio (TYT, Finnland), Ewa Thorslund und Kalevi Pitkänen (NUTEK, Schweden), Jeremy Millard und Thomas Frovin Jensen (TeleDanmark Consult, Dänemark), Marian Willigenburg (OOA, Niederlande), Philippe Baudouin und Vincent Borel (IDATE, Frankreich), Mercedes Guerrero (DyR, Spanien), Rolf Schoch (WISO, Schweiz), Najib Harabi und Frank Hespeler (Fachhochschule Solothurn, Schweiz), Jack Nilles (Jala International, USA) sowie Wendy Spinks (Science University of Tokyo, Japan).

Ebenso möchten wir unseren Kollegen bei empirica, insbesondere Norbert Kordey, Simon Robinson, Arno Labonte, Sascha Hofmann, Nicola D. Schmidt und Alexander Mentrup, für ihre tatkräftige Mitarbeit danken. Ihre Ideen und Beiträge haben in der einen oder anderen Form Eingang in das vorliegende Buch gefunden.

Ein besonderer Dank gebührt auch dem Vieweg Verlag, vertreten durch Dr. Reinald Klockenbusch, der die Publikation dieses Buches ermöglicht hat.

Wir wünschen den Lesern viel Spaß beim Lesen und sind zuversichtlich, dass Sie wertvolle Anregungen für Ihre eigene Arbeit gewinnen werden.

Karsten Gareis

Werner B. Korte

Markus Deutsch

Bonn, im September 2000

Gareis / Korte / Deutsch

Inhalt

1 Einführung

Im Oktober 1999 erregte eine beiläufige Meldung in der Presse große Aufmerksamkeit in Fachkreisen: Ein US-amerikanischer Flugzeughersteller hatte einen gebrauchten Business Jet vom Typ Gulfstream IV im Wert von knapp 50 Mio. DM an Elite Aviation, eine Charterfluggesellschaft, verkauft; soweit ein üblicher Vorgang. Das Besondere daran: Das Geschäft wurde über das Internet abgewickelt, ohne dass der Käufer das Objekt ein einziges Mal vor Ort besichtigt hätte. Auf der Website des Anbieters konnte der Kunde sich nicht nur ausführlich über die technischen Eigenschaften und die Flughistorie des Düsenjets informieren, sondern auch eine „virtuelle Besichtigungstour" unternehmen. Hierzu setzt Gulfstream ein kleines Hilfsprogramm der Firma International Pictures Corporation ein, das es ermöglicht, von selbst gewählten Perspektiven aus ein Bild von jedem Winkel des Flugzeug-Interieurs am Bildschirm angezeigt zu bekommen. Der Verkauf des Flugzeugs stellt die größte publik gewordene Electronic-Commerce-Transaktion dar, die je über das Internet abgewickelt worden ist.

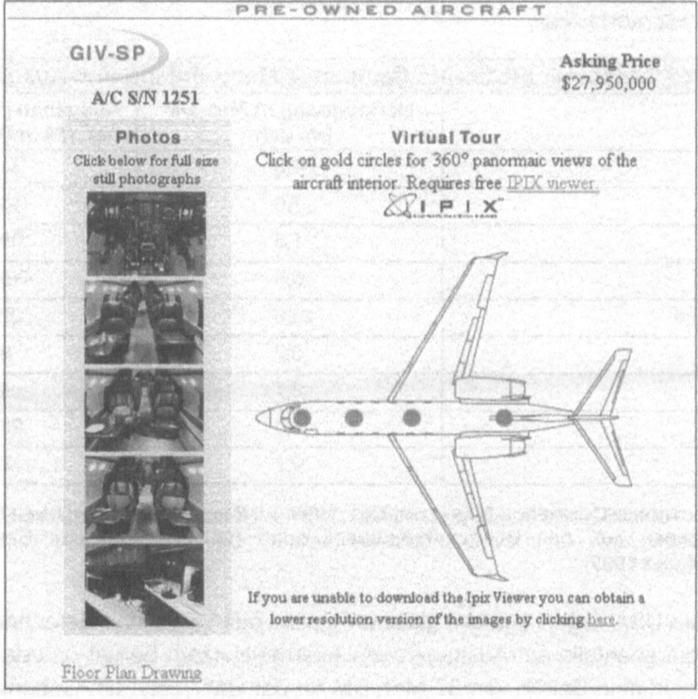

Ein weiteres Beispiel: Die in Großbritannien beheimatete Charterfluggesellschaft EasyJet bietet ausschließlich Flüge zwischen einzelnen europäischen Städten an. Bis 1998 konnten diese Flüge nur telefonisch geordert werden. Dann richtete der Unternehmer eine Bestellmöglichkeit über Internet an. Heute verkauft EasyJet 61,7% aller Tickets über das Internet und operiert hochprofitabel. Vorteil aus Kundensicht: Bei Onlinebuchung sind die Tickets etwas günstiger als bei der telefonischen Order. Ein weiterer Pluspunkt der Onlinebestellung besteht in der einfachen Durchführung. EasyJet-Kunden – vorwiegend Geschäftsleute – benötigen kein Ticket, die Buchung wird auch nicht schriftlich bestätigt. Sie erhalten im Zuge der Transaktion lediglich eine Nummer, die beim Einchecken angegeben werden muss.[1]

Diese beiden Beispiele stehen hier nicht nur stellvertretend für eine große Zahl anderer Erfolgsgeschichten, die im Internet geschrieben werden. Sie sind darüber hinaus auch ein Signal für die Bedeutung, die der Online-Verkauf über das Internet oder andere Online-Dienste mittlerweile für die Wirtschaft besitzt. Es sind nicht mehr nur Bücher, CDs und Weine, die erfolgreich über das Internet verkauft werden. Und es ist beileibe nicht nur Verkauf an private Endverbraucher, durch den erhebliche Umsätze generiert werden.

Weiterhin steht aber der Online-Verkauf an die Endverbraucher (Business-to-Consumer) im Zentrum des öffentlichen Interesses. In Deutschland haben die privaten Endverbraucher 1999 nach eigener Angabe online etwa 7 Mrd. DM für Güter und Dienstleistungen ausgegeben (siehe Tab. 1). Noch höher lagen die Ausgaben in Großbritannien mit geschätzten 10 Mrd. DM. Pro Kopf (über 14 Jahre) liegt der online getätigte Umsatz in den skandinavischen Ländern noch sehr viel höher.

Business-to-Consumer Electronic Commerce Marktumfang und Ausgaben 1999		
	Marktumfang in Mrd. DM pro Jahr	**Ausgaben pro Einwohner >14 in DM pro Jahr**
Dänemark	1,3	310
Deutschland	7,0	100
Finnland	1,6	390
Frankreich	6,6	150
Großbritannien	10,3	220
Irland	0,2	80
Italien	2,1	40
Schweden	1,4	200
Spanien	0,7	20

TAB. 1:   ELECTRONIC-COMMERCE-MARKTUMFANG 1999 IM BUSINESS-TO-CONSUMER-SEGMENT NACH ANGABEN AUS DER BEVÖLKERUNGSBEFRAGUNG (QUELLE: EMPIRICA BEVÖLKERUNGSBEFRAGUNG 1999)

Angaben für die USA liegen aus der gleichen Quelle nicht vor. Eine Berechnung von Price Waterhouse, die ebenfalls auf Aussagen von Internet-Nutzern beruht und daher vergleichbar ist, kommt auf eine Betrag von 32 Mrd. DM für das Jahr 1999 (im Gegensatz zu 9 Mrd. im Vorjahr).

Mögen diese Zahlen auch methodebedingt am oberen Ende des Wahrscheinlichen liegen, so vermitteln sie doch einen Eindruck über die Dimension des Endverbraucher-Marktes –

---

[1]   Quelle: http://www.intern.de/news/396.html, visited 21-4-00, 17:00

                                                            Gareis / Korte / Deutsch

und seine Dynamik, bedenkt man, dass der Vertriebskanal Internet erst seit wenigen Jahren in seiner jetzigen Form verfügbar ist.

Daten über den Umfang des zwischenbetrieblichen Electronic-Commerce-Marktes entstammen i.d.R anderen Quellen und sind daher nicht direkt mit den obigen Zahlen vergleichbar. Laut Gartner Group betrug das Marktvolumen 1999 über 60 Mrd. DM in Europa. Die Marktforscher von Berlecon Research gehen davon aus, dass der Markt im Jahr 2002 allein in Deutschland 70 Mrd. DM groß sein wird. In diesen Zahlen dürften viele der „Nonsexy Services", wie Hermann-Josef Lamberti, Vorstandsmitglied der Deutschen Bank, sie nennt, noch gar nicht enthalten sein; er meint damit Electronic-Commerce-Anwendungen, die nicht im Front-Office-Bereich (also der Schnittstelle zu den Kunden) ansetzen, sondern die optimierte Abwicklung der zwischenbetrieblichen Kooperation entlang der Wertschöpfungsketten betreffen.

Es wäre falsch zu behaupten, die Auswirkungen des Phänomens Electronic Commerce für die Wirtschaft würden allgemein unterschätzt. Richtig ist jedoch, dass Electronic Commerce von einigen Wirtschaftsakteuren womöglich erheblich überschätzt (genannt seien die Aktienspekulanten an den Börsen), von anderen jedoch hoffnungslos unterschätzt wird. Zu letzteren gehören insbesondere viele Unternehmen des klassischen Mittelstands. Dieses Buch dient dazu, das etwas schiefe Bild von der „Internet-Ökonomie" geradezurücken und auf der Grundlage fundierter empirischer Daten und mit Fokus auf kleine und mittelständische Unternehmen (KMU) zu zeigen, welche konkreten Konsequenzen sich aus der Innovation Electronic Commerce für jedes einzelne kleine bzw. mittelgroße Unternehmen einerseits und den gesamten Mittelstand andererseits ergeben und welche Schlüsse hieraus zu ziehen sind – auf einzelbetrieblicher wie auf politischer Ebene.

Auch Unternehmen, die sich zwar (meist widerwillig) Mailadresse und Homepage zugelegt haben, es aber unterlassen, die Bedeutung des Internet für ihr Gewerbe in seiner ganzen Tragweite zu erfassen, werden unter der Kürze des Internet-Jahres, das man gemeinhin mit sieben realen Jahren gleichsetzt, zu leiden haben. Denn Unternehmen, die ganz auf das Internet setzen, sind mit Riesenschritten dabei, die noch bestehenden Vorteile traditioneller Unternehmen (z.B. des stationären Handels) wettzumachen. Wer heute schläft, hat spätestens morgen früh das Nachsehen.

Vor diesem Hintergrund behandelt das vorliegende Buch die Bedeutung des Electronic Commerce für kleine und mittelständische Unternehmen. Unsere wie auch die empirischen Ergebnisse anderer Autoren weisen darauf hin, dass viele kleine und mittlere Unternehmen aus einem einfachen Grund vor Electronic Commerce zurückschrecken: Sie erkennen in ihm keinen Nutzen für das eigene Geschäft, insbesondere weil sie der Meinung sind, dass ihre Produkte sich grundsätzlich nicht für den elektronischen Vermarktungsweg eignen. Diese Sichtweise sichert den Unternehmer zwar vordergründig ab, keine Investitionen in das Internet zu tätigen, umfasst jedoch bei weitem nicht das ganze Maß der durch Electronic Commerce umsetzbaren Prozesskomponenten eines Unternehmens. Durch den Einsatz von Electronic Commerce werden neue Abwicklungsmethoden eines Unernehmens möglich.

Es darf also für den Unternehmer nicht die Frage „Wie setze ich meine bestehenden Prozesse im Internet um?" im Vordergrund stehen, sondern „Wie kann ich mein Kerngeschäft in den durch Electronic Commerce vorgegebenen Gesetzmäßigkeiten erfolgreich durchführen?".

Um hierauf fundiert Antwort geben zu können, wird in dem vorliegenden Buch ausführlich auf den Nutzen (und die Gefahren) verschiedener Formen des Electronic Commerce, insbesondere aus der Sicht von kleinen und mittleren Unternehmen, eingegangen. Dazu ist es empfehlenswert, auf einige theoretische Modelle zurückzugreifen (Kapitel 3).

Kapitel 4 befasst sich mit den technischen Aspekten des Electronic Commerce, wobei auf eine einführende Darstellung angesichts der großen Anzahl verfügbarer Handbücher zum Thema verzichtet wird. Jedoch wird auf die auf Betriebsebene notwendige Infrastruktur für den Aufbau eines Electronic-Commerce-Geschäfts eingegangen sowie auf einige wesentliche technische Trends, die die weitere Entwicklung des elektronischen Geschäftsverkehrs maßgeblich beeinflussen werden.

Anschließend wird unter Bezugnahme auf eine Reihe von Best-Practice-Praxisbeispielen erläutert, wie wegweisende Unternehmen in der Praxis von den Möglichkeiten des Electronic Commerce Gebrauch machen – und dabei oft ihre jeweiligen Märkte gehörig durchrütteln (Kapitel 5). Die kompletten Fallstudienberichte sind im Internet abrufbar auf der Website zum Buch unter www.empirica.com/ec-studie.

Kapitel 6 entfernt sich von dem Fokus auf das einzelne Unternehmen. Es präsentiert einen Überblick über die KMU-relevanten Ergebnisse einer repräsentativen Betriebsbefragung. Diese wurde 1999 in sechs europäischen Ländern sowie den USA von empirica durchgeführt. Ergänzend wird von den Ergebnissen einer Bevölkerungsbefragung der empirica berichtet, die in den selben sechs europäischen Ländern stattgefunden hat. Die Daten dienen der Veranschaulichung bestehender Gegensätze zwischen verschiedenen Ländern sowie den einzelnen Betriebsgrößenklassen. Eines sei vorweggenommen: Deutschland gehört keinesfalls zu den Vorreiterländern, was nicht zuletzt in der Zurückhaltung der kleineren Betriebe begründet ist. Eine schnelle Diffusion stellt sich demnach hier – wie auch bei den meisten anderen Technologien – als eine Herausforderung dar, in der dem Verhalten der kleinen und mittelständischen Unternehmen eine Hauptrolle zukommt, denn Großunternehmen haben erfahrungsgemäß sehr viel umfangreichere Möglichkeiten, mit neuen Technologien zu experimentieren, als dies bei kleineren Unternehmen mit ihren notorisch knappen Personalressourcen der Fall ist.

In Kapitel 7 werden – unter Bezugnahme auf die Diffusionstheorie – die wesentlichen Bestimmungsfaktoren für die Ausbreitung von Electronic Commerce in einem Land hergeleitet, wobei ausführlich auf die Bedeutung der regulatorischen Rahmenbedingungen (also auch die politische Einflussnahme) eingegangen wird. Am Ende dieses Abschnitts steht eine Liste von Determinanten, die als ausschlaggebend für den Erfolg eines Landes hinsichtlich der Diffusion des elektronischen Geschäftsverkehrs erkannt wurden.

Sind Unterschiede bei der Ausprägung dieser Determinanten die Ursache für die Länderdisparitäten? Um hierauf eine Antwort geben zu können, wird die Ausprägung der Determinanten für die Diffusion in Kapitel 8 für Deutschland analysiert.

Das 9. Kapitel ist den Empfehlungen an kleine und mittelständische Unternehmen gewidmet. Er enthält wesentliche Schlüsse aus dem bis dahin Erarbeiteten und führt die unterschiedlichen Ansätze der vielen existierenden Leitfäden in einem integrierten Ansatz zusammen.

In Anhang A wird aus den Ergebnissen der Befragungen sowie relevanten Daten aus anderen Quellen ein Electronic-Commerce-Nutzungs-Index entwickelt. Diesem ist ein Potenzial-Index gegenüber zu stellen, der ein Maß für das mittelfristige Potenzial für den elektronischen Geschäftsverkehr in den einzelnen Ländern darstellt.

Im nachfolgenden Kapitel wird zunächst der Begriff Electronic Commerce näher erläutert.

2 Was ist Electronic Commerce?

2.1 Definition von „Electronic Commerce"

An dieser Stelle kann man zwei sehr umfassende Definition zugrunde legen[2]:

Electronic Commerce ist die elektronisch realisierte Anbahnung, Aushandlung, Abwicklung und Pflege von Markttransaktionen zwischen Wirtschaftssubjekten.

und[3]

Electronic Commerce is doing business electronically.

Was ist hierunter nun genau zu verstehen und wie lässt sich Electronic Commerce gegenüber herkömmlichen Formen geschäftlicher Transaktionen abgrenzen?

Die wesentlichen Bestandteile der Definition sind die technische Ebene (womit wird etwas getan?), die Prozessebene (was wird getan?) sowie die Ebene der Akteure (wer tut etwas?).

2.1.1 Technische Ebene

Die Abstimmung zwischen den Marktteilnehmern findet auf der Basis von elektronischen Kommunikationssystemen statt, wobei es aber ohne Belang ist, ob sie *zusätzlich* in direktem physischen Kontakt stehen, also z.B. einzelne Teile des Kaufprozesses auf herkömmlichem Wege abwickeln (s.u.). Als Kommunikationssysteme kommen sowohl Systeme in Frage, die auf proprietären Standards aufbauen (z.B. VDA), als auch solche, die auf offenen Standards wie dem TCP/IP-Protokoll aufbauen (z.B. Internet). Es gibt geschlossene Benutzergruppen (z.B. AOL, T-Online, Extranets) sowie offene Systeme (z.B. Internet); der Unterschied besteht im Wesentlichen in der Authentifizierung, die notwendig ist, um in eine geschlossene Benutzergruppe zu gelangen (der Anbieter weiß also, wer von dem System Gebrauch macht), während bei offenen Systemen weitgehende Anonymität besteht.

2.1.2 Prozessebene

Gegenstand von Electronic Commerce sind Interaktionen zwischen den Marktteilnehmern, die sowohl die Transaktion selber umfassen können als auch (lediglich) solche Prozesse,

---

[2] vgl. Schoder & Strauß 1998

[3] ESPRIT Specification Document, 1997 (siehe Deutsch, 1999)

die vor- oder nachbereitend in unmittelbarem Zusammenhang mit einer geplanten oder tatsächlichen Transaktion stehen.

Zur Vertiefung dieses Aspekts bietet es sich an, sich einen idealisierten Geschäftsprozess „Kauf eines Produktes" vor Augen zu führen.

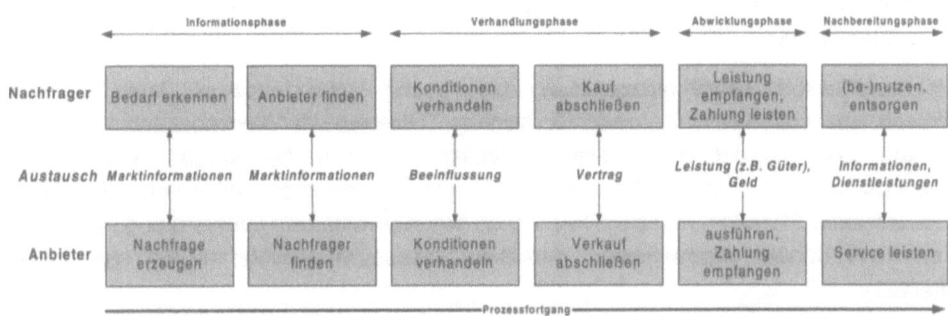

ABB. 2: PROZESSMODELL „KAUF EINES PRODUKTES" (IN ANLEHNUNG AN BLOCH ET AL. 1996, STARK MODIFIZIERT)

In allen Phasen des Prozesses kann Electronic Commerce mehrwerterzeugend eingesetzt werden:

- *Informationsphase*: Das Internet stellt ein ideales Medium zur effizienten und bedarfsgerechten Bereitstellung von Informationen dar, wobei eine interaktive Abstufung (bzw. sogar Individualisierung) des Informationsangebots auf die jeweiligen Bedürfnisse des Kaufinteressenten möglich ist. Aus Nutzersicht gestaltet sich der Vergleich zwischen den Offerten verschiedener Anbieter komfortabler als bei herkömmlichen Vertriebsstellen (z.B. Ladengeschäften). Daher ist es grundsätzlich auch kleinen Anbietern möglich, sich im Wettbewerb mit etablierten Unternehmen zu bewähren, wenn das Angebot anhand objektiv nachprüfbarer Kriterien (Preis, Leistungsumfang) als überlegen dargestellt werden kann.

- *Verhandlungsphase*: Besonders bei Transaktionen mit Routinecharakter bzw. geringem Verhandlungsbedarf erfolgen die Schritte bis zum Abschluss des Vertrags effizienter, wenn die in diesem Zusammenhang zu erhebenden Daten in standardisierte Formulare eingegeben und auf Anbieterseite ohne Medienbruch digital weiterverarbeitet werden können. Auch bei höherem, jedoch stark strukturierten Verhandlungsaufwand, z.B. wenn der Preis nicht vorbestimmt ist, bietet die Echtzeit-Interaktivität des Internet erhebliche Vorteile bzw. macht Angebote überhaupt erst möglich. Als Beispiel seien hier die heftig diskutierten Auktions-Sites angeführt (siehe Kapitel 5.3).

- *Abwicklungsphase*: Die Übermittlung der vereinbarten Leistung ist bei reinen Informationsprodukten (also solchen, die keine materielle Komponente enthalten und daher in digitalisierter Form über Kommunikationsnetze transferierbar sind) erheblich vereinfacht. Für die Bezahlung wird bislang noch vorwiegend auf herkömmliche Verfahren zurückgegriffen (Kreditkarte, Bankeinzug), die jedoch mittelfristig durch reines „Online-Geld" abgelöst werden dürften.

- ***Nachbereitungsphase***: Wie in der Informations-, so kann der Kunde auch in der Nachbereitungsphase über das Internet umfassend mit allen erforderlichen Informationen versorgt werden. Die im Laufe der Transaktion gesammelten Daten stehen zur strukturierten Auswertung zur Verfügung, um zukünftige Angebote nachfragegerechter auszugestalten.

Es ist ausdrücklich darauf hinzuweisen, dass auch solche Prozesse dem Electronic Commerce zuzuordnen sind, in denen für wichtige Teile (wie der Vertragsabschluss selbst) nicht auf den physischen, direkten Kontakt zwischen Nachfrager und Anbieter zurückgegriffen wird (vgl. OECD 1998). Electronic Commerce hat nicht zwangsläufig substituierenden Charakter, sondern kann auch komplementär zur Unterstützung eines über herkömmliche Kanäle abgewickelten Handelsprozesses eingesetzt werden (vgl. hierzu Kapitel 3.2).

Bei dem Nachfrager kann es sich um einen Endverbraucher, aber auch um einen Geschäftskunden handeln. Genauso kann es sich bei den Anbietern um Anbieter auf dem Markt für Endverbraucher, aber auch um Zulieferer handeln (siehe 2.1.3). Bei Transaktionsbeziehungen zwischen Unternehmen spielen üblicherweise längerfristige Auftragnehmer/ Auftraggeber-Beziehungen eine Rolle, so dass die Nachbereitungsphase eine besonders hohe Bedeutung erlangt.

Wenn nun die Abwicklung nur eines Teils der Segmente des dargestellten Geschäftsprozesses über elektronische Netzwerke erfolgen muss, damit von Electronic Commerce gesprochen werden kann, so ergeben sich zwangsweise erhebliche Unterschiede zwischen der *Intensität*, mit der Unternehmen elektronischen Geschäftsverkehr betreiben, oder genauer: dem Integrationsgrad, mit dem Electronic-Commerce-Anwendungen in die Geschäftsprozessumgebung des Anbieters bzw. der beteiligten Unternehmen eingebunden sind (OECD 1998, S. 38f.). In einem Modell, welches auf Front-End-Anwendungen fokussiert, also solche, die an der Schnittstelle zum (privaten oder geschäftlichen) Kunden angesiedelt sind, können fünf Phasen unterschieden werden (siehe Tab. 2).

In der **ersten Phase** verfügen Anbieter lediglich über eine Webpage mit sehr statischen Inhalten und wenig oder gar keinen Interaktionsmöglichkeiten. Oft werden lediglich vorhandene Druckschriften (Broschüren, Unternehmensdarstellungen) digitalisiert, ohne dass das Corporate Design und die Darstellungsweise an die besonderen Bedingungen bei Betrachtung im Internet angepasst wird.

In der **zweiten Phase** treten interaktive Angebote stärker in den Mittelpunkt, durch die Betrachter einen echten Mehrwert erhalten können. Z.B. kann mit einer Suchmaschine in einem Produktkatalog recherchiert werden. Wenn ein solcher Katalog auf Daten aus den internen Warenwirtschaftssystemen zurückgreifen kann, also auch Informationen über die aktuelle Lieferbarkeit eines Produktes möglich sind, so ist bereits ein fortgeschrittenes Stadium der Phase 2 erreicht.

Phase	Beschreibung der Electronic-Commerce-Anwendung (Beispiel: Front-Office Anwendung)	
Phase 1: Allgemeines Marketing	Präsentation und Marketing über das Internet; Angebot von Waren und Dienstleistungen in Form statischer Informationen auf Webpages; Typische Inhalte: *Online-Prospekt*	
Phase 2: Zielgerichtetes Marketing	Präsentation und Marketing über das Internet; Interaktives, dynamisch angepasstes Informationsangebot; Typische Inhalte: *aktuelle Reports, Echtzeit-Statistiken, Echtzeit-Datenbank-Recherche und -Produktkataloge, E-mail-Kontakt*	
Phase 3: Vertrag (Verkauf/ Erwerb)	Präsentation, Marketing und Verkauf über das Internet; Interaktives Informationsangebot mit Angebot der Bestellung online; Bezahlungsinformationen (z.B. Kreditkartennummer) werden häufig im Internet übertragen; Typisches Beispiel: *Online-Shops, Online-Malls (mit Online-Verkauf, ohne Online-Leistungsübermittlung und -Bezahlung)*	
Phase 4: Bezahlung	Präsentation, Marketing und Verkauf über das Internet; Interaktives Informationsangebot mit Angebot der Bestellung online; Bezahlung mit spezieller Bezahlungseinheit (Internet-Geld) im Internet; Typisches Beispiel: *(bisher wenige) Online-Shops (mit Online-Verkauf und -Bezahlung, ohne Online-Leistungsübermittlung)*	
Phase 5: Distribution	Präsentation, Marketing, Verkauf und Distribution über das Internet; Interaktives Informationsangebot mit Angebot der Bestellung online; Bezahlung mit spezieller Bezahlungseinheit (Internet-Geld) im Internet oder auf Rechnung im Rahmen längerwährender Lieferverträge; Typisches Beispiel: *Anbieter von Music on Demand, Software-Vertrieb (mit Online-Verkauf, -Bezahlung und -Leistungsübermittlung)*	*Zunehmende Komplexität und Integration der E-Commerce-Lösung*

TAB. 2: VERSCHIEDENE INTEGRATIONSPHASEN BEI ELECTRONIC-COMMERCE-ANWENDUNGEN AM FRONT-OFFICE (QUELLE: ECATT 1999, STARK MODIFIZIERT)

In der **dritten Phase** kommt eine Bestellmöglichkeit hinzu, etwa in Form eines Online-Shops. Für die Bezahlung steht die Verwendung der Kreditkarte und/oder Nachnahme,

Rechnung bzw. Bankeinzug zur Verfügung. Die Auslieferung der Ware erfolgt wie im traditionellen Versandhandel per Paketdienst.

In **Phase 4** wird zusätzlich eine Online-Bezahlmöglichkeiten geboten. Hierfür ist eine Reihe von technischen Verfahrensweisen einsetzbar, von denen sich jedoch bisher noch keine am Markt etablieren konnte (siehe Kapitel 4).

Die Phase mit dem höchsten Grad an Virtualität (**Phase 5**) steht nur Anbietern solcher Informationsprodukte offen, die über das Internet übermittelt werden können. Typische Beispiele sind – neben der Finanzdienstleistungsbranche, in der vorwiegend Verfügungsrechte transferiert werden, denen keinerlei Produktfunktion zukommt – die Medienindustrie. Der Anbieter, dessen Produkte als Datenfiles über das Internet verschickt werden können, kann alle Segmente seiner Distribution in die elektronischen Kommunikationsnetzwerke verlegen.[4]

Das dargestellte 5-Phasen-Modell betrachtet nur die Schnittstelle zum Kunden. Die Chancen des Electronic Commerce werden jedoch nur dann optimal ausgenutzt, wenn die Abwicklung von Transaktionen durchgehend automatisiert wird und eine Integration der Front-End-Anwendungen (also z.B. der Bestellmöglichkeiten auf einer Website) mit den Back-Office-Geschäftsprozessen stattfindet. Im Zuge der erstmaligen Implementierung von Electronic-Commerce kommt es in zahlreichen Fällen zunächst zu Zwischenlösungen, die diese Anforderungen keinesfalls erfüllen – z.B. wenn Bestellungen über E-Mail erfolgen können und die Weiterverarbeitung beim Anbieter manuell erfolgt.

2.1.3 Ebene der Akteure

Hinsichtlich der Akteure beim elektronischen Geschäftsverkehr wird üblicherweise unterschieden zwischen dem

- **Business-to-Consumer**-Markt, also dem Verkauf von Gütern und Dienstleistungen von kommerziellen Anbietern an private Endverbraucher, und dem

- **Business-to-Business**-Markt, also dem Handel zwischen einzelnen Unternehmen, z.B. im Rahmen von Zulieferketten.

Selbstverständlich erbringen auch Privatpersonen Faktorleistungen für Unternehmen, nämlich in Form von Erwerbsarbeit. Auf dem Arbeitsmarkt wird die Anbahnung und Abwicklung von Transaktionen über elektronische Netze bereits in nicht unerheblichem Maße praktiziert. Hier könnte man von einem

- **Employee-to-Business**-Markt

sprechen.

---

[4] Das Phasenmodell erhebt keinen Anspruch auf Ausschließlichkeit; z.B. gibt es Beispiele für Anbieter, die ihre Produkte online transferieren (etwa elektronische Bücher), die Bezahlung jedoch auf herkömmliche Weise abwickeln (meist per Kreditkarte).

                                                                    Gareis / Korte / Deutsch

Erste Anwendungen wie Priceline.com bilden einen

- **Consumer-to-Business**-Markt

ab, indem der Konsument ein Produkt (beispielsweise „ein Hotelzimmer in New York vom 24.-26. Dezember") vorgibt und die Anbieter in Reaktion hierauf ihre Gebote beim Kunden abgeben können.

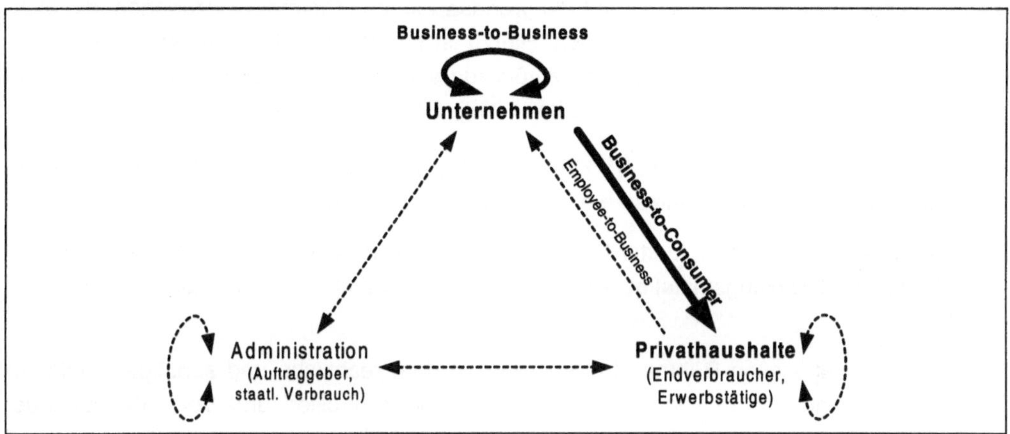

ABB. 3: MÖGLICHE ELECTRONIC-COMMERCE-FORMEN NACH DEN BETEILIGTEN AKTEUREN UND FOKUS DER VORLIEGENDEN UNTERSUCHUNG

Wie Abb. 3 zeigt, kann der Betrachtungsgegenstand zusätzlich erweitert werden auf die Bereiche

- **Administration-to-Business**, z.B. elektronische Ausschreibeverfahren sowie elektronische Beschaffung in staatlichen Organisationen;

- **Administration-to-Consumer**, z.B. Online-Dienstleistungen, die staatliche Stellen gegen Bezahlung für Bürger erbringen.

- **Consumer-to-Consumer,** z.B. Online-Kleinanzeigen, Information von Konsumenten für Konsumente etc.

3 Warum Electronic Commerce?

Viele kleine und mittlere Unternehmen lehnen Investitionen in Electronic Commerce ab, weil sie hierin keinen oder einen zu geringen Nutzen sehen. An dieser Stelle ist daher zu erläutern, warum und für wen Electronic Commerce einen Mehrwert bringen kann und woraus genau dieser besteht. Vor allem ist auf die grundsätzlichen Merkmale einzugehen, die elektronische Märkte besonders kennzeichen. Hierzu ist es erforderlich, etwas weiter auszuholen und auf einige theoretische Ansätze zurückzugreifen. Die Aufgabe von Märkten besteht grundsätzlich aus drei Komponenten (Bakos 1998). Ein Markt muss:

1. Angebot und Nachfrage, d.h. Verkäufer und Käufer, zur Deckung bringen (hierzu dient der Preismechanismus) und so die Markttransaktion vorbereiten;

2. eine ausreichende Infrastruktur für die Vermittlung von Informationen, Waren, Dienstleistungen und Zahlungsmittel bereitstellen, damit die Markttransaktion ausgeführt werden kann;

3. einen institutionellen Rahmen bereitstellen, in dem rechtliche und sonstige regulatorische Bedingungen definiert, deren Durchsetzung kontrolliert und Verstöße geahndet werden. Zum institutionellen Rahmen gehören darüber hinaus informelle „Codes of Conduct".

Zunächst geht es im Folgenden um den ersten Punkt, also die Deckung von Angebot und Nachfrage. Hierzu wird dargestellt, welche Rolle den Transaktionskosten bei der Bestimmung der Marktstruktur zukommt und welche Auswirkungen Electronic Commerce vor diesem Hintergrund haben wird. In diesem Rahmen werden wesentliche Determinanten wirtschaftlicher Aktivität aus Unternehmenssicht hinsichtlich der Auswirkungen von Electronic Commerce analysiert, und zwar die Kundennachfrage (3.2) sowie die Kosten (3.4). In Abschnitt 3.3 wird näher auf spezielle Fragestellungen der zwischenbetrieblichen Transaktionsebene eingegangen, insbesondere auf das Potenzial des elektronischen Geschäftsverkehrs zur Optimierung von Zulieferketten. Die weiteren Bestandteile eines Marktes, also die Infrastruktur sowie der institutionelle Rahmen, sind Thema von Kapitel 4 bzw. 8.

3.1 Marktstrukturen im Umbruch

3.1.1 Transaktionskosten und der Einfluss elektronischer Marktplätze

Das Konzept der Transaktionskosten sowie die Transaktionskostentheorie[5] eignen sich in idealer Weise, um das Entstehen von elektronischen Märkten erklären und Schlüsse über ihre Vorteilhaftigkeit im Vergleich zu traditionellen Märkten ableiten zu können (Rohrbach

---

[5] Die Transaktionskostentheorie wurde ursprünglich von Coase (1937) entwickelt, um die Existenz von Unternehmen zu erklären. Williamson (1975) leitete hieraus Bedingungen für das Entstehen und die Funktion von Märkten ab.

Gareis / Korte / Deutsch

1997; Picot et al. 1996). Als Transaktion wird jede Übertragung von Verfügungsrechten an materiellen oder immateriellen Gütern bezeichnet. Dem Konzept zugrunde liegt die Beobachtung, dass der Austausch von Gütern zwischen Marktpartnern von diesen eine Reihe von vor- und nachgelagerten Aktivitäten voraussetzt, die Aufwände, d.h. Kosten verursachen. Diese werden unterteilt in (vgl. Picot 1993):

- **Anbahnungskosten** (auch: Informationskosten, Suchkosten) die bei dem Aufspüren von Transaktionsmöglichkeiten sowie der Informierung über Transaktionskonditionen anfallen;

- **Vertragsabschlusskosten**: Aufwände im Rahmen der Verhandlung der Konditionen einer Transaktion, der Entscheidung sowie der Vertragsformulierung;

- **Abwicklungskosten**, die im Laufe der Vertragserfüllung anfallen (z.B. Lieferkosten);

- **Kontrollkosten,** d.h. Kosten der Überwachung und Durchsetzung von Leistungspflichten; sowie

- **Anpassungskosten** für die eventuell notwendige Änderung des Vertragsinhalts während der Vertragslaufzeit.

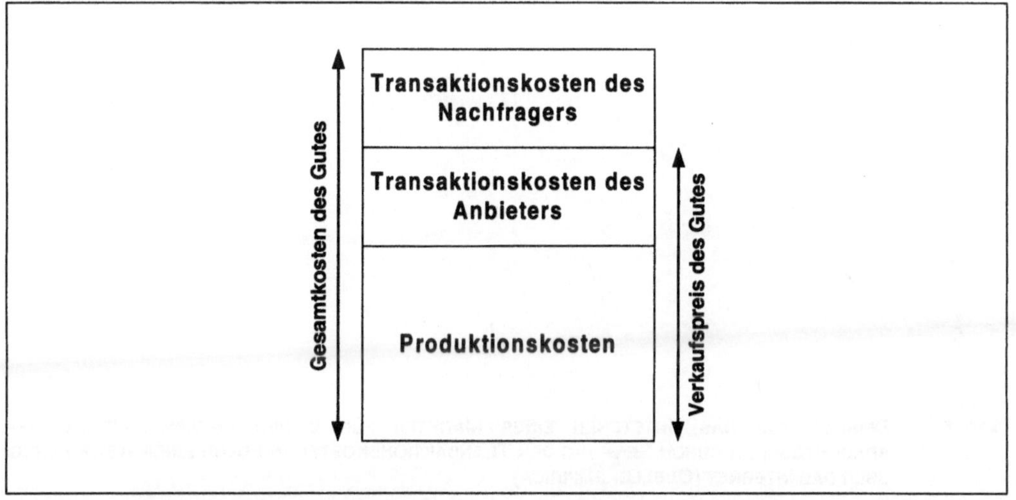

Sowohl auf Anbieter- als auch Nachfragerseite entstehen Transaktionskosten, etwa in Form von Zeitaufwänden (z.B. Recherche geeigneter Anbieter; Konsultation anderer Personen oder Unternehmen, die das Produkt schon nutzen; persönliche Ansprache potenzieller Kunden), Geldaufwänden (z.B. Telefonkosten; Kauf von Marktübersichten oder Testberichten; Ansprache potenzieller Kunden über Versand von Werbebriefen; Marktforschung) oder Opportunitätskosten (entgangene Einnahmen aus anderweitiger Nutzung der Zeit, die für die Suche aufgewendet wurde)(Bakos 1998). Die Gesamtkosten eines Gutes setzen sich daher zusammen aus den Produktionskosten des Anbieters, seinen Transaktionskosten sowie den Transaktionskosten des Nachfragers (siehe Abb. 4).

3.1.2 Das Entstehen neuer Märkte

Für die Erklärung der Entwicklungen im Bereich neuer Intermediäre (s.u.) ist es von besonderer Bedeutung, dass Markttransaktionen unter bestimmten Umständen gar nicht zu Stande kommen, obwohl für ein bestimmtes Gut zu einem bestimmten Preis sowohl Nachfrage als auch Angebot vorhanden sind. Volkswirte bezeichnen diese Situation als Marktversagen: Weil die Transaktionskosten prohibitiv hoch sind, kommen z.B. Anbieter und Nachfrager gar nicht erst zusammen, obwohl sie beide von der Transaktion profitieren würden.

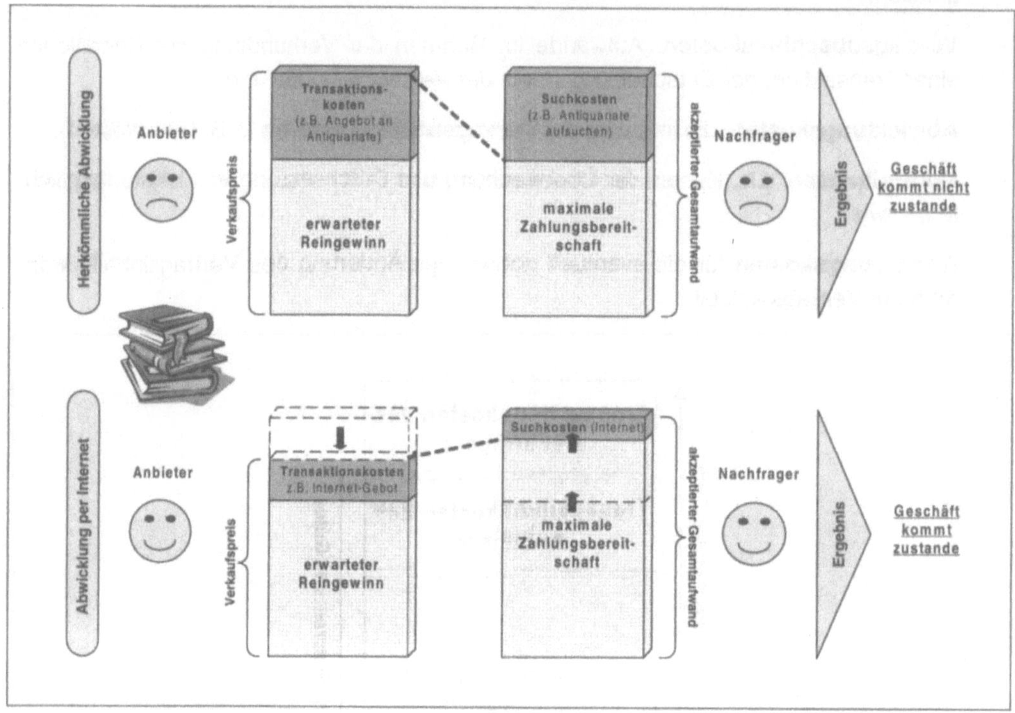

Praktisch kann man sich dies schnell an einem Beispiel deutlich machen (siehe Abb. 5): So gut wie jede Person besitzt eine Reihe von alten Büchern, die sie nicht mehr benötigt, und wäre bereit, sie zu einem bestimmten Preis zu verkaufen. Gleichzeitig existieren für fast jedes Buch Personen, die an einem Kauf interessiert wären. Trotzdem kommt es in der Regel nicht zu einem Handel, weil der Aufwand des Anbieters, einen Nachfrager für sein Buch zu finden, im Vergleich zum erwarteten Erlös zu hoch wäre: Er müsste Antiquariate aufsuchen oder die Ware auf einem Trödelmarkt anbieten, oder aber eine Annonce in einem Anzeigenblatt aufgeben. Und auch nach Lokalisierung eines Nachfragers entstünden noch Aufwände: für den Versand des Buches sowie die Überweisung der Zahlung. Folge: Der Handel unterbleibt, die Bücher landen im Abfall.

Das Internet hat nun einen erheblichen Einfluss auf die Höhe der Transaktionskosten. Es wirkt zumindest potenziell in Richtung einer massiven Senkung insbesondere der Such- und Informationskosten auf Nachfragerseite. Aus diesem Grund ist es möglich, dass ganz neue Märkte entstehen, von denen Anbieter wie gegebenenfalls Intermediäre profitieren können.

Ein offensichtliches Beispiel stellen Internet-Auktionen dar, in denen z.B. Restbestände aller Art, die zuvor sogar noch Kosten verursacht haben (Lagerhaltungs- und Vernichtungskosten), nun zum bestmöglichen Preis an den Mann gebracht werden können (siehe die Darstellung des Beispiels Kard-o-Pak auf der Website zum Buch unter www.empirica.com/ecstudie). Auch ein Internet-Marktplatz für gebrauchte Bücher, der unserem dargestellten Beispiel entspricht, gibt es schon: www.justbooks.de hat eine Datenbank mit 400.000 gebrauchten Büchern aufgebaut, die sich aber nicht im Besitz des Internet-Unternehmens selbst befinden, sondern in den Bücherschränken von Privatpersonen und Antiquariaten (Blöchl 2000).

3.1.3 Outsourcing und Business-Webs

Eine Änderung der Höhe der Transaktionskosten sowie ihrer Relation zueinander, also der Transaktionskostenstrukturen, resultiert entsprechend dem ursprünglichen Modell von Coase (1937) nicht zuletzt auch in neuen Wertschöpfungsstrukturen. Der größte Teil des 20. Jahrhunderts war bestimmt durch eine zunehmende Fertigungstiefe (vertikale Integration) bei den marktbeherrschenden Unternehmen in praktisch allen Branchen. Vertikale Integration bedeutet, dass mehrere Segmente der Wertschöpfungskette von ein und dem selben Unternehmen erbracht werden – nicht zuletzt, weil die Transaktionskosten einer Abwicklung über den Markt (d.h., die entsprechenden Teile der Wertschöpfungskette würden von rechtlich selbstständigen Unternehmen erbracht) höher wären.

Sinken die Markttransaktionskosten, nimmt die relative Vorteilhaftigkeit einer Auslagerung bestimmter Wertschöpfungsstufen (Outsourcing) zu, also einer vertikal desintegrierten Organisation der Wertschöpfung. Folge: Die Fertigungstiefe sinkt; ein Virtualisierungsprozess setzt ein, wobei hierunter die Abkopplung der dem Kunden gegenüber erbrachten Leistung von den im eigenen Unternehmen erbrachten Wertschöpfungsschritten verstanden wird – bis hin zu Fällen wie dem Sportartikelhersteller Nike, der seine komplette Produktion ausgelagert hat, obwohl er vom Kunden als Fabrikant eben dieser Produkte wahrgenommen wird (die Mitarbeiter von Nike sind ausschließlich im Bereich F+E sowie dem Marketing beschäftigt).

Insofern „Wertschöpfungsketten komplett zur Disposition gestellt und durch vertikale und horizontale Kooperationen neu zusammengesetzt" werden (Köppen 2000, S.22), haben die Gestaltung der Beziehung zu den Kooperationspartnern sowie deren Auswahl enorm an Bedeutung gewonnen. Man spricht in diesem Zusammenhang auch von „Business Webs" (z.B. Zerdick et al. 1999, S. 179), innerhalb derer sich Unternehmen organisieren, die jeweils ganz bestimmte Kernkompetenzen einbringen. Von Nachfragern bzw. Nutzern wird nicht die Leistung eines einzelnen Unternehmens, sondern das Gesamtergebnis wahrgenommen. Aus Nutzersicht konkurrieren also nicht (nur) Einzelunternehmen, sondern Business Webs miteinander: „Anstelle der Erstellung einzelner unabhängiger Leistungen steht zunehmend die Wertschöpfung von komplementären Systemleistungen im Mittelpunkt der Betrachtung" (Zerdick et al. 1999, S. 179). Hieraus ergeben sich neue Anforderungen auch an kleine und mittelständische Unternehmen, die den Kooperationsaspekt sehr viel stärker als bisher bei ihrer strategischen Planung berücksichtigen müssen. Auf diese Aspekte wird in Kap. 3.3 näher eingegangen.

3.1.4 Die Globalisierung der Märkte

Das Internet ist weder Ursache noch Anlass der Globalisierung – tatsächlich wurde dieser Begriff schon lange vor der Etablierung des weltweiten Computernetzes diskutiert (siehe z.B. Dicken 1986). Aber das Internet verschärft das Tempo und das Ausmaß der internationalen Vernetzung in einem Maße, das noch vor wenigen Jahren unvorstellbar war. Während es noch bis Anfang der 90er Jahre fast ausschließlich multinational operierenden, großen Unternehmen vorbehalten war, tatsächlich kontinentübergreifend zu produzieren und zu verkaufen, ist hierzu heute prinzipiell jeder Anbieter in der Lage. Der potenzielle Markt ist expandiert, nicht nur gemessen an der Zahl der Nachfrager, sondern auch zeitlich: Der Handel findet 24 Stunden am Tag statt. Dies bedingt oftmals wiederum externe Dienstleister, die einen solchen Service erbringen können (siehe 3.1.3)

Aus Sicht solcher kleiner und mittelständischer Unternehmen, die bisher noch von regionalen Nischen profitieren, bedeutet die Globalisierung eine erhebliche Herausforderung: Die Transparenz des Angebots nimmt zu und das Kundeneinzugsgebiet der Konkurrenz ist (wenn nicht global, dann doch zumindest) deutlich gewachsen. Ausländische Anbieter drängen mit speziellem Angebot massiv auf einheimische Märkte, die bisher weitgehend von nationalen Unternehmen beherrscht waren.

3.2 Electronic Commerce und die neue Beziehung zum Kunden

Vor dem Hintergrund der zu beobachtenden zunehmenden Diversifizierung und Individualisierung der Kundenanforderungen, zusammen mit dem beschleunigten Tempo, mit dem Produkte auf dem Markt eingeführt, angenommen und nach kurzer Zeit wieder obsolet werden, ergeben sich hieraus ganz neue Zwänge für den einzelnen Anbieter. Wie kann die Quadratur des Kreises – stärkere Orientierung an den Bedürfnissen des einzelnen Kunden bei gleichzeitig verkürzten Entwicklungszeiten und Senkung der Kosten – geschafft werden? Welchen Beitrag kann Electronic Commerce leisten?

Zunächst muss sich jedes kleine oder mittelgroße Unternehmen die Frage stellen, ob sich seine Produkte überhaupt für den Verkauf über das Internet eignen bzw. inwieweit der Einsatz des Internet in Marketing, Kundensupport und Einkauf dazu beitragen kann, seinen Umsatz zu erhöhen. Bevor im Einzelnen auf konkrete Marktpotenziale eingegangen wird, sind zunächst einige Grundtendenzen hinsichtlich des Verhältnisses zwischen Kunden und Anbieter darzulegen.

3.2.1 Kundenzentrierung als Leitbild

Der Wettbewerb zu Beginn des neuen Jahrtausends ist global – und er ist vor allem eines: hart. Wie haben Unternehmen zu reagieren? In den letzten Jahren hat sich die Einsicht immer mehr durchgesetzt, dass nur derjenige Anbieter langfristig am Markt bestehen kann, der seine komplette Unternehmensstruktur konsequent am Kundennutzen ausrichtet – selbstverständlich, ohne dabei seine Rendite aus dem Auge zu verlieren. Hinsichtlich der Beziehung zu den Kunden stehen einem Unternehmen grundsätzlich zwei Möglichkeiten offen: neue Kunden zu gewinnen oder bestehende Kunden zu weiteren Beschaffungen zu animieren. Marketingwissenschaftler haben nachgewiesen, dass die Kosten der Neukundengewinnung erheblich über denjenigen liegen, die bei einer Aktivierung bestehender Kundenbeziehungen anfallen (nach Angaben der OECD rund 7x geringere Kosten, siehe OECD 1999, S.60; vgl. Bliemel & Fassott 1999). Logische Schlussfolgerung ist eine neues Leitbild für den Vertrieb: Anstatt die Anzahl und den Umfang der einzelnen getätigten Verkäufe zu betrachten, stellt die dauerhafte Pflege jeder einzelnen Kundenbeziehung, in derem Verlauf Verkäufe getätigt werden, im Mittelpunkt.

Nicht der Kaufvorgang selbst ist Ziel der Optimierungsbemühungen, sondern der gesamte Lebenszyklus einer Kundenbeziehung von Ansprache über Leistungswahl und Verkauf bis zum After-Sales-Service. Im optimalen Fall beendet dieser das Kundenverhältnis jedoch nicht, sondern stellt selbst wieder eine Marketingtätigkeit dar mit dem Ziel, den selben Kunden für weitere Käufe zu gewinnen (vgl. Abb. 2 und Abb. 6). Man spricht in diesem Zusammenhang von Kundenbeziehungsmanagement oder *Customer Relationship Management*.

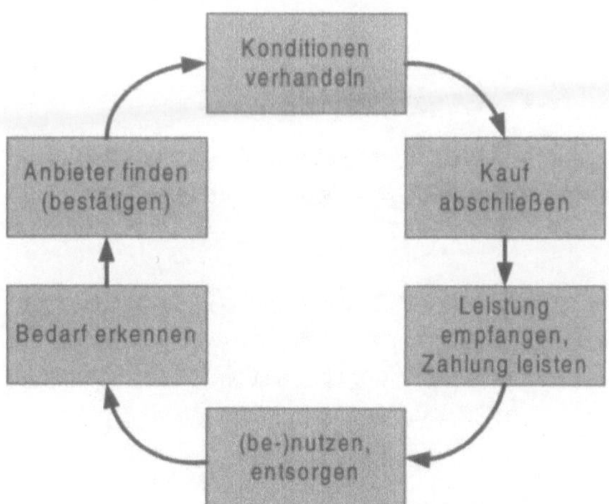

ABB. 6:   WANDEL DER KAUFPROZESS-KETTE ZUM KUNDENBEZIEHUNGS-KREISLAUF (QUELLE: EMPIRICA)

Das Internet eröffnet in dieser Hinsicht völlig neue Perspektiven. Zunächst einmal kann die Versorgung des Kunden mit Informationen vor dem Kauf und während der Nutzung des Produktes erheblich verbessert werden. Als wichtiger sind jedoch die Möglichkeiten einzuschätzen, jeden einzelnen Kunden besser kennenzulernen und dadurch zu einer bedarfsgerechteren Ansprache und Versorgung zu gelangen. Jede Interaktion mit dem Kunden, die über das Internet erfolgt, ist in einem spezifischen Profil speicherbar und in einer Kundenhistorie zusammenzuführen, die als Basis für den zukünftigen, individuellen Kontakt zur Verfügung steht (Köppen 2000, S. 16). Die Auswertung der gesammelten Daten zum Zwecke sowohl der Pflege des einzelnen Kundenkontakts als auch der Weiterentwicklung des Angebots stellt allerdings eine anspruchsvolle Aufgabe dar, die nur mit Hilfe entsprechenden Marketing-Know-hows sowie hochspezialisierter Software-Tools gelingen kann.

Auf welche Art und Weise kann nun der Nutzen aus Kundensicht durch den sinnvollen Einsatz von Electronic Commerce gesteigert werden? Zu erwähnen sind zunächst Vorteile, die auch für den klassischen Versandhandel zutreffen (vgl. Balthasar 1999):

- Convenience

Unabhängigkeit von Ladenöffnungszeiten und Standort der Geschäfte, dadurch höhere Bequemlichkeit des Einkaufs und Zeitersparnis; Kaufentscheidungen können in Ruhe vorbereitet werden;

- größere Auswahl

Größere, gegebenenfalls zielgruppenspezifische Auswahl, evtl. günstigere Preise im Vergleich zu lokalem Einzelhandel;

- Anonymität

Dies gilt nicht gegenüber dem Anbieter, aber (weitgehend) gegenüber Dritten.

Online-Shopping kann für den Kunden darüber hinaus über eine Reihe von spezifischen Vorteilen aufweisen:

- umfangreichere Informationsmöglichkeiten

Ausführlichere Angebotsinformationen, gegebenenfalls multimedial unterstützt; Möglichkeit des Verweises auf externe Informationsquellen (durch Hyperlinks);

- Zeitersparnis

(Leichte) Zeitersparnis durch Online-Übermittlung der Informationsanfragen bzw. der Bestellung (derzeitig allerdings tendenziell aufgehoben durch lange Übertragungszeiten bei schmalbandigem Internet-Anschluss); gegebenenfalls auch Sofort-Lieferung, wenn es sich um reine Informationsprodukte handelt (siehe 3.2.2);

- verbesserte Interaktivität

Bessere Kontaktmöglichkeiten (asynchrone, aber potenziell schnelle Kommunikation über E-Mail);

- Aktualität

Möglichkeit der ständigen Aktualisierung des Angebots, dadurch sehr schnelle Reaktion auf Änderungen der Marktnachfrage möglich; Echtzeit-Verfügbarkeit von Informationen, z.B.

über die Lieferbarkeit von Produkten (auch bei Einsatz des Internet nur zu Kaufvorbereitung: Lohnt sich der Besuch des Geschäfts?);

- *Individualisierung*

One-to-One Marketing: Jeder Kunde erhält dass genau seinen Präferenzen entsprechende Produkt. Dazu müssen Informationen über seine Präferenzen vorliegen (über kolloborative Filter wie beim Anbieter Firefly oder „sets of expert rules" wie bei Broadvision; siehe Bakos 1998).

Langfristiges Ziel ist das, was Davidow & Malone (1992) in ihrem einflussreichen Buch zur Virtualisierung von Unternehmen „Mass Customization" nennen: Die Massenproduktion von auf die individuellen Präferenzen einzelner Kunden zugeschnittenen Gütern. Bei Informationsgütern sind die Möglichkeiten hierzu mittlerweile sehr umfangreich (siehe Kasten auf der nächsten Seite sowie die Darstellung des Praxisbeispiels Dietrich Maßhemden auf der Website zum Buch unter www.empirica.com/ec-studie).

Anbieter, die sich diese Vorteile zueigen machen, erhöhen ihre Wettbewerbsfähigkeit aus Kundensicht. Aber Electronic Commerce ist keineswegs lediglich ein neues Instrument, mit dem Unternehmen ihr Angebot attraktiver machen können. Aus Anbietersicht stellt der Online-Handel immer auch eine Gefahr dar, denn er führt potenziell zu einem *Verlust an Marktmacht* zugunsten der Nachfrager. Die Verbraucher profitieren von der Informationsvielfalt und der Funktionalität des Internets. Im Mittelpunkt stehen hierbei die optimierte Preis- und Leistungstransparenz (Balthasar 1999) und der deutlich reduzierte Aufwand bei einem Wechsel des Anbieters: Die Konkurrenz ist stets nur „einen Mausklick entfernt". Folge: Die Verbraucher sind besser informiert und daher weniger leicht beeinflussbar, ein aus ihrer Sicht suboptimales Angebot zu akzeptieren.

Anders ausgedrückt: Weil die geographische Begrenzung von Märkten, die ein Resultat von zeitlichen und räumlichen Restriktionen aller Art ist, tendenziell entfällt, fällt es einem Anbieter schwerer, sich in einer geographischen Nische (auch auf nationaler Ebene, siehe Nicht-EU-Länder) ungestört zu entwickeln, da er es direkt mit weltweiten Konkurrenz zu tun hat. Sinkende Informationskosten bewirken also, dass sich die reale Wirtschaft in einigen wichtigen Punkten den Vorstellungen der Neoklassiker annähert, nämlich der Prämisse von der „vollständigen Information" der Marktteilnehmer. Folge sind – zumindest in der Theorie – ein stärkerer Preiswettbewerb und der Wegfall von Barrieren, die Preisdifferenzen bisher ermöglicht haben (insbesondere räumlicher Natur). Vollständige Information auf Nachfragerseite entspricht also nicht dem Interesse der Wirtschaft, denn diese profitiert traditionellerweise von Informationsasymmetrien zuungunsten der Verbraucher (Philips 1988).

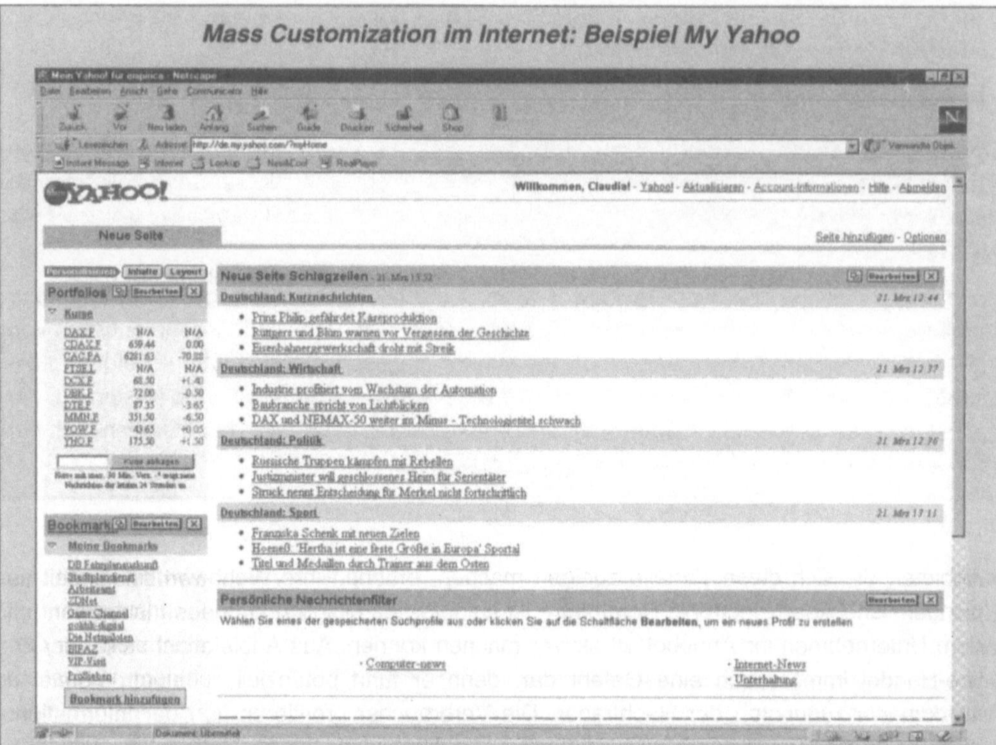

Die „personalisierten Funktionen" von Yahoo bieten die Möglichkeit, nach bestimmten, selbst festgelegten Kriterien ausgesuchte Informationen auf einer Seite übersichtlich angezeigt zu bekommen, sobald man sich entsprechend authentifiziert hat. Die Informationen sind nach folgenden Interessensgruppen sortiert: Unterhaltung, Haus und Familie, Gesundheit, Musik, Shopping, Sport und Outdoors, Wirtschaft, Computer und Technologie, Persönliche Finanzen, Kleinbetrieb, Computerspiele. Diese Informationen können hinsichtlich der Anzahl für jede Kategorie gefiltert werden.

Weitere Module können dem linken Bildrand hinzugefügt werden. Es handelt sich dabei um folgende Teilbereiche: Büro, Bookmarks, Portfolios, Stichwortsuche, Wetter, Suche.

Neben den Einstellungen der dargebotenen Informationen besteht zusätzlich die Möglichkeit, das Seitenlayout (bis hin zur Hintergrundfarbe) an die eigenen Vorstellungen anzupassen. So entsteht eine nach persönlichen Präferenzen und Kriterien erstellte Online-Zeitung, in der die regelmäßig nachgefragten Informationen übersichtlich dargeboten werden.

QUELLE: WWW.YAHOO.DE

Sobald das Internet dazu eingesetzt wird, für den Nachfrager einen spürbaren Mehrwert zu schaffen, kann ein reiner Wettbewerb über den Preis vermieden werden. Welche Strategien stehen hierfür allgemein zur Verfügung?

- Dauerhafte Bindung der Kunden

Optimalerweise gelingt es einem Unternehmen, seinen Kunden einen Mehrwert zu bieten, der zur Herausbildung eines freiwilligen „Bindungszustands" (Bliemel und Fassott 1999) führt, d.h. der Kunde verschafft sich nicht vor jeder Anschaffung erneut einen Marktüberblick, sondern bleibt für bestimmte Einkäufe aus Überzeugung bei einem oder wenigen Anbietern. Im Business-to-Business-Bereich kann ein Abhängigkeitsverhältnis geschaffen werden, indem z.B. über ein Extranet bestimmte, hochspezialisierte und produktionsrelevante Informationen nur den Klienten verfügbar gemacht werden (Shapiro & Varian 1999). Man spricht dann von einem „Kunden-Lock-in" (Zerdick et al. 1999) bzw. einem Zustand der „Gebundenheit" (Bliemel und Fassott 1999), in dem die Beziehung nicht mehr rein auf Freiwilligkeit basiert, sondern eine gewisse Zwangsläufigkeit angenommen hat – wobei sie jedoch aus Kundensicht weiterhin vorteilhaft sein sollte.

Hagel & Rayport (1997) propagieren vor diesem Hintergrund die Schaffung von „Virtual Communities", in denen sich Personen bzw. Unternehmen mit ähnlichen Interessen treffen und Informationen austauschen (siehe Kasten). Obwohl aus Sicht des Betreibers der Virtual Community weiterhin der Absatz von Produkten im Vordergrund der Aktivitäten steht, hat diese aus Sicht des Nutzers ihren Shop-Charakter verloren. Vielmehr handelt es sich um einen Treffpunkt von Gleichgesinnten. Mit ihnen wird versucht, eine stärkere Nutzerbindung zu erzielen. Eine einmal aufgebaute Community kann von einem Wettbewerber nicht ohne Weiteres nachgeahmt werden: Sobald die Community eine kritische Masse an Nutzern an sich gezogen hat, ist ein anderer Betreiber kaum noch in der Lage, eine ebensolche Informations- und Kontaktvielfalt bereitzustellen.

- Cross-Selling

Im Internet ist ein Angebot von Produktkombinationen bzw. Servicepaketen ("Bundles") mit praktisch unbegrenzt vielen Kombinationsmöglichkeiten mit geringerem Aufwand realisierbar (Bakos 1998). Während die Preiskalkulation bei diesen Kombinationsprodukten bisher sehr aufwändig war, stellt dies mit den heutigen IT-Systemen kein Problem mehr dar.

Produkt-Bundling erhöht aber auch die Gefahr, dass der angestammte Markt durch Quereinsteiger aus anderen Branchen aufgerollt wird (nämlich überall dort, wo Produkt-Bundles dem Kunden spürbar Suchkosten sparen helfen, weil er nicht mehr selbstständig nach passenden Leistungen für die Befriedigung einer Nutzenanforderung suchen muss, z.B.: Auto + Versicherungsschutz + Finanzierung oder in der Reisebranche: Hotel + Transport + Versicherung)

Cabana ist eine deutschsprachige Community, die sich ausschließlich mit dem Thema Reisen beschäftigt. Grundlage der Website ist die Beobachtung, dass Personen, die gerne und viel reisen, einerseits ein erhebliches Informationsbedürfnis im Rahmen der Vorbereitung von Auslandsaufenthalten haben und andererseits gerne über ihre Reiseerfahrungen berichten und sich mit Gleichgesinnten austauschen. In Foren auf der Cabana-Site werden unterschiedliche Themen angeboten, zu denen diskutiert oder aber Expertenauskunft eingeholt werden kann.

Viele Angebote können nur wahrgenommen werden, wenn eine (kostenlose) Mitgliedschaft beantragt wurde. Mitglieder werden „rider" genannt. Durch diverse Aktivitäten soll ein Zugehörigkeitsgefühl geschaffen werden, das die Nutzer an das Angebot schweißt und auf diese Weise für einen regelmäßigen Besuch sorgt. Zentral für dieses Anliegen sind die persönlichen Webpages, die sich jeder „rider" selbst als Teil der Cabana-Site einrichten und auf der er oder sie eigene Reiseberichte und Fotobeiträge ablegen kann, so dass sie von allen „ridern" einzusehen sind. Das Angebot wird nach eigener Darstellung über Werbebanner-Vermietung finanziert.

QUELLE: WWW.CABANA.NET

3.2.2 Die „mediale Handelbarkeit" von Gütern

Eine wesentliche Frage, die sich Unternehmen stellen, welche bisher noch keinen elektronischen Geschäftsverkehr betreiben, ist: Eignen sich meine Produkte für Electronic Commerce überhaupt?

Generell kann man diese Frage mit „ja" beantworten. Es kommt darauf an, wie ich das Produkt in seinem Lebenszyklus elektronisch unterstütze.

Die Möglichkeiten hierzu sind stark von der Art des zu vermarktenden Gutes abhängig. Es können bestimmte Eigenschaften von Gütern unterschieden werden (Nelson 1970; Darby & Karni 1973):

- **Sucheigenschaften** sind solche, über die sich der Nachfrager objektive Informationen beschaffen kann, sei es anhand harter Fakten (z.B. technische Daten wie Maße), durch eigene Erprobung (z.B. Testfahrt eines PKWs; Inaugenscheinnahme eines Gemäldes; Anprobe eines Kleidungsstücks) oder durch Berichte als objektiv wahrgenommener Dritter (z.B. Testberichte in Zeitschriften; Verbraucherberatung).

- **Erfahrungseigenschaften** sind solche, die erst nach Gebrauch beurteilt werden können. Sie sind bei allen persönlichen Dienstleistungen maßgebend (Haarschnitt beim Friseur, Reparatur durch einen Handwerker). Die gemachten Erfahrungen dienen als Grundlage für nachfolgende Konsumentscheidungen.

- **Vertrauenseigenschaften** sind solche, die auch nach Gebrauch des Gutes nicht beurteilt werden können. Würde man es doch versuchen, entstünden „prohibitiv hohe Informationskosten" (Rohrbach 1997, S. 77). Hierzu zählen Kriterien wie die Umweltfreundlichkeit eines Produktes. Der Verbraucher ist sehr weitgehend darauf angewiesen, den Behauptungen des Anbieters zu vertrauen.

Jedes Gut zeichnet sich durch eine bestimmte Mischung zwischen den drei Eigenschaftenstypen aus. Diese bestimmen letztendlich auch über das, was Rohrbach (1997) die „mediale Handelsfähigkeit" nennt, also die Eignung für die Vermarktung über das Internet oder einen anderen Online-Dienst.

Sucheigenschaften lassen sich prinzipiell medial schlechter vermitteln als bei der unmittelbaren Inansichtnahme, wie sie z.B. im Ladengeschäft möglich ist. Je schlechter aber eine Überprüfung dieser Qualitäten möglich ist, desto höher ist die Unsicherheit seitens des Nachfragers und damit seine Neigung, von einem Kauf abzusehen. Bei bestimmten Produkten, die bisher schon in hohem Maße über den traditionellen Versandhandel vermarktet worden sind, können die Sucheigenschaften gut (traditionell: über das Medium Katalog) vermittelt werden (z.B. Bücher, Tonträger, bei denen in der Regel nur minimale Unterschiede in den Qualitäten einzelner Exemplare des gleichen Produkts auftreten). Auch Elektrogeräte gehören zu dieser Gruppe, wobei die Suchqualitäten hier vorwiegend in technischen Fakten sowie den Testergebnissen unabhängiger Analyseorganisationen (z.B. Stiftung Warentest) bestehen.

Rohrbach (1997, S. 80f.) weist darauf hin, dass interessanterweise auch bei Bekleidungsprodukten überproportional hohe Anteile am Verbrauch auf den Versandhandel entfallen, obwohl gerade hierbei wesentliche Suchqualitäten (Passform) nur bei unvermittelter Prüfung zu beurteilen sind. Offensichtlich reicht die Möglichkeit zur Retoure aus, um das wahrgenommene Risiko so weit abzusenken, dass die Vorteile des Versandhandels – insbesondere die ungestörte Auswahl und Anprobe ohne Zeitdruck – von vielen Verbrauchern als überwiegend angesehen werden. Dies dürfte allerdings nur dann der Fall sein, wenn der Konsument ausreichend Vertrauen besitzt, dass der Anbieter seine Versprechungen (wie Rücknahme der Ware) auch tatsächlich umstandslos erfüllen wird. Dem Versandhandelsangebot eines Anbieters sind also **Erfahrungseigenschaften** zueigen, die ein Kunde erst bei mehrmaliger Nutzung beurteilen kann. Auch die Erfahrungen von Personen, die aus Sicht des Verbrauchers vertrauenswürdig bzw. kompetent erscheinen, werden selbstverständlich mit in das Kalkül einbezogen.

Vertrauenseigenschaften schließlich werden in der Regel durch die Präsentation des Anbieters sowie sein Ansehen bzw. Image in den für das Produkt relevanten Kreisen bestimmt. Der Art und Weise der Selbstdarstellung im Internet kommt hierbei eine vergleichbare Rolle zu, wie sie es bei einem Ladengeschäft bzw. Büro in der herkömmlichen Wirtschaft tun. Auch Zertifikate, Gütesiegel u.ä., die von renommierten Organisationen vergeben werden, können die Aufgabe übernehmen Vertrauen zu erzeugen.

Welches sind nun die wesentlichen Kriterien, die über die „mediale Handelsfähigkeit" entscheiden? Nach Rohrbach (1997, S. 86ff.) sind dies:

„Bemusterungsnotwendigkeit"

Je stärker das Produkt eine unmittelbare Überprüfung (sehen, hören, tasten, schmecken, riechen, empfinden) erfordert, um seine Qualität einschätzen zu können, desto weniger ist es für Electronic Commerce geeignet. Diese Aussage gilt allerdings nur eingeschränkt, wenn ein Rückgaberecht wegen Nichtgefallen eingeräumt wird, also die Bemusterung auch nach Lieferung zu Hause stattfinden kann.

Komplexität der Präsentation

Hiervon betroffen sind Produkte, die aufgrund ihrer Vielschichtigkeit und Erklärungsbedürftigkeit bei Face-to-Face-Interaktion erheblich besser zu präsentieren sind (z.B. Möbelprogramme, Immobilien).

Verbundnotwendigkeit

Viele Produkte verdanken einen Großteil ihres Absatzes den so genannten Verbundwirkungen, d.h. der gezielten Platzierung im stationären Handel inmitten von anderen Produkten, z.B. bei Systemprodukten (Hardware und Software). Diese Produkte werden häufig nicht gezielt, sondern ungezielt gekauft. Wegen der (trotz aller technischer Fortschritte auch in absehbarer Zukunft) eingeschränkten Darstellungsmöglichkeiten kommen Verbundwirkungen im Internet nicht so gut zur Wirkung wie im traditionellen Handel. Für ungezielte Einkäufe stellt Electronic Commerce demnach ein Suboptimum dar.

Anteil komplexer Leistungsversprechen am Produkt

Bei vielen Dienstleistungen ist das Produkt vor Vertragsabschluss noch nicht genau definiert; vielmehr entsteht es erst später, oft in unmittelbarer Interaktion mit dem Kunden (z.B. Frisur, Steuerberatung, Unternehmensberatung). Je weniger genau eine vertragliche Vereinbarung über den Leistungsumfang möglich ist, desto größer ist die Bedeutung eines Vertrauensverhältnisses zwischen Anbieter und Kunde. Für die Schaffung der notwendigen Vertrauensbasis sind Face-to-Face-Kontakte erheblich besser geeignet als alle medial vermittelten Kommunikationsformen. Ist erst einmal einen Vertrauensbasis geschaffen, so eignen sich allerdings auch schlecht definierbare Dienstleistungen für den elektronischen Geschäftsverkehr.

Rohrbach (1997, S. 96) schlägt die Bildung eines Indizes aus diesen 4 Kriterien vor, mit dem vereinfacht für jedes Produkt das Ausmaß der „Probleme der medialen Vermittelbarkeit kritischer Produktinformationen" ausgedrückt werden könne:

Ausprägung der Produkteigenschaften	Niedrig (1)	mittel (2)	hoch (3)
Bemusterungsnotwendigkeit	( )	( )	( )
Komplexität	( )	( )	( )
Verbundnotwendigkeit	( )	( )	( )
Anteil komplexer Leistungsversprechen am Produkt	( )	( )	( )
Summe: Probleme der medialen Vermittelbarkeit kritischer Produktinformationen			

TAB. 3: KRITISCHE PRODUKTINFORMATIONEN IM ELEKTRONISCHEN GESCHÄFTSVERKEHR (QUELLE: ROHRBACH 1997, S. 96)

Relativer Preis

Mit dem relativen Preis eines Produktes (Marktpreis im Verhältnis zum verfügbaren Einkommen) steigt das wahrgenommene Risiko bei einer Anschaffung und demzufolge der Wunsch nach Minimierung der persönlichen Unsicherheit bei Vertragsabschluss. Bei subjektiv als teuer wahrgenommenen Anschaffungen wird daher die Face-to-Face-Interaktion mit dem Anbieter vorgezogen. Dies gilt für Privatpersonen wie für Unternehmen, auch wenn mittlerweile Gegenbeispiele von Vertragsabschlüssen über Hochpreis-Produkte vorliegen (siehe das Beispiel in der Einführung dieses Bandes).

Wichtig ist es an dieser Stelle zu betonen, dass das Konzept der medialen Handelsfähigkeit sich zunächst auf solche Kaufvorgänge bezieht, die völlig ohne Face-to-Face-Interaktion auskommen. Wie in Kap. 2.1.2 dargestellt wurde, sind unter Electronic Commerce aber auch solche Geschäftstransaktionen zu verstehen, in denen Online-Dienste eine wesentliche Rolle – z.B. bei der Kaufvorbereitung – spielen, ohne dass der Kaufvorgang im engeren Sinne über die Netze abgewickelt wird. Die Frage nach der Eignung für Electronic Commerce muss also präzise lauten: Welche Form von Electronic Commerce ist für welche Arten von Produkten geeignet? Abb. 7 gibt eine erste Antwort.

Die Grafik zeigt auf, dass für verschiedene Produkttypen vorrangig bestimmte Formen von Electronic Commerce geeignet erscheinen. Man kann sich dies an einigen Beispielen verdeutlichen: Produkte, über die Informationen leicht medial vermittelbar sind und deren Preis im Verhältnis zu der üblichen Höhe des verfügbaren Einkommens bzw. des Unternehmensumsatzes gering ist (z.B. Bücher und Tonträger; Markenprodukte ohne erkennbare Qualitätsschwankungen wie Büromaterialien, aber auch Lebensmittel; alle Produkte, deren Qualität auch bei direkter Begutachtung kaum beurteilbar ist wie Software), sind in dem Koordinatenkreuz im linken unteren Bereich anzusiedeln. Sie eignen sich prinzipiell gut für den Online-Verkauf.

Zu den Produkten hingegen, deren Eigenschaften nur schwer medial vermittelbar sind, gehören insbesondere alle Dienstleistungen, deren Qualität zum Zeitpunkt des Vertragsabschlusses noch nicht feststeht – dies trifft auf die meisten unternehmensorientierten Dienstleistungen zu. Hier ist oft der Aufbau eines Vertrauensverhältnisses zwischen Anbieter und Kunden verkaufsentscheidend. Solche Produkte, zudem wenn ihr relativer Preis hoch ist, eignen sich wenig für den Online-Verkauf, das Medium Internet kann jedoch hervorragend für die Selbstdarstellung und die Pflege der Public Relations eingesetzt werden. Sie sind im Koordinatensystem rechts bzw. oben anzusiedeln. Zwischen diesen Extremen befinden sich solche Produkte, in denen der Verkaufsabschluss meistens Face-to-Face stattfindet, bei dem wesentliche Prozesse der Verkaufsvor- und -nachbereitung online abgewickelt werden können, wie z.B. der Kauf eines Autos oder hochwertiger Heimelektronik.

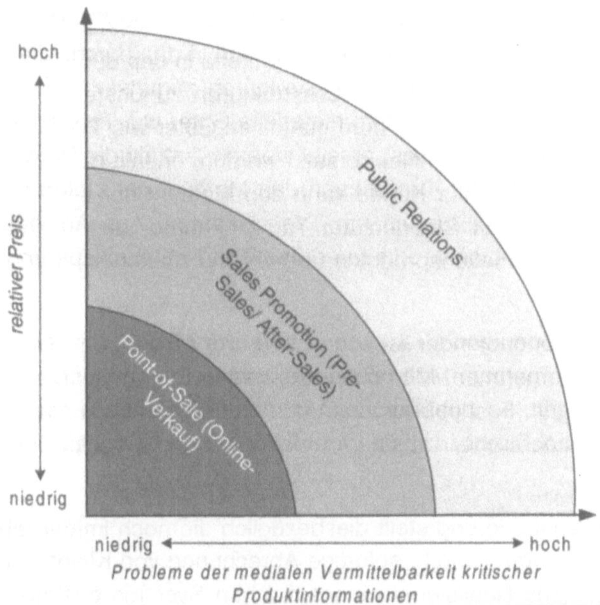

ABB. 7: **EIGNUNG VON PRODUKTEN FÜR FORMEN DES ELEKTRONISCHEN GESCHÄFTSVERKEHRS (QUELLE: ROHRBACH 1997, S. 97 BZW. 99, MODIFIZIERT)**

Bisher ist in diesem Abschnitt nicht explizit auf eine wesentliche Einschränkung der Möglichkeiten elektronischen Geschäftsverkehrs eingegangen worden: Soweit es sich um materielle (tangible) Güter handelt, muss die Ware immer noch auf physischem Wege ausgeliefert werden – wie es beim Versandhandel seit jeher üblich ist. Obwohl die Aufgabe einer Bestellung also unabhängig von Ladenöffnungszeiten und bequem vom Rechner aus bewerkstelligt werden kann, fallen Lieferzeiten an. Diese haben zum Ergebnis, dass der Kunde die Ware unter Umständen erheblich später erhält, als wenn er sie in einem Ladengeschäft in der Nähe seines Wohnorts besorgt hätte. Der Vorteil der Unabhängigkeit von Ladenöffnungszeiten wird zudem unter Umständen (mehr als) wettgemacht durch die Schwierigkeiten, die bestellte Ware entgegenzunehmen – etwa, wenn tagsüber keine Person in der eigenen Wohnung anwesend ist, die die Lieferung annehmen könnte.

Schon diese wenigen Ausführungen machen deutlich, dass der Hauptvorteil des Electronic Commerce erst dann zum Tragen kommt, wenn die Produkte selbst ebenfalls über die Netze transferiert werden können, d.h. in digitalisierbarem Zustand vorliegen. Dies ist der Fall sowohl bei Produkten, die lediglich Verfügungsrechte an immateriellen Gütern (z.B. an Aktien) darstellen, als auch bei reinen Informationsprodukten.

3.2.3 Reine Informationsprodukte

Die Digitalisierung ist in vielen Wirtschaftsbereichen schon so weit vorangeschritten, dass die Produktionstechniken ganzer Branchen auf digitalen Daten beruhen. Als Beispiel sei hier die Medienindustrie genannt, in der alle Teile der Wertschöpfungskette – vorläufig noch mit der Ausnahme der meisten Endprodukte – digitalisiert sind. Electronic Commerce bietet nun die Möglichkeit, auch das letzte Glied dieser Wertkette in den durchgehenden Datenfluss zu integrieren und so bestehende Distributionsstrukturen zugunsten der Online-Vermarktung abzulösen. Denn in dem Moment, in dem materielle Güter wie Tonträger und Bücher durch reine Informationsprodukte (Datenfiles) ersetzt werden, entfällt die Notwendigkeit einer physischen Distributionslogistik. Der Kunde kann den Moment der Lieferung völlig frei bestimmen und nun tatsächlich 24 Stunden am Tag einkaufen. Aus Anbietersicht eröffnet der Übergang zu reinen Informationsprodukten erhebliche Kosteneinsparungspotenziale (siehe 3.4.3).

Im Umfang sehr viel bedeutender ist schon heute der Handel mit reinen Informationsprodukten zwischen Unternehmen. Mit hochspezialisierten Informationen, z.B. Echtzeit-Daten, Fachdatenbankenzugriff, Fachpublikationen und natürlich Software aller Art, wird schon seit längerer Zeit ein beträchtlicher Umsatz im elektronischen Geschäftsverkehr zwischen Unternehmen getätigt.

Eine kommende Herausforderung stellt diesbezüglich die noch immer fehlende Möglichkeit dar, im Internet Micropayments, d.h. sofortige Abrechnung von Kleinstbeträgen im Pfennigbereich, abzuwickeln. Die Realisierung eines solchen Systems gestattet es Anbietern von Datenbanken und ähnlicher Informationen, von jedem Nutzer einen dem Ausmaß der Nutzung entsprechenden Preis zu verlangen. Dies war bzw. ist in den nationalen Videotex-Systemen möglich, wie BTX in Deutschland und Minitel in Frankreich. Im Internet steht eine technische Lösung bisher jedoch noch aus.

3.3 Electronic Commerce und Business-to-Business-Geschäftsbeziehungen

Business-to-Business Electronic Commerce basiert auf zwei Grundgedanken: Zum einen der **Vertiefung der Integration von Beteiligten an der Wertschöpfungskette** und zum anderen der **Öffnung herkömmlicherweise stabiler Zuliefer-Abnehmer-Beziehungen für den Wettbewerb**. Beide, auf den ersten Blick widersprüchlichen Ziele lassen sich mit Hilfe der auf offenen Standards basierenden Internet-Technologie erstmals miteinander verbinden – mit gravierenden Auswirkungen auf die Struktur zahlreicher Märkte und die Wettbewerbsbedingungen insbesondere von kleinen und mittleren Unternehmen.

                                                        Gareis / Korte / Deutsch

3.3.1 Vertiefung der Integration von Beteiligten an der Wertschöpfungskette

Jeder Produzent strebt nach einer bestmöglichen Kontrolle über die seiner Produktion vorgelagerten Wertschöpfungsprozesse, um eine optimale Versorgung mit Vorprodukten und
Beschaffungsgütern aller Art sicherstellen zu können. Unter optimaler Versorgung ist hierbei
die effiziente, zeitnahe und flexible Bereitstellung der benötigten Inputs zu verstehen. Bei
den Inputs kann grundsätzlich unterschieden werden in:

- Produktionsgüter, die einen Input für die laufende Produktion darstellen (Vorprodukte).
  Man spricht beim Einsatz von Electronic Commerce in diesem Bereich von **Zulieferketten-Management** oder engl. **Supply Chain Management**[6];

- MRO-Gütern (Maintenance, Repair and Organisation; deutscher Begriff: C-Artikel), die
  nicht für den Produktionsprozess selbst benötigt werden, sondern für übergeordnete
  Aktivitäten (z.B. Büromaterial). Electronic Commerce kommt hier in Form von **E-
  Procurement (elektronischer Beschaffung)** zum Einsatz.

Electronic Commerce zwischen Unternehmen, also die Abwicklung von Markttransaktionen
über elektronische Kommunikationsnetze, hat bereits eine weit zurück reichende Tradition.
Lange bevor der Begriff der elektronischen Geschäftsbeziehung etabliert wurde, haben
Großunternehmen besonders in der Finanzdienstleistungs- und Automobilbranche sowie im
Handel bereits Daten, die im Zuge von Transaktionen benötigt bzw. generiert werden (Bestellung, Rechnung, Lieferschein, Manifest, Zollerklärung, Zahlungsauftrag, Bankauszug
etc.), über angemietete oder in Eigenbesitz befindliche Standleitungen untereinander (in
stark vorstrukturierter Form) ausgetauscht. Das augenscheinlichste Beispiel ist die Finanzdienstleistungsbranche: Daten aus tausenden Geldautomaten und regionalen Niederlassungen fließen über Standleitungen in den zentralen Rechenzentren zusammen und werden
von dort aus zwischen den unterschiedlichen Bankunternehmen zur Abwicklung von Transaktionen ausgetauscht. Im Handel werden Routine-Transaktionen wie (Nach-) Bestellungen
von Waren zwischen Produzenten, Großhändlern und den Einzelhandelsketten über elektronische Datennetze transferiert. Das Prinzip: Datenübertragung von Rechner zu Rechner,
so dass eine direkte Weiterverarbeitung möglich ist.

Wichtig für derartige Beziehungen sind allerdings stets stabile Handelsbeziehungen zwischen den Beteiligten, die im vorhinein für eine längere Dauer vereinbart werden. Üblicherweise fand und findet der zugehörige Datenaustauschs auf der Basis von EDI (Electronic
Data Interchange) statt. EDI ist eine Form der „sicheren Übertragung von Daten in einem
standardisierten, im voraus festgelegten elektronischen Format zwischen Computern über
ein Telekommunikations-Netzwerk" (Barling & Stark 1998, S. 36). EDI ist selbst kein Standard, sondern die organisatorische Grundlage für branchen- und aufgabenspezifische Stan-

---

[6] allerdings nicht in der engen Bedeutung des Begriffs, die für bestimmte Softwareprodukte zur Integration der betrieblichen ERP-Systeme mit den entsprechenden Systemen der Zulieferer Verwendung findet, sondern allgemein für alle Maßnahmen, um Online-Dienste zu nutzen, um die Kooperation mit Zulieferern zu optimieren

dards für die Abwicklung von Transaktionen. Diese Standards wurden von den Branchenverbänden festgelegt oder aber unter den einzelnen Handelspartnern vereinbart (proprietäre EDI-Formate). In vielen Bereichen setzt sich inzwischen der weltweite und von den ISO-Behörden genormte Standard UN/EDIFACT durch, der eine offene Kommunikation in den meisten Nachrichtenarten erlaubt. Die Integration eines neuen Standards in Unternehmensapplikationen gestaltet sich sehr aufwändig und wird gescheut, weshalb bestehenden Branchenstandards eine so große Bedeutung zukommt.

Das Internet ermöglicht die Integration von Beteiligten an der Wertschöpfungskette und macht sie erstmals verfügbar für die große Gruppe der kleinen und mittelgroßen Unternehmen, für die klassische EDI-Übertragungsformen aus Kosten- und Aufwandsgründen bisher nicht in Frage kam. Die Integration von Zulieferern, Produzenten und Distributionspartnern in Supply Chains mit durchgehendem, transparenten Datenfluss kann deshalb heute in allen Branchen stattfinden und ist keineswegs mehr auf die klassischen „EDI-Branchen" (Finanzdienstleister, Handel, Fahrzeugindustrie) beschränkt.

3.3.2 Öffnung herkömmlicherweise stabiler Zuliefer-Abnehmer-Beziehungen für den Wettbewerb

Die Marktteilnehmer können untereinander kurzfristig und temporär Kooperationsverhältnisse eingehen, indem sie mit standardisierter, webbasierter Software auf die relevanten Datenbestände der Zulieferer bzw. Abnehmer zugreifen.

Bisher war es häufig unumgänglich, für die Absicherung der ständigen Verfügbarkeit von Vorprodukten und MRO-Gütern feste Zuliefer-/Abnehmerbeziehungen einzugehen, die in starkem Maße auf Vertrauen basierten. Der Grund: Bei Ausfall eines Lieferanten war es mit einem hohen Aufwand (also hohen Transaktionskosten) verbunden, Ersatz zu finden und diesen auf Zuverlässigkeit zu prüfen. Das Internet allein schafft in dieser Situation noch keine Abhilfe, denn es stellt zwar ein sehr umfangreiches Angebot an Informationen über potenzielle Geschäftspartner zur Verfügung, das jedoch nur schwer manövrierbar ist. In den letzten Jahren und Monaten sind jedoch eine Reihe von Intermediären auf den Plan getreten, die elektronische Marktplätze geschaffen haben, auf denen Angebot und Nachfrage nach jeder erdenklichen Art von Produkten effizient und innerhalb kürzester Zeit zusammengebracht werden (siehe Kapitel 5.3). Sie stellen zum Teil auch einen technischen und rechtlich-organisatorischen Rahmen für die Abwicklung der Transaktion bereit. Z.B. überprüfen viele Marktplatzbetreiber die Seriösität des Angebots und sanktionieren Anbieter, die über den Marktplatz abgewickelte Aufträge nicht zur Zufriedenheit erfüllen, durch Ausschluss.

Elektronische Marktplätze vermögen die Handlungsoptionen der Marktteilnehmer hinsichtlich der Wahl des Geschäftspartners in beträchtlichem Maße auszudehnen. Die Folge sind insbesondere gesunkene Kosten bei Wechsel eines Auftraggebers/-nehmers und dadurch eine größere Dynamik des Marktgeschehens. Elektronische Marktplätze sind das Business-to-Business-Gegenstück zu den Auktions- und Powershopping-Websites im Privatkundenbereich.

Aufgrund der längeren Tradition der Nutzung und der besseren infrastrukturellen, qualifikatorischen und ökonomischen Voraussetzungen nimmt Business-to-Business Electronic Commerce heute den wertmäßig größten Teil des Gesamtmarktes für elektronischen Geschäftsverkehr ein. Die OECD (1999, S. 36) hat alle verfügbaren Schätzungen über den Umfang des Electronic-Commerce-Marktes ausgewertet und kommt dabei auf einem Anteil des Business-to-Business-Handels von 78% am Gesamtmarkt.

3.4   Electronic Commerce und Kosten

Electronic Commerce kann die Kosten eines Anbieters über eine Reihe von Mechanismen senken und so die Wettbewerbsfähigkeit eines Unternehmens erhöhen. Zur Darstellung der in diesem Kontext relevanten Zusammenhänge bietet es sich zunächst an, von der Annahme eines rein substitutiven Einsatzes von Electronic Commerce auszugehen, d.h. ihr Einsatz erfolgt *ohne* Änderungen auf strategischer Ebene, also von Produktsortiment, Zielgruppe etc. Substitutiver Einsatz überwiegt erfahrungsgemäß in solchen Unternehmen, die aus der traditionellen Wirtschaft stammen und nun beginnen, sich mit den Möglichkeiten des Internet für ihr eigenes Business vertraut zu machen.

3.4.1 Kosten der Beschaffung

In gleichem Maße, wie private Verbraucher von niedrigeren Preisen aufgrund der besseren Informationsversorgung durch das Internet profitieren, können auch Unternehmen bei der Beschaffung sowohl produktionsrelevanter als auch von Hilfs-Materialien erhebliche Kosten einsparen. Die besseren Vergleichsmöglichkeiten und der reduzierte Aufwand für den Wechsel zu einem Anbieter mit attraktiveren Preisen sind die Ursache. Wie die Ausführungen zum E-Procurement (s.o.) zeigen, sind auch bei der internen Abwicklung von Beschaffungsprozessen Effizienz- und damit Kostenvorteile zu erzielen. Tab. 4 zeigt Schätzungen von Goldman Sachs über die Höhe der Kosteneinsparungen durch elektronische Abwicklung von Business-to-Business-Transaktionen, differenziert nach Branche.

Auch Lagerhaltungskosten sind – in einem weiteren Sinne – Kosten der Beschaffung. Die OECD (1999, S.62) schätzt, dass 25% der Erlöse, die ein Handelsunternehmens mit einem Produkt erzielt, für seine Lagerhaltung ausgegeben werden. Auch bei Unternehmen anderer Branchen ist ein erheblicher Teil des Kapitals in Form von gelagerten Vor- und Endprodukten gebunden. Der wirtschaftliche Verlust ist umso höher, je geringer die Haltbarkeit ist bzw. je schneller die Produkte veralten (z.B. Computerprodukte) oder an Marktwert verlieren (z.B. Bücher und Tonträger, bei denen die Nachfrage wegen eines ständigen Nachschubs an neuen Produkten schnell abnimmt).

Branche	Geschätztes Einsparungspotenzial in % der Gesamtkosten
Elektronik	29-39%
Forstprodukte	15-25%
Maschinenbau	22%
Gütertransport	15-20%
Computer	11-20%
Agrochemie/ Pharma	12-19%
Medien & Werbung	10-15%
Petrochemie	5-15%
Kommunikationswesen	5-15%
Flugzeugbau	11%
Stahl	11%
Technische Dienstleistungen	10%
Papier	10%
Chemie	10%
Gesundheitswesen	5%
Nahrungsmittel	3-5%
Bergbau	2%

TAB. 4: GESCHÄTZTES EINSPARUNGSPOTENZIAL DURCH ELECTRONIC COMMERCE IM BESCHAF-FUNGSWESEN (IM VERGLEICH MIT DER NUTZUNG HERKÖMMLICHER MEDIEN WIE POST, TELEFON, FAX; QUELLE: COHN ET AL. 2000, S.43)

Eine Reduzierung der Lagerhaltungskosten ist erzielbar, wenn absatzrelevante Informationen schneller entlang der Wertschöpfungskette ausgetauscht werden. Ein Beispiel: Wenn ein bestimmtes Modell eines Produktes aufgrund eines Ereignisses plötzlich eine stark wachsende Nachfrage erlebt, muss diese Information so schnell wie möglich an alle an der Wertschöpfungskette beteiligten Akteure weitergegeben werden, damit diese ihre Produktionsplanung entsprechend anpassen können. Gelänge eine solche Anpassung in Echtzeit, also ohne Verzögerung, so müssten überhaupt keine Lagerbestände gehalten werden. Umgekehrt muss ein Unternehmen stets große Bestände seines Produktes auf Lager halten, wenn die Partner in der Wertschöpfungskette überhaupt nicht kurzfristig auf eine Nachfrageänderung reagieren können und er trotzdem bei Nachfrageschwankungen keinen Absatz verlieren will.

Aus Sicht des Zulieferers ermöglicht eine bessere Informationsversorgung über die Produktionssituation beim Abnehmer eine optimierte Absatzplanung, die ebenfalls hilft, Lagerbestände gering zu halten.

Grundsätzlich gilt: Je geringer die Bestände sind, die zur Sicherstellung der Produktion bzw. des Absatzes auf Lager gehalten werden müssen, desto niedriger sind die Kosten. Zu Veranschaulichung der tatsächlichen Kosten der Vorprodukt-Beschaffung bietet es sich an, das TCO-Prinzip (Total Cost of Ownership) auf Zulieferbeziehungen zu übertragen: Zum eigentlichen Anschaffungspreis sind demnach alle weiteren anfallenden Kosten hinzu zu addieren: Als Raum-, Lagerhaltungs-, Versicherungs-, und Opportunitätskosten (durch Bindung von Kapital, das anderweitig gewinnbringend investiert werden könnte). Ausgehend von dieser Beobachtung haben sich Just-in-Time-Liefersysteme etabliert, bei denen die Lagerbestände minimiert werden. Natürlich kann es in Notfällen, z.B. während Streiks in einem Zulieferunternehmen, nützlich sein, einen bestimmten Lagerbestand als Reserve zur Verfügung zu haben. Die Möglichkeit hierzu bleibt aber weiterhin vorhanden – sie stellt jedoch heute eine Option dar und nicht eine Verpflichtung: Der Handlungsspielraum des Unternehmers wird größer.

3.4.2 Kosten für die Abwicklung einer Transaktion (Verkauf)

Produktionskosten stellen nur einen – nicht selten den kleineren – Teil der gesamten Kosten eines Angebots dar. Erhebliche Aufwände fließen in die Abwicklung des Verkaufsprozesses: von der Annahme einer Bestellung über die interne Weiterleitung an die zuständigen Abteilungen und der Sicherstellung der Finanzierung bis zur Auslieferung. Im Zuge des Business Reengineerings sind in den letzten Jahren in vielen Unternehmen bereits interne Geschäftsprozesse untersucht und computergestützt optimiert worden. Das Internet bietet nun die Möglichkeit, auch Kunden und Zulieferer in diesen Optimierungsprozess einzubinden und so weitere erhebliche Effizienzvorteile zu generieren.

In vielen Fällen ist es möglich, Transaktionskosten dem Kunden zuzuweisen – über das gleiche Prinzip, das bei Geldautomaten schon seit vielen Jahren angewandt wird: die Kundenselbstbedienung. Die Verwendung elektronischer Formulare, bei denen die Daten bereits während der Eingabe auf Korrektheit, Vollständigkeit und Plausibilität überprüft werden können, senkt zudem den durch fehlerhafte Aufträge verursachten Aufwand (OECD 1999): Die manuelle Nachbearbeitung entfällt, da alle Regeln und Spezifikationen bereits in die Online-Bestellprozedur integriert sind (Cho 1999), d.h. bei falschen Angaben erfolgt automatisch eine Benachrichtigung des Nutzers über seinen Browser.

Bei anspruchsvolleren Produkten, die erklärungsbedürftig sind, erhält der Kunde – wenn die Informationen auf einer Website abrufbar sind – die Möglichkeit, sich bereits vor der Aufnahme eines persönlichen Kontakts umfassend zu informieren. Das World Wide Web mit seiner Hypertexteignung macht es technisch ohne Weiteres praktikabel, auch für die speziellsten Ansprüche eines einzelnen Kunden abgestimmte Informationen bereitzustellen. Verkaufsgespräche und Hotline-Anfragen, die erhebliche Kosten verursachen, können deshalb kürzer ausfallen oder ganz ausbleiben (OECD 1999).

Das Einsparungspotenzial ist in jedem Fall erheblich. Laut einer aktuellen Untersuchung von Merrill Lynch kostet eine Banktransaktion 1,07 $ in einer Bankfiliale, 54 Cents, wenn sie über das Telefon abgewickelt wird, 27 Cents am Geldautomaten, aber nur einen Cent bei Telebanking über das Internet (Farrell 1999, S. 72). Die Bearbeitung der Bestellung eines Flugtickets verursacht der Airline Kosten in Höhe von 8$, wenn sie über ein Reisebüro erfolgt, aber nur 1$ bei Vermittlung über das Internet. UN/Cefact, eine UN-Organisation zur Förderung des internationalen Handels und des Electronic Business, hat ermittelt, dass die

Anfertigung und Abwicklung einer einzigen Rechnungsstellung im internationalen Handel kleinen und mittelständischen Unternehmen Kosten in Höhe von 75$ verursacht, bei Online-Rechnungsstellung auf Basis von ebXML aber nur 0,5$ (Williams 1999). Beim Abschluss einer Standard-Versicherungspolice für eine Privathaftpflicht entstehen dem Makler und der Versicherung jeweils Kosten von etwa 35 DM, im Vergleich zu 1,80 DM bei einem Online-Abschluss, wie er z.B. über eine Versicherungsmakler-Site vereinbart werden kann (Internet Intern 2000a).

3.4.3 Vertriebskosten

Insofern es gelingt, den Kundenservice (Pre-Sales und Post-Sales) auf die oben dargestellte Weise in stärkerem Maße zu automatisieren, kann eine Straffung des Verkaufsstellennetzes angegangen werden. In der Finanzdienstleistungsbranche ist die Ausdünnung des Filialnetzes schon in vollem Gange. Kapazitäten, die bei der (quantitativen) Versorgung in der Fläche eingespart werden, können für die qualitative Aufwertung des Angebots der verbleibenden physischen Niederlassungen investiert werden und somit dem Leistungsprofil zugute kommen.

Allerdings entstehen auch neue Kosten: Im Unterschied zu vielen herkömmlichen Einzelhandelsformen muss die Ware beim Electronic Commerce in der Regel an den Kunden ausgeliefert werden. Hierzu muss auf ein leistungsstarkes Logistiksystem zurückgegriffen werden können – denn wenn die Besteller die Ware nicht schnell und zuverlässig erhalten, sind sie als Kunden gefährdet. Als besonders problematisch erweisen sich dabei Waren des täglichen Bedarfs wie z.B. Lebensmittel, bei denen nur Lieferzeiten von weniger als einem Tag vom Markt akzeptiert werden, sowie der grenzüberschreitende Handel. Regelmäßig zeigt sich: Es ist erheblich leichter, sein Angebot an einen internationalen Markt zu kommunzieren, als diesen auch tatsächlich zu beliefern. Selbstverständlich verfügen Anbieter, die auch bisher schon Versandhandel betrieben haben, diesbezüglich über einen Know-how-Vorsprung, der sich auch bereits in einer entsprechenden Umtriebigkeit der Versandhandelshäuser im Bereich Electronic Commerce bemerkbar macht. Auf alle anderen kommen nicht unerhebliche Kosten für das Logistikmanagement zu.

Anders sieht die Sache bei den Anbietern reiner Informationsprodukte (s.o.) aus. Die Produkte müssen hier lediglich auf einem an das Internet angeschlossenen Server bereitgestellt und von dort aus von den Kunden abgerufen werden. Kosten für den Versand entfallen so gut wie vollständig. Hinzu kommt, dass im grenzüberschreitenden Handel in aller Regel (bisher[7]) keine Importsteuern und keine Zölle auf elektronisch versendete Waren zu entrichten ist, während bei Lieferung des gleichen Produktes auf einem materiellen Träger Abgaben anfallen. Daher kann das gleiche Produkt zu einem niedrigeren Preis angeboten werden, wenn es anstatt auf CD bzw. Diskette über Online-Download „ausgeliefert" wird.

---

[7] Die EU-Kommission hat im Februar 2000 bekanntgegeben, „Steuerschlupflöcher" dieser Art in Zukunft stopfen zu wollen (Hargreaves & Buckley 2000). Bei der Umsetzung des Beschlusses in der Praxis dürften allerdings erhebliche Probleme auftreten.

Gareis / Korte / Deutsch

Besonders in der Anfangsphase der wissenschaftlichen Beschäftigung mit dem Internet wurde die Meinung vertreten, Electronic Commerce würde einer **Disintermediation** des Vertriebs Vorschub leisten. Damit ist die Ausschaltung von Zwischenstufen in der Vertriebskette gemeint, also z.B. die direkte Vermarktung von Produkten vom Hersteller an den Endkunden unter Umgehung des Groß- und Einzelhandels. Heutzutage besteht Gewissheit, dass nicht generell von einer Disintermediation ausgegangen werden kann; tatsächlich kommt es in Teilbereichen sogar zur Etablierung neuer Intermediäre, die eine machtvollen Stellung zwischen Anbietern und Nachfragern einnehmen (siehe 5.1.2).

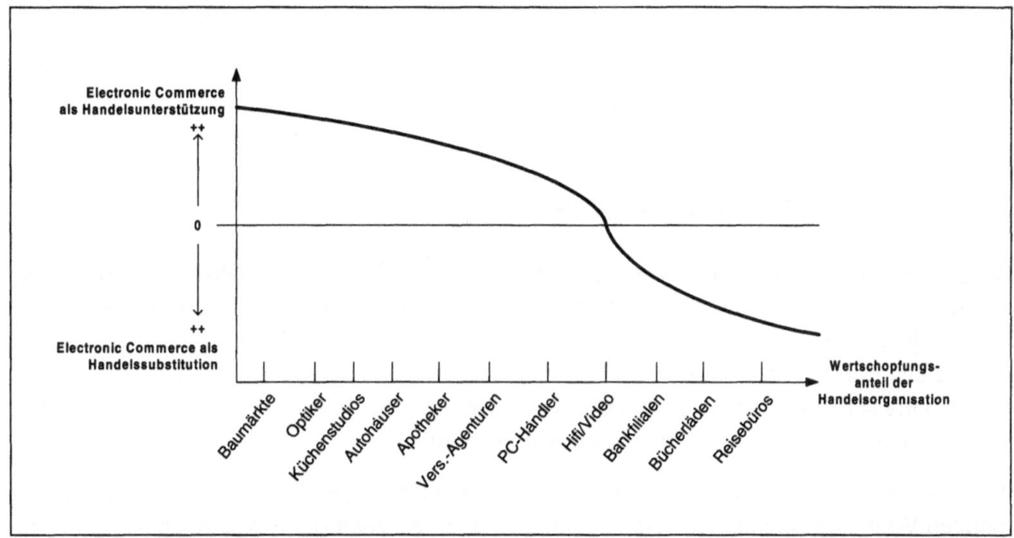

ABB. 8: ABHÄNGIGKEIT DES EFFEKTES VON ELECTRONIC COMMERCE VON DEM WERTSCHÖPFUNGS-ANTEIL EINER HANDELSORGANISATION (QUELLE: GLANZ & SANDER 1999, S.8, LEICHT MODIFIZIERT)

Für die Beurteilung der Frage, unter welchen Umständen (d.h. auch: in welchen Branchen) die Ausschaltung des Zwischen- und Einzelhandels wahrscheinlich ist, muss man sich zunächst die Rolle der traditionellen Intermediäre im Wirtschaftsgeschehen vergegenwärtigen. Sie besteht im wesentlichen in der Bereitstellung von Marktinformationen, d.h. beim Einzelhandel in der Pflege des Kundenkontaktes vor Ort und der Übermittlung dieses spezifischen Know-hows an die vorgelagerten Stufen der Handelskette in Form von Bestellungen.

Angesichts der wachsenden Bedeutung der Kundenorientierung des Wirtschaftens muss daher davon ausgegangen werden, dass überall dort, wo der Kundenkontakt und damit die Kundenkenntnis der Intermediäre ausgeprägt sind, die (aus ihrer Sicht) Gefahr einer Disintermediation gering ist. Auf das Wissen über Kunden und die bestehenden Kundenkontakte kann auf keinen Fall verzichtet werden. Disintermediation wird also überall dort kaum stattfinden, wo die klassischen Zwischenhändler die Kunden erheblich besser kennen als die Hersteller selbst (und darüber hinaus über das Know-how verfügen, wie an Informationen über Kunden heranzukommen ist und wie diese auszuwerten sind).

Anders sieht es jedoch dort aus, wo die traditionellen Intermediäre lediglich Waren übergeben bzw. Bestellungen entgegen nehmen. Insbesondere in Branchen, in denen der Wertschöpfungsanteil der Handelsorganisation niedrig anzusetzen ist, ist mit einer Umgehung der klassischen Intermediäre zu rechnen. Wie Abb. 8 zeigt, dürften insbesondere der Büchereinzelhandel sowie Agenturen wie z.B. Reisebüros betroffen sein.

Die Ausschaltung der Zwischenhandels über eine Direktbelieferung der Kunden verursacht auf Anbieterseite einen nicht unerheblichen Zusatzaufwand. Damit steht Disintermediation im Widerspruch zum modernen Anforderung an Unternehmen, sich auf ihre Kernkompetenzen zu konzentrieren: Die zielgerechte Pflege einer hohen Zahl von Kundenkontakten verlangt Spezialwissen und profitiert von Skalenvorteilen, wie sie z.B. große Handelsunternehmen wahrnehmen können.

Aus diesen Gründen werden Intermediäre auch in Zukunft eine wichtige Rolle spielen, wenn sie in dem dargestellten Sinn Wert schöpfen können.

3.4.4 Kosten für Marketing und Support

Wegen seiner weltweiten Erstreckung und der gigantischen Zahl angeschlossener Privatpersonen und Unternehmen eröffnet das Internet völlig neue Möglichkeiten für das Marketing. Während es grenzüberschreitend bisher nur mit sehr hohem Aufwand möglich war, potenzielle Kunden anzusprechen, spielt der Standort des Anbieters beim Electronic Commerce eine sehr viel kleinere Rolle (soweit es sich um materielle Güter handelt) bzw. ist fast völlig ohne Belang (bei reinen Informationsprodukten).

Wenn es aus diesem Grund prinzipiell auch möglich ist, für jedes Angebot Kunden aus der ganzen Welt zu gewinnen (Schoder & Strauß 1998), so zeigt die Praxis doch, dass nur für ein geringes Angebot (wie regionale Waren, die international bekannt sind) tatsächlich von einem solch großen Kundeneinzugsgebiet ausgegangen werden kann. Für alle anderen sind die Kosten für die erforderlichen Marketingmaßnahmen der bisherigen Erfahrungen zufolge ganz erheblich. Neue Internet-Unternehmen geben regelmäßig etwa 90% des Kapitals, das sie durch einen Börsengang aufgebracht haben, für Marketingmaßnahmen aus (Judge & Green 1999).

Neben den Aufwendungen für die Werbung fallen Kosten für „vertrauensschaffende Maßnahmen" an, d.h. Sicherheitsmaßnahmen aller Art, welche Neukunden die Angst vor eventuellen Sicherheitsrisiken im Electronic Commerce nehmen sollen. Gebühren verlangen sowohl die Anbieter sicherer Zahlungsmechanismen (z.B. Gebühren bzw. Provisionen für die Anspruchnahme von Security-Produkten wie SSL-Schlüssel oder das SET-Verfahren) als auch Organisationen, die bestimmte Gütesiegel vergeben.

Aber auch im Bereich von Marketing bietet die Internet-Technologie umfangreiche Möglichkeiten zur Einsparung von Kosten. Werbeprospekte werden heute z.B. immer häufiger als Download bereitgestellt, so dass der Kunde sofort auf sie zugreifen kann – dafür aber den Ausdruck selbst besorgen muss, während der Anbieter Vervielfältigungs- und Versandkosten spart. Noch wichtiger ist die Kundenselbstbedienung für den After-Sales-Support: Einfach abrufbare Tipps und Anleitungen in Form von FAQ-Listen auf der Website reduzieren die Kosten für herkömmliche Formen des Supports radikal. Zugleich kommt diese Form der

                                          Gareis / Korte / Deutsch

Online-Hilfe dem Kundenservice zugute, weil das existierende Personal von Routineaus-
künften entlastet wird.

3.4.5 Folgen veränderter Kostenstrukturen

Wie in den vorangegangenen Abschnitten gezeigt wurde, hat Electronic Commerce weniger
einen eindeutigen Effekt auf die Höhe der Kosten von Unternehmungen, als dass es die
Kostenstrukturen zum Teil grundlegend verändert. Solche Veränderungen führen in einer
Marktwirtschaft über den Wettbewerbsmechanismus immer zu veränderten Wirtschafts-
strukturen. Insbesondere ist diesbezüglich die Absenkung der Markteintrittsschwelle zu
nennen, die in einer Reihe von Branchen als Folge geringerer Transaktionskosten beob-
achtbar ist. Die Kosten und der administrative Aufwand, um ein Unternehmen zu gründen
und Produkte (Waren oder Dienstleistungen) am Markt zu offerieren, sind in dem Maße
gesunken, wie das Internet Investitionen in physische Infrastruktur (z.B. Verkaufsstellen)
überflüssig gemacht hat.

Die niedrigere Markteintrittsschwelle hat eine Reihe von jungen Unternehmen (Start-ups)
auf den Plan gerufen, die im Wettbewerb mit den etablierten Anbietern Kampfpreise einsetzen und auf diese Weise für Unruhe sorgen.

Aus Sicht bestehender Unternehmen lässt der von den Start-ups ausgehende Kostendruck
kaum eine Alternative zu, selbst am Electronic Commerce zu partizipieren, wenn die eigene
Wettbewerbsfähigkeit nicht gefährdet werden soll. Eine Senkung der Kosten und eine Verbesserung des Kundenservices mit Hilfe von Electronic Commerce stellen heute für einen
großen Teil der kleinen und mittelständischen Unternehmen nicht mehr lediglich eine Option
dar, sondern betreffen unmittelbar den Weiterbestand.

4 Technische Grundlagen

Mit der weiten Verbreitung des Internet, insbesondere des WWW, ist der Begriff Electronic Commerce eigentlich erst entstanden. Daher wird in der Folge der Begriff Electronic Commerce in erster Linie auf **Internet-bezogene Handelsbeziehungen** angewandt. Die entscheidende Neuerung ist die Tatsache, dass durch die Internettechnologie plattformübergreifende und offene Standards verfügbar sind, die eine kostengünstige Verwirklichung des Electronic Commerce in großem Stil und zwischen allen Akteuren der Wertschöpfungskette – also auch den Endkunden – bei einfacher Nutzung ermöglichen.

Die nachstehenden Ausführungen versuchen die wesentlichen Aspekte von Electronic Commerce aus technischer Sicht zu betrachten.

4.1 Plattformen

Grundsätzlich werden für Electronic Commerce standortüberbrückende Netze verwandt, die in der Regel als **WAN** (wide area networks) bezeichnet werden. Mit der zumeist angewandten Internettechnologie (TCP/IP) ist diese Unterscheidung aus technischer Sicht prinzipiell für die Anwendungen aber nicht entscheidend, da das Übertragungsverfahren immer dasselbe bleibt. Entscheidende Unterschiede gibt es aber hinsichtlich der jeweils erzielten Übertragungsqualität und -kosten.

Analog zur Unterscheidung in LAN (local area network) und WAN hat sich beim Internet die Differenzierung in **Intranets** (Internettechnologie in geschlossenen Benutzergruppen) und **Extranets** (Ausweitung der Intranets in offene Bereiche) etabliert.

4.1.1 Übertragungsmedien

Luft

Seit der Einführung des digitalen **Mobilfunks** (D-Netze) und der Liberalisierung des Telekommunikationsmarktes haben Funknetze schlagartig an Bedeutung gewonnen. Die derzeitigen Übertragungsprinzipien und -verfahren im GSM-Netz erlauben keine großen Bandbreiten der Datenübertragung (max. 9600 kbit/s). Allerdings werden auch hier sehr bald Neuerungen zu einer größeren Nutzung – v.a. im B2C-Segment führen.

Eine besondere Form der Datenübertragung per Funk ist der so genannte Richtfunk. Dieser wird zumeist zur LAN-LAN Kopplung eingesetzt und erlaubt hohe Durchsatzraten. Für Electronic Commerce ist er lediglich im B2B-Bereich mit festen Akteuren interessant.

Per **Satellit** lassen sich ebenfalls Daten übertragen. Vor allem aufgrund der aktuell gültigen Kosten ist dieser Weg der Datenübertragung für Electronic Commerce meist nur dort interessant, wo Festnetze nicht zur Verfügung stehen und gleichzeitig hohe Datenmengen übertragen werden müssen (B2B). Im B2C-Segment sind neuerdings satellitengestützte Internetzugänge interessant. Hier werden im Vergleich zum Festnetz (ISDN) erheblich höhere

Transferraten zu relativ niedrigen Kosten geboten (z.B. 4MBit/s im downstream für DM 30,-
mtl). Der upstream – also etwa die Anforderung einer WWW-Seite – erfolgt dabei i.d.R traditionell über die Telefonleitung.

Kabel

Die kabelgestützte Übertragung ist die in fast allen Bereichen verbreitetste Möglichkeit, der Datenkommunikation. In der Regel wird dabei Kupfer als **Koaxialkabel** oder **Twisted Pair** verwendet. Die Übertragungsqualität hängt dabei direkt von den genutzten Übertragungsprinzipien und -verfahren sowie den jeweiligen Diensten ab. Datenaustausch per Kabel ist zuverlässig und oftmals preisgünstiger als etwaige Alternativen. Zudem sind entsprechende Netze gut ausgebaut und damit auch bis zum Endkunden verfügbar.

Licht

Die Datenübertragung per Licht im **Glasfaserkabel** ist die derzeit schnellste Möglichkeit (bis ca. 2,5 Gbit/s). Künftig wird eine flächendeckende Verbreitung erwartet.

4.1.2 Dienste

Mobilfunk

Der heute am Markt etablierte Mobilfunkstandard **GSM** Global System for Mobile Communications (GSM 900 bei D1, D2 und GSM 1800 bei e-plus, Viag Intercom) bietet Sprachübertragung und SMS (short message service). Bei SMS ist eine Übermittlung von Textnachrichten von einer Länge bis zu 255 Zeichen möglich. Zusätzlich kann schmalbandige Datenübertragung, z.B. für einen Internet-Zugriff, erfolgen (max. 9.600 kbit/s). Der derzeitige Stand bei GSM wird als „Phase 2" bezeichnet.

Seit der zweiten Hälfte in 11/99 ist **WAP** (Wireless Application Protocol) eingeführt. WAP ist als Parallele von HTTP (Hypertext Transfer Protocol) anzusehen und kann per GSM oder UMTS übertragen werden. Die angewendete Sprache heißt WML (Wireless Markup Language). WAP ist textbasiert und hat eine max. Länge von 1.400 Zeichen. Der Zugriff auf WAP erfolgt beispielsweise per (Micro-)Browser und speziellem Mobiltelefon oder per Notebook/Palmtop.

In 2000 wurde (zunächst nur bei e-plus) **HSCDS** (High Speed Circuit Switched Data) eingeführt. Ein Software-Update in den Basisstationen wird dann eine Bündelung von max. acht Kanälen ermöglichen. Außerdem wird die Bandbreite pro Kanal auf 14.400 kbit/s erweitert werden. Der max. Datendurchsatz wird dann 38,4 kbit/s betragen.

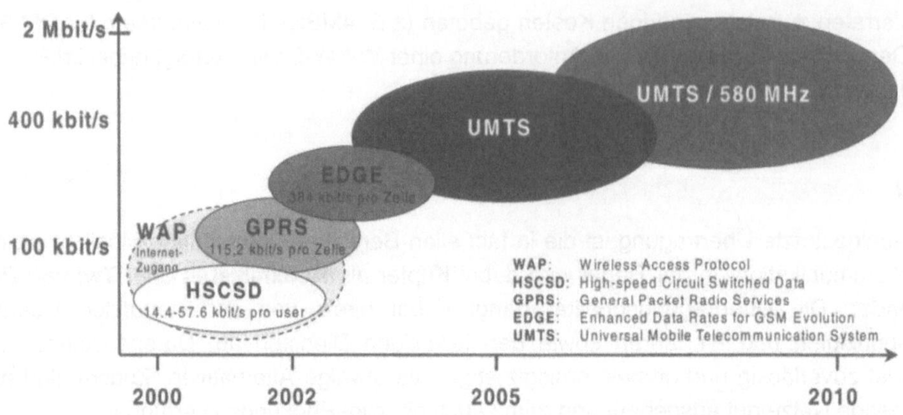

ABB. 9: ZUKÜNFTIGE MOBILFUNKTECHNOLOGIEN (QUELLE: DATAQUEST/ GARTNER GROUP)

Ende 2000 wird mit Beginn von „Phase 2+" der Transportmechanismus **GPRS** (General Packet Radio Service) eingeführt werden, der eine Änderung der Systemarchitektur von GSM notwendig macht. Dabei handelt es sich um eine paketvermittelte Übertragungsart, die auch in anderen Netzen genutzt werden kann. Ein 200 kHz breites Frequenzband wird dabei in acht gleiche Bereiche (slots) à 34 kbit/s Übertragungsrate unterteilt. Diese slots können gebündelt werden. Maximal ergibt sich damit, nach Abzug der Bandbreiten für Overhead (Verbindungsinitiierung etc.), eine Kapazität von max. 50 kbit/s (Anfangsphase per GSM) bzw. 115 kbit/s (zweite Phase per UMTS).

Mit **EDGE** (Enhanced Data for GSM Evolution) beginnt eine große Bandbreitenausweitung. Diese Technik sieht wie UMTS eine Datenrate von 384 kbit/s vor. Diese Bandbreite wird erreicht, indem ein Modulationsverfahren die Datenübertragungsrate eines GSM-Kanals auf bis zu 48 Kilobit pro Sekunde vergrößert und bis zu acht Kanäle gleichzeitig genutzt werden. Für EDGE sind wie bei HSCSD, GPRS und UMTS neue Endgeräte notwendig, und die Netzbetreiber müssen ihre Infrastruktur anpassen. Bisher gibt es noch keine Information, welche Netz-Betreiber (in Deutschland) die EDGE-Technologie einsetzen werden.

Voraussichtlich ab 2002 wird dann GSM europaweit durch **UMTS** (Universal Mobile Telecommunications System) abgelöst werden. UMTS wird daher auch als „Mobilfunk der dritten Generation" bezeichnet. Die GSM-Technologie geht in UMTS auf, wird aber um Multimediadienste, Interneteinbindung, hohe Sprachqualität und Dienstportabilität erweitert. UMTS wird als weltweiter Standard festgeschrieben werden, ist bislang allerdings noch nicht genau definiert. Mit UMTS wird eine Übertragungskapazität von max. 2 Mbit/s in gepaarten (2x60 MHz) oder ungepaarten (35 MHz) Frequenzbändern erreicht werden. Die Lizensierung erfolgt durch Versteigerungen für 20 Jahre. Erst mit Einführung von UMTS wird derzeit ein Erfolg von WAP prognostiziert. Eine Abrechnung erfolgt dann nicht mehr zeitorientiert, sondern in Abhängigkeit von der übertragenen Datenmenge.

Festnetz

Das verbreitetste Kommunikationsnetz ist das analoge öffentliche Telefonnetz. Es wird auch für die Datenübertragung genutzt, indem die Informationen durch Modems (MODulation-DEModulation) zuvor aufbereitet, bzw. beim Empfänger zurückverwandelt werden. Derzeit übliche Datendurchsatzraten liegen bei max. 56 kbit/s. Im digitalen Telefonnetz **ISDN** (Integrated Services Digital Network), das dieselben Kupferkabel verwendet, sind dank intelligenter Übertragungstechnik max. 364 kbit/s pro Leitung verfügbar, wobei die meisten Standard-ISDN-Anschlüsse zwei der max. sechs Kanäle nutzen (also max. 128 Kbit/s).

Übertragungsdienste im DSL (Digital Subscriber Line) – Verfahren sind als nächste Evolutionsstufe von vermittelten Übertragungen anzusehen und bieten nochmals gesteigerte Datendurchsatzraten. Auch sie nutzen zumeist Kupferkabel, zum Teil allerdings nicht mehr nur die übliche Zweidrahtvariante, sondern mehrere Drähte. Hier gibt es mehrere Varianten, die unter **xDSL** zusammengefasst werden. Im **ADSL** (Asymmetric Digital Subscriber Line) unterscheiden sich upstream und downstream erheblich hinsichtlich der Übertragungsraten. So bietet das T-DSL (ADSL der Deutschen Telekom AG) theoretisch bis max. 8 Mbit/s im downstream und 760 kbit/s im upstream. Dadurch werden Anwendungen, die Informationen zu einem Akteur senden, gut unterstützt (etwa WWW, Newsgroups, WebCasting etc.), solche Anwendungen, die gleiche Durchsatzraten in beide Richtungen benötigen, nicht (z.B. Videoconferencing, LAN-LAN-Kopplung). Als Symmetrische Variante des ADSL sind das **HDSL** (High-bitrate Digital Subscriber Line) und das **SDSL** (Symmetric Digital Subscriber Line) anzusehen, wobei das SDSL die deutlich höheren Durchsatzraten erzielt (bis ca. 2 Mbit/s symmetrisch). Limitierender Faktor ist hier immer der Abstand zwischen Nutzer und Vermittlungsstelle (z.B. ca. 2,5 Km bei 2 Mbit/s per SDSL). Bei HDSL existieren zwei Varianten: HDSL I benutzt eine vieradrige Kupferverbindung und HDSL II eine zweiadrige. Die letzte Variante in dieser Reihe ist das **VDSL** (Very High Bitrate Digital Subscriber Line). Diese Technologie befindet sich allerdings derzeit noch in der Entwicklungsphase. Es zeichnen sich hier in der asymmetrischen Variante Übertragungsraten von bis zu 26 Mbit/s im downstream und 3 Mbit/s im upstream (bei ca. 2 Km Abstand zur Vermittlungsstelle) und in der symmetrischen je 13 Mbit/s bidirektional ab.

Der Dienst **ATM** nimmt seit einigen Jahren eine Schlüsselstellung bei den Hochgeschwindigkeitsnetzen ein. Erzielbare Durchsatzraten liegen hier bei max. ca. 622 Mbit/s. ATM arbeitet symmetrisch, kann sowohl über Kupfer, als auch über Licht (Glasfaser) übertragen werden, ist allerdings teuer und damit nur für den B2B-Bereich interessant.

So genannte **Kabelnetze** werden traditionell eher zur Übertragung von Fernsehbildern genutzt (CaTV-Netz). Durch den Einsatz von Kabelmodems sind hier zurzeit bis ca. 40 Mbit/s realisierbar. Diese Netze verwenden Koaxialkabel. Interessant sind sie im B2C-Bereich, da vielerorts bereits Kabelnetze existieren. Diese müssen jedoch für Online-Aktivitäten in der Regel angepasst werden, indem sie rückkanaltauglich ausgebaut werden.

Auch im B2C-Segment sind aus dem selben Grund so genannte PDT-Dienste (**Powerline Data Transmission**) anzusiedeln. Denn durch sie können Informationen über vorhandene Netzinfrastrukturen (normales Stromnetz) bis zum Endnutzer übertragen werden. Erzielbare Durchsatzraten liegen hier derzeit bei ca. 1,2 Mbit/s.

4.2 Endgeräte, Endsysteme und Dienste

Ein entscheidendes Kriterium für die Nutzung und damit den Erfolg von Electronic Commerce ist die Verfügbarkeit von entsprechenden leistungsfähigen Endgeräten, die möglichst einfach zu nutzen sind. Darüber hinaus sind diese Geräte in bestimmte technische Umgebungen integriert und müssen über bestimmte systemische Eigenschaften verfügen, um für Electronic Commerce nutzbar zu sein. In erster Linie müssen sie es dem Nutzer ermöglichen, auf entfernte oder dezentrale Informationen zuzugreifen und Informationen an andere Akteure zu versenden, sprich, sie müssen hauptsächlich einen Zugang zum Internet erlauben.

4.2.1 Endgeräte

Nachstehend werden derzeit übliche Endgeräte vorgestellt, die für Electronic Commerce eingesetzt werden. Im Falle von Geräten, die mobil eingesetzt werden (Mobile Devices) spricht man auch von **Mobile Commerce** (M-Commerce).

- inhouse-Geräte

    - PC

    Personal Computer (PC) sind sicherlich die am weitesten verbreitetsten **Electronic-Commerce**-Endgeräte. Dabei ist es für Electronic-Commerce-Anwendungen prinzipiell unerheblich, welches Modell, welche Bauart und welche Betriebssysteme genutzt werden. Mit modernen Electronic-Commerce-Anwendungen wachsen allerdings die Anforderungen an PC, so dass veraltete Systeme oftmals nur bedingt einsatzfähig sind.

    - Netz-PC

    Eine besondere Variante von Computern sind die so genannten Netzcomputer (stripped-down PCs, Network Computer). Diese Rechner sind abgespeckte Computer, die in der Regel zwar über ein eigenes Betriebssystem verfügen, ihre Anwendungen aber über Online-Verbindungen von entfernten (Groß-)Rechnern laden.

    - Set-Top-Boxen, TV

    Handelsübliche Fernseher sind zumeist Videotext-fähig und erlauben damit die interaktive Anlieferung von Informationen zum Endnutzer, einer Vorstufe des Electronic Commerce. Neuere Geräte und so genannte Set-Top-Boxen machen den Fernseher multimediafähig. Gemeint ist damit gewöhnlich die Integration eines WWW-Browsers in die Geräte. Set-Top-Boxen sind daher oft angepasste PCs. Manche dieser Boxen, die mit den meisten TV verbunden werden können, haben auch integrierte Videokonferenzsysteme. Oftmals werden auch Satelliten-Empfangsgeräte, etwa im digitalen Fernsehen (MPEG2) als Set-Top-Boxen bezeichnet.

    Gareis / Korte / Deutsch

- Webphone

Hierbei handelt es sich um Geräte, die einen Telefonanschluss beinhalten und mit einem Display ausgestattet sind. Mit ihnen ist ein beschränkter Zugriff auf Internetfunktionalitäten möglich. Die Installation und Handhabung ist sehr einfach und kann im Bereich der Haushaltsanwendungen zum Durchbruch bei wenig technikaffinen Nutzern führen.

- mobil einsatzfähige Geräte

  - Mobiltelefone

  Moderne Mobiltelefone bieten neben den üblichen Telefonfunktionen SMS. Damit lassen sich kurze Textnachrichten verschicken. Diese Möglichkeit wird von einigen Anwendungen (immer asynchron) genutzt (Werbung, Navigationssysteme, Informations-push-Dienste etc.). Durch die WAP-Technologie werden Mobiltelefone in die Lage versetzt, synchron und interaktiv zu agieren. Bei einigen Geräten sind sogar kleine Browser installiert, die einen direkten Zugriff auf WWW-Inhalte erlauben. Auch das Empfangen und Verschicken von E-Mails ist mittlerweise per Mobiltelefon möglich.

  - Organizer

  Eine eigene Geräteklasse bilden die so genannten Personal Digital Assistants (PDA, oft auch Organizer). Hierbei handelt es sich um spezielle kleine Computer, die meistens die Funktion eines Notiz- und Adressbuchs übernehmen. Typische Anwendungen sind Adressverwaltung, Aufgabenverwaltung, Notizfunktionen, Rechenfunktionen, Sprachaufzeichnung etc. In Verbindung mit einem Mobiltelefon werden diese Geräte in die Lage versetzt, E-Mails zu verschicken und zu empfangen sowie im WWW zu browsen.

  - Notebooks, Palmtops

  Moderne Notebooks (früher Laptop) bieten heute alle Funktionen von PCs und sind daher voll Electronic-Commerce-fahig. Mit Palmtops werden sehr kleine und leichte Notebooks bezeichnet, die zum Teil über eine geringere integrierte Hardwareausstattung verfügen.

- sonstige mobile Geräte

  Aus Electronic-Commerce-Sicht müssen auch spezielle mobile Geräte (Mobile Devices, Handheld Devices) genannt werden. Diese sind meist spezielle Computer, die per Funk (FTP oder SMS) mit anderen Rechnern kommunizieren. Mit diesen Geräten sind mobil Tätige beispielsweise in der Lage, auf Firmendaten (z.B. Kunden- oder Produktdaten) zuzugreifen und somit direkt in den (über)betrieblichen Arbeitsfluss integriert. Ein bekanntes Beispiel sind die Geräte des Logistikunternehmens UPS.

Viele dieser speziellen mobilen Geräte sind fest in Kfz eingebaut. So lässt sich dann beispielsweise ein Flottenmanagement mit GPS-Navigationssystem realisieren.

- Sonstige Zusatzgeräte

  Es gibt viele Zusatzgeräte für Computer. Die meisten davon stellen eine Verbindung zu anderen Systemen oder Medien dar. Für Electronic Commerce sind einige unter ihnen relevant, da sie somit den Übergang in eine elektronische Geschäftsabwicklung ermöglichen (z.B. Scanner). Aber auch für heute kritische Fragen, wie Authentifizierung, gibt es Geräte (z.B. Fingerabdruck-Lesegeräte oder Netzhaut-Lesegeräte).

4.2.2 Systeme und Dienste

- Betriebssysteme

  Da Internet-basierte Electronic-Commerce-Systeme plattformunabhängig funktionieren, werden keine speziellen Betriebssysteme benötigt. Alle gängigen Systeme, wie Windows 9x, Windows NT, Windows 2000, xDOS, Unix/Linux, MAC etc., können genutzt werden. Entscheidend ist lediglich, ob es für diese Betriebssysteme entsprechende Internet-Clients gibt.

- Internet-Clients

  Das Internet untergliedert sich in Teilbereiche (WWW, E-Mail, Chat, Newsgroups, Telnet, Gopher etc.). Für jeden dieser Teilbereiche gibt es spezielle Client-Software. Die bekanntesten sind sicherlich **Browser** (Zugangssoftware zum WWW), **E-Mail-Clients** (Software zum Empfang und Versandt von E-Mails) und **FTP-Clients** (Software zum Datenversand per TCP/IP). Mittlerweile verfügen viele Programme über mehrere Funktionen gleichzeitig (z.B. E-Mail-Verwaltung per Browser oder Newsgroup-Verwaltung per E-Mail-Client) oder die entsprechenden Funktionen sind direkt in das Betriebssystem integriert (z.B. FTP).

- Protokolle, Sprachen und Anwendungsschnittstellen

  Damit die an der Datenübertragung beteiligten Systeme sich untereinander verständigen können, werden nicht nur einheitliche Protokolle (z.B. TCP/IP, **HTTP**: Hypertext Transfer Protocol, **SMTP**: Simple Mail Transfer Protocol oder FTP: File Transfer Protocol), sondern auch einheitliche Sprachen (language) mit definierter Syntax benötigt (z.B. **HTML**: HyperText Markup Language, **Java**(Script), **WML**: Wireless Markup Language, **XML**: Extended Markup Language, **SQL**: Structured Query Language etc.). Darüber hinaus müssen auch Softwareschnittstellen zwischen den einzelnen Programmen und Anwendungen offen und klar definiert sein (z.B: **CGI** für Abfragen: Common Gateway Interface, **ODBC** für Datenbankanbindungen: Open DataBase Connectivity usw.).

- Adressen

Zur gezielten Übermittlung von Informationen müssen diese adressiert werden. Im TCP/IP gibt es dafür die **IP-Adressen**. Diese kennzeichnen eindeutig einen bestimmten Teilnehmer (in der Regel Computer) im Internet. Da diese IP-Adressen hierarchisch gegliedert sind, können die Wege der einzelnen IP-Pakete auch schnell und gezielt geroutet werden. Die meisten Endkunden nutzen mittels eines ISP (Internet Service Provider) das Internet. Hier erfolgt meist eine dynamische Adressierung, wobei die jeweiligen Adressen mit der Anmeldung am System vergeben werden und mit der Abmeldung hinfällig werden. Firmen haben meistens eigene, feste IP-Adressen.

Um feste Adressen handelt es sich auch bei E-Mail Adressen und den so genannten **URL** (Uniform Resource Locator), die eine WWW-Seite eindeutig kennzeichnen.

- Schaltstellen

Damit Datenströme zu einem bestimmten Adressaten gelangen, bedarf es je bestimmter Zusatzhardware auf WAN- und LAN-Seite. Ein **HUB** verteilt einen Datenstrom auf mehrere Clients, während ein **Switch** ihn gezielt adressiert. Ein **Gateway** wiederum übersetzt ein Protokoll in ein anderes und wird somit immer an der Schnittstelle zwischen zwei Netzen eingesetzt. Meist übernehmen auch **Router** die gezielte Weiterleitung der einzelnen Pakete.

- Sicherheitssysteme

Ein wichtiges Kriterium für den Erfolg von Electronic Commerce ist die Sicherheit. Auf Seite der technischen Übertragung können dabei unterschiedliche Systeme zum Einsatz kommen. Eine **Firewall** schützt einen Rechner oder (meistens) ein LAN vor unberechtigtem Zugriff und unerwünschten Daten (z.B. Werbemails, so genannte Spam-Mails oder Viren). Es gibt unterschiedliche Typen von Firewalls: Packet Filter (die je nach Konfiguration jedes einzelne Paket akzeptieren oder ablehnen), Application Gateways (die nur bestimmte Dienste zulassen), Circuit-level Gateways (die bei Verbindungsaufbau eingreifen) und Proxy-Server (die alle Datenströme begutachten, genehmigen und protokollieren).

Viren-Scanner untersuchen alle Datenströme nach Computerviren. Sofern ein solcher entdeckt wird, wird der Transfer unterbrochen und/oder der Virus beseitigt. Solche Programme sind allerdings immer nur so gut, wie sie aktualisiert werden.

Im **tunneling** (auch encapsulation) wird ein sicherer Datenstrom dadurch bewerkstelligt, dass die einzelnen Pakete eines sicheren Protokolls in ein anderes Protokoll (Trägerprotokoll, zumeist TCP/IP) eingeschlossen werden.

- Verschlüsselungssysteme

Datensicherheit wird auch durch **Passwörter** und **Verschlüsselungssysteme** (Kryptografie) erreicht. Passwörter sind zunächst meist nur für den Endnutzer zugänglich und ohne Sie können beispielsweise Zugänge zu Systemen nicht gewährt werden.

Datenverschlüsselung kann durch unterschiedliche Systeme erfolgen. Grundsätzlich unterscheidet man **symmetrische Verfahren** (derselbe Schlüssel zum Ver- und Entschlüsseln; Nachteil: derselbe Schlüssel ist mehreren bekannt) und **asymmetrische Verfahren** (unterschiedliche Schlüssel zum Ver- und Entschlüsseln). Beim Asymmetrischen Verfahren wird häufig das **Public-Key-Private-Key-Verfahren** benutzt, wobei nur der Verschlüsselungs-Code öffentlich zugänglich ist. Die Codierung selbst erfolgt durch spezielle Algorithmen, die sich unter anderem in ihrer Bitlänge (auch Schlüssellänge) unterscheiden. Eine Schlüssellänge von 1024 Bit gilt nach heutigem Verständnis als unentschlüsselbar. Mit **PGP** (Pretty Good Privacy) existiert eine Verschlüsselungsmethode für E-Mails. PPG Arbeitet mit dem Public-Key-Verfahren.

Ein besonderes und eher organisatorisches Sicherheitssystem sind die **Trust-Center**. Hier werden Sicherheitsmechanismen und -verfahren in einer geschlossenen Nutzergruppe benutzt. Der besondere Vorteil ist dabei, dass jeder Nutzer eindeutig identifizierbar ist.

- Zahlungssysteme

Im Sinne eines erfolgreichen Electronic Commerce ist es unabdingbar, sichere Zahlungssysteme für alle Akteure verfügbar zu machen. Auch hier gibt es viele Ansätze. Derzeitig zeichnen sich allerdings drei Verfahren als zukunftsträchtig ab:

Das Security-Socket-Layer-Protocol (**SSL**) wird per HTTP als **HTTPS** transportiert. Mittels asymmetrischer Verschlüsselung und diversen Passwörtern meldet sich der Endnutzer an einer Bank oder Kreditkartenfirma an. Danach wird die Transaktion in einem symmetrisch codierten Tunnel vollzogen. Auf dem Europäischen Markt wird hier leider nur eine Schlüssellänge von 40 Bit zur Verfügung gestellt, währen im US-amerikanischen Markt 128 Bit verfügbar sind. Eine SSL-Übertragung benötigt relativ viel Zeit für die Verschlüsselung und Authentifizierung.

Ein ebenfalls weltweiter Standard ist in Kooperation von führenden Kreditkartenherstellern und Softwarefirmen entwickelt worden. Beim Secure Electronic Transaction – System (**SET**) sind alle Beteiligten in einem Trust-Centre zusammengeschlossen, wobei die einzelnen Akteure nicht Zugang zu allen Transaktionsdaten haben. Die Übertragung erfolgt per 56 Bit Schlüssellänge, während die Zertifizierung mit 1024 Bit Schlüssellänge erfolgt. Auf Endnutzerseite wird eine spezielle Software installiert (Wallet), eine elektronische Geldbörse. Die Authentifizierung und Übertragung erfolgt relativ schnell. Die entsprechenden Transaktionen sind aufgrund der zu entrichtenden Gebühren relativ teuer, weshalb das System eher für größere Transaktionen geeignet ist.

Gut geeignet für kleinere Transaktionen ist hingegen das System **Cybercash**. Dabei wird ebenfalls eine elektronische Geldbörse beim Endnutzer installiert, nachdem dieser sich persönlich bei seiner Bank authentifiziert hat. Danach erfolgen die Transaktionen über eine virtuelle Währung. Die Geldbörse kann online aufgefüllt werden.

Die meisten Verkaufstransaktionen im Netz werden über Kreditkarte abgewickelt. Da laut gängiger Regelung der Verkäufer für Schaden haften muss, der durch falsche Kreditkartennummern bzw. ungedeckte Konten bei physischer Nichtpräsenz der Kreditkarte

   Gareis / Korte / Deutsch

entsteht (reines Geschäft auf Vertrauen), geht Kreditkartenbetrug auf Kosten der Anbieter („schwach autorisierte Mailorder/ Phone Order (MOPO)"). 39% aller Bestellungen über das Internet sind Betrug, d.h. werden nicht bezahlt (Cybersource 1998). Eine interne Untersuchung von Visa ergab, dass 47% aller Kreditkarten Bestellungen im Internet nicht bezahlt werden, davon gehen 22% auf vorsätzlichen Betrug und 25% auf Verwaltungsfehler zurück (Butler Group 1999).

- Shopping-Systeme

Typische B2C-Anwendungen sind Online-Einkaufsmöglichkeiten. Die technische Grundlage und das entsprechende Frontend (die Schnittstelle zum Nutzer/Anwender) dazu sind Online-Shopsysteme. Sie bieten dem Kunden die Möglichkeit, sich über ein Produkt zu informieren und es zu kaufen. Dazu sind in solche Systeme zumeist Datenbanken integriert. Eine entsprechende Abfrage erfolgt dann über das WWW (z.B. CGI-Abfrage mit ODBC-Anbindung). Bestandteile eines Shop-Systems sind in der Regel: Gestaltungshilfen, Datenbanken, Warenkorb, Zahlungssysteme, Unterstützung von Warenwirtschaftssystemen und Auswertung des Kundenverhaltens.

Solche Shopping-Systeme sind als Standardprodukte erhältlich (Mieten und Kaufen). Bei größeren Anbietern werden meistens aber eigenständige und individuell zugeschnittene Systeme entwickelt. Grundsätzlich kann ein Shop-System beim Anbieter selbst realisiert werden (Server-Hosting) oder bei einem Dienstleister (Server-Housing).

Einige dieser Dienste (e-payment, Authentifizierung, Zertifizierung, Auslieferung, Logistik) werden auch als **Enabling Services** bezeichnet, da sie die Grundlage für einige Anwendungen sind.

4.3 Anwendungen

Aus technischer Sicht ist Electronic Commerce zumeist durch das Zusammenspiel mehrerer Aspekte gekennzeichnet: Datenbanken, Netze, Multimedia, Hypertext und Interaktion.

All diese Funktionen sind im Internet – insbesondere im **World Wide Web** (WWW) verfügbar. Durch die komplexen Hypertextstrukturen bei gleichzeitig einfacher und interaktiver Benutzbarkeit ist es daher zur wichtigsten Electronic-Commerce-Plattform geworden. Das WWW ist allerdings nur ein Baustein des Internets. Daneben gibt es FTP (File Transfer Protocol), E-Mail (asynchrone, textbasierte und private Kommunikation), Newsgroups (asynchrone, textbasierte und öffentliche Kommunikation) und Chat (synchrone, textbasierte und öffentliche oder private Kommunikation). Diese fünf Bausteine sind die heute wichtigsten (vgl. Abb. 10). Am bekanntesten sind sicherlich das WWW und E-Mail. Andere Bestandteile, wie Telnet oder Gopher, haben an Bedeutung verloren.

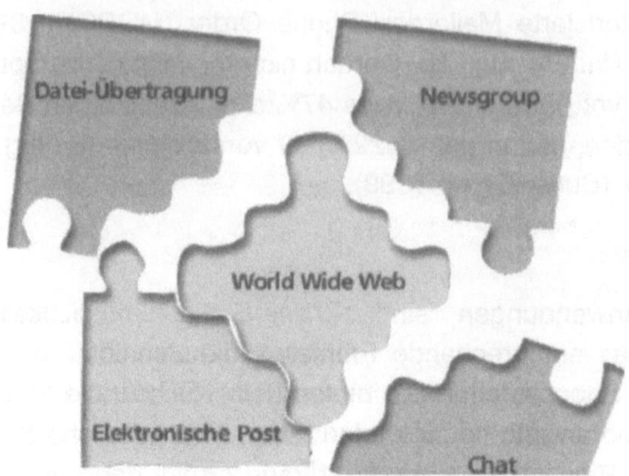

ABB. 10: DIE FÜNF WICHTIGSTEN BAUSTEINE DES INTERNETS (QUELLE: EMPIRICA)

Alle im nachfolgenden beschriebenen Anwendungen können prinzipiell in Festnetzen und in Mobilnetzen verwirklicht werden. Aufgrund der zurzeit geringeren Bandbreite entstehen entsprechende Mobile Commerce – Anwendungen allerdings erst langsam. Erst mit Einführung der WAP-Technologie werden Mobile Commerce-Anwendungen beginnen richtig Fuß zu fassen. (vgl. Abb. 11).

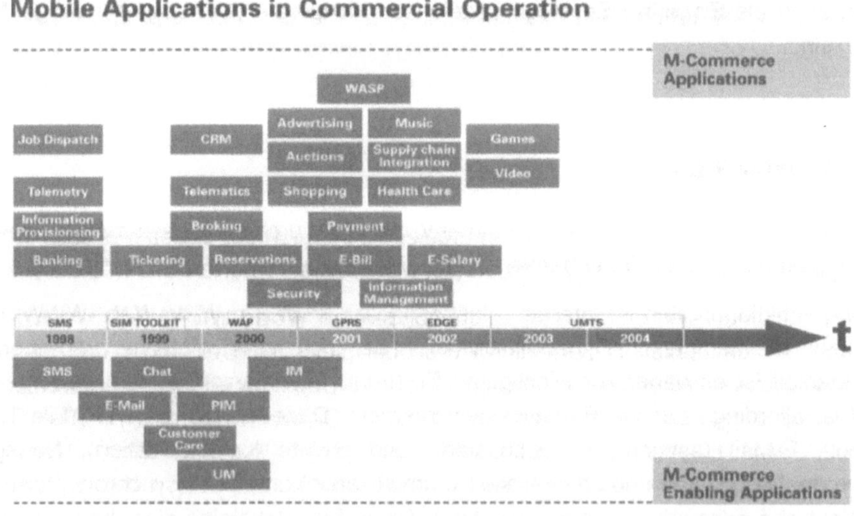

ABB. 11: MOBILE-COMMERCE ANWENDUNGEN (QUELLE: DURLACHER, VEBA)

Beim Electronic Commerce werden zum Teil zwei Generationen unterschieden, wobei wir uns jetzt in der zweiten befinden. In der ersten Generation („Marketing Presence") ging es hauptsächlich darum, im WWW präsent zu sein (Homepage, Domain etc.). In der zweiten

Generation („Transactional Applications") entstehen nun wirtschaftliche Anwendungen, die Internettechnologie nutzen. Analog zu dieser Entwicklung wandeln sich die **Internetprovider**, also Dienstleister, die den Zugang zum Internet ermöglichen (IAP: Internet Access Provider; IPP: Internet Presence Provider; ICP: Internet Content Provider), zu **Electronic-Commerce-Providern**, Anbieter von **Electronic-Commerce**-Plattformen, Diensten und Anwendungen.

Im Zuge dieser Entwicklung werden zum Teil bestehende Handelsbeziehungen und Arbeitsprozesse neu strukturiert. So ist der E-Commerce-Infrastruktur-Markt ein Beispiel für die Art und Weise, in der etablierte Wertschöpfungsketten aufgebrochen werden. Wie die Deutsche Post in Deutschland, so bietet auch UPS in den USA Kunden die Errichtung und das komplette Management eines Online-Shops an (OECD 1999, S.82). Als Unternehmen mit Kernkompetenz im Bereich Logistik sind diese Unternehmen im Besitz des Know-hows und der Infrastruktur für die effiziente Abwicklung des Produktversands an die Endkonsumenten – eine wesentliche Voraussetzung und Bottleneck für eine erfolgreiche Versorgung eines Online-Marktes.

Nachfolgend sollen einige zentrale Anwendungen skizziert werden.

- Kommunikation

  Die Attraktivität des Internets liegt zu einem großen Teil in einer neuen Form der Kommunikation, die zum Teil erst die Voraussetzung für Electronic Commerce ist. Many-to-many heißt hier das entscheidende Stichwort. Nicht der einsame Surfer bestimmt das Bild, sondern die vielen Personen, die miteinander in Kontakt treten und Gruppen und Gemeinschaften bilden. So entstehen Kommunikationsgemeinschaften – eher bekannt unter der englischen Bezeichnung **Communities of Interest** – durch den intensiven Meinungs- und Informationsaustausch rund um vielfältige, unterschiedlichste Interessengebiete.

  Doch auch die individuelle Kommunikation wird unterstützt. Die bekannteste Form der Kommunikation im Internet ist die elektronische Post (**E-Mail**). Auch die **Newsgroups** (Diskussionsgruppen) sind eine neue Form der Kommunikation. Sie fungieren als „schwarze Bretter" im Internet. So kann sich jeder an Gesprächen im Usenet beteiligen. Newsgroups funktionieren asynchron (wie E-Mail) und sind zumeist themenspezifisch. In einem **Chat** können Teilnehmer synchron per Text kommunizieren.

  Auch synchrone und asynchrone Audio- und Videokommunikation wird per Internettechnologie ermöglicht. Telefondienste werden beispielsweise per **VoIP** (Voice over IP, H.323-Protokoll) realisiert. Gateways zur traditionellen Telefontechnologie sorgen für die Integration in bestehende Kommunikationsnetze. Ebenfalls per H.323 wird **Videoconferencing** over IP umgesetzt. Ton und Bilddateien werden beispielsweise als mp3, MPEG, AVI, WAV etc. gespeichert und verbreitet. Per **Streaming** (z.B. mp3-stream, RealAudio etc.) können Audio- und Videoinformationen auch gesendet werden (auch IP-Broadcast).

- Information

Die früheste Form einer auch wirtschaftlichen Nutzung des Internet ist die Verbreitung von Informationen. Um in der Fülle der vorhandenen Informationen gezielt zu suchen, entstanden die **Suchmaschinen**. Hier kann man mit Hilfe von Stichwörtern, Indizes und Rubriken Informationen finden. Zum Teil werden solche Kataloge auch als Verzeichnisdienste bezeichnet. Metasuchmaschinen verwenden die Suchfunktionen mehrerer Suchmaschinen gleichzeitig.

Suchmaschinen haben sich mittlerweile zu **Portalen** entwickelt, da sie immer wichtiger als Eintrittsseiten ins WWW werden. Zusätzlich zu den Suchfunktionalitäten bieten sie zumeist Direktzugriff auf bestimmte Angebote (Shopping, Chat etc.). Sie sind darüber hinaus beliebte Werbeplattform, da sie von vielen Nutzern besucht werden und kooperieren zumeist mit anderen Anbietern (z.B. ISPs, Auktionshäusern etc.).

Durch die **Personalisierung** geht der Trend dahin, jedem Nutzer bereits beim Besuch einer Seite gezielt Informationen und Suchkategorien zu präsentieren. Dazu müssen natürlich die entsprechenden Vorlieben bekannt sein. Viele Seiten nutzen dazu Angaben, die die Nutzer selbst – etwa in einer Online-Befragung – bekanntgegeben haben. Solche „Website-interne Lösungen versorgen die Kunden mit individuellen Angeboten, z.B. auf der Basis von **Advanced Collaborative Filtering** [...].“ (ecin). Auch die so genannten **Cookies** kommen hier zum Einsatz. Dabei handelt es sich um Nutzungsinformationen, die auf dem Nutzer-PC gespeichert werden und beim Nächsten Seitenzugriff benutzt werden.

Mittlerweile werden auch aufwändigere Verfahren eingesetzt, die Informationen zu Nutzern zusammenstellen (vgl. auch Marketing). Unter anderem kommen dabei auch **Data-Warehouse** (DWH) und **Data-Mining** (DM) zum Einsatz. Ein DWH ist eine Struktur von heterogenen, historischen Daten, die sich über viele Datenbanken erstreckt, wobei die einzelne Transaktion (OLTP – online transaction processing) zur Geschäftsprozessabwicklung im Vordergrund steht. Diese Daten werden im DM nach bestimmten Kriterien und Verfahren analysiert. Hier finden dann auch Kundenprofil- und verhaltensuntersuchungen statt, die mittels Lernprozessen von vielfältigen Vorkommnissen auf beschreibende Gemeinsamkeiten schließen können.

Bei diesen Informationsdiensten handelt es sich um eine seitens der Nutzer aktive Form der Informationsbeschaffung. Eine andere Form von Informationsdiensten sind die so genannten **Push-Dienste**. Hier werden dem Nutzer gezielt Informationen zugesandt. Eine einfache Form sind die **Newsletter**, Neuigkeiten, die per E-Mail an bestimmte Nutzer gesandt werden. Die Nutzer wiederum können – ähnlich wie bei einer Zeitung – einen Newsletter abonnieren und wieder abbestellen. Solche Newsletter sind in der Regel themenspezifisch.

Der Wert von Informationen führt sogar zu neuen Berufen. **Information Broker** sind damit beauftragt, dezidierte Informationen im Internet zu suchen und zusammenzustellen.

- Marketing

  - Präsentation

  In der ersten Generation von Electronic Commerce stand die reine Präsentation im Vordergrund. Seit dem werden Webseiten auch als elektronische Informationsbroschüren und Prospekte genutzt.

  Ein anderer Bereich des Marketings per Electronic Commerce ist das **E-Publishing**. Hier wird Internettechnologie genutzt, um Inhalte zu publizieren. Plattform ist in der Regel das WWW. Die Informationen selbst können multimedial sein: Texte (Bücher, Zeitschriftenartikel etc.), Audio (MP3, RealAudio etc.) oder Video (AVI, MPEG etc.).

  - Promotion

  Das Internet (WWW) entwickelt sich sehr dynamisch als Marketinginstrument. Eine einfache und verbreitete Form sind die **Banner**. Wie eine Anzeige in einer Zeitung machen sie auf ein Produkt oder einen Anbieter aufmerksam. Durch einen Mausklick auf den Banner gelangt der Nutzer zu einer entsprechenden, neuen Seite. Banner sind graphisch gestaltet und zum Teil animiert. Sie werden gerne themenspezifisch eingesetzt. Auf vielen Seiten werden sie dynamisch generiert, so dass man beispielsweise nach Eingabe eines Suchbegriffs wie „Fahrrad" beim Suchergebnis Werbebanner von Fahrradherstellern oder -zeitschriften findet.

  Werbung kann auch durch E-Mails erfolgen (**Spam-Mails**). Hierbei schicken Firmen (zum Teil anonym) Informationen an Adressaten. Die Empfängeradressen bekommen diese Firmen zum Teil von den Kunden selbst (nach Eingabe in Formularen, bei Bestellungen etc.) oder von Direktmarketing-Firmen, die Adressenmaterial zum Kauf anbieten.

  Alle Verfahren der Erfolgskontrolle (s.u.) dienen unter anderem einem Zweck: einer möglichst erfolgreichen Kundenansprache und -bindung. Sie sind damit Voraussetzung für ein gezieltes **Direktmarketing**.

  Diese neuen Möglichkeiten des Marketings provozieren eine intensive Datenschutz- und -sicherheitsdiskussion. Auch die Befürchtung, infolge dessen dem Ansehen des Internets als Handelsplattform erheblichen Schaden zuzufügen, wird geäußert. Im Zentrum der Diskussion steht DoubleClick, ein US-Unternehmen, das Werbebanner im Internet vermarktet und als größte Online-Werbeagentur der Welt gilt. DoubleClick sucht wie viele andere Player im Markt intensiv nach Methoden, um den Wert der gesammelten Nutzerdaten zu erhöhen. Bisher war es unmöglich, die in den Cookies auf den Festplatten der Nutzer gespeicherten Daten *über verschiedene Sites hinweg* mit persönlichen Daten abzugleichen und auf diese Weise ein detailliertes Nutzerprofil des Internet-Users zu erstellen („**Profiling**"). DoubleClick hat jedoch jüngst zugegeben, hiermit bereits begonnen zu haben und darüber hinaus die im Internet gesammelten Daten mit einer der umfangreichsten Adressdatenbank, die bisher für herkömmliche Direktmarketingzwecke genutzt wurde, zu integrieren (Rodger 2000; Green 2000). Zu diesem Zweck hat DoubleClick das Unternehmen Abacus aufgekauft, einem Anbieter von Datenbanken für das Direktmarketing. Da in der Datenbank von Abacus 90% US-Haushalte vertreten sind, drohen fast alle Internet-Nutzer ihre Anonymität beim Besuchen zahlreicher Websites zu verlieren, sobald sie einmal ihren Namen eingegeben haben, um sich für ein Angebot registrieren zu lassen oder eine Bestellung aufzugeben.

Aus Sicht des Datenschutzes stellt dieser Zusammenschluss eine erhebliche Gefährdung dar. Selbst in den USA werden daher die Rufe nach einem staatlichen Eingreifen lauter. Wenn der Schutz des Verbrauchers vor derartigen Praktiken in Deutschland auch höher ist, so zeigt das Beispiel doch, was technisch möglich ist und welche hohen Anforderungen auf die Politik und die Rechtsprechung zukommen.

- Kundenbindung

Kundenbindung kann unterschiedlich erreicht werden. Im Sinne von Electronic Commerce sind hier v.a. **Personalisierung** und **Individualisierung** (vgl. oben) zu nennen. Darüber hinaus sind aber auch **Support** und **Beratung** (Internet Call-Center, Formulare) als Kundendienst wichtige Kundenbindungsinstrumente. Im Electronic Commerce sind hier **Internet Call-Center**, **Help-Desks** etc. zu nennen.

- Erfolgskontrolle

Für die werbetreibende Industrie und die werbenden Firmen ist es wichtig, zu erfahren, wann und wo eine Werbung am besten geschaltet werden soll und wie erfolgreich sie ist. Daher kommen hier unter anderem **Mess- und Analyseverfahren** zum Einsatz:

Der „Verkehr" auf einem Online-Angebot wird auch Traffic genannt. Die Kontrolle des Traffics ist wichtig, um ideale Leitungskapazitäten zur Verfügung stellen zu können. Ziel ist die Maximierung von Nutzerzahlen.

Die Sichtkontakte von Besuchern einer Web-Site mit einer potenziell werbeführenden HTML-Seite werden als **Page Impression** (früher PageView) bezeichnet. Die Summe der Page Impressions ist ein wesentlicher Indikator für die Attraktivität des Angebots.

Etwas aussagekräftiger sind die **Page Clicks** (Seitenabrufe, visits). Hier werden Zugriffe gezählt, die komplett und technisch einwandfrei erfolgt sind.

Ein **AdView** ist ein Banner (Ad), der von einem Websurfer gesehen wird (View). Gleichzeitig fungiert der Begriff als Maßzahl für die Menge der Websurfer, die in einem bestimmten Zeitraum ein bestimmtes Werbebanner gesehen haben.

Das Klicken auf einen Hyperlink wird in **Hits** gemessen, **Clicktroughs** bezeichnen die Anzahl der Clicks auf ein Werbebanner. Solche Besuche von Bannerwerbung werden auch **AdClicks** genannt.

Mit **Cookies** werden Nutzerdaten gespeichert (vgl. Information). Durch Zusammenführung von Cookiedaten mit anderen Datenbeständern (z.B. offline-Adressdatenbanken) können Cookiedaten personifiziert werden und somit für die direkte Kundenansprache (online und offline) nutzbar sein.

In einem **Logfile** sind Aktionen der Benutzer auf einem bestimmten Internetangebot oder einem gemeinsam genutzten Computer festgehalten. Diese können z.B. zur Erfolgsmessung eines Internetangebots statistisch ausgewertet werden oder in anderem Zusammenhang auf sicherheitsrelevante Aktionen bestimmter Benutzer hin durchsucht werden.

Data-Mining (vgl. oben) bietet ein fundiertes Potenzial, das Einkaufsverhalten von Kunden mit Hilfe intelligenter Analyseverfahren auszuwerten und zu nutzen. Folgende Data Mining-Analysen eignen sich dabei: *Assoziationsanalyse* (Warenkorbanalyse: Gibt es Zusammenhänge im Kaufverhalten des Kunden? Z.B. welche Produkte werden (oft) gleichzeitig gekauft? Wie sehen diese aus?), *Sequentielle Musteranalyse* (Existieren Strukturen zeitlicher Kaufmuster Ihrer Kunden und wie sehen diese aus?), *Segmentierungsanalyse* (Können die Kunden unterschiedlichen Schichten zugeordnet werden? Wie zeichnen sich diese aus?), *Klassifikationsanalyse* (Wie sind die Kriterien für das Verhalten „guter" oder „schlechter" Kunden? Wie können diese für eine Prognose genutzt werden?)

Spezielle Programme sind auch in der Lage, selbständig das Internet nach Informationen zu durchsuchen. Sie heißen **Agenten**. Nach bestimmten, zuvor definierten Kriterien tragen sie Informationen zu speziellen Themengebieten zusammen und können diese auch aktiv an bestimmte Personen schicken. Agenten sind in der Lage, miteinander zu kooperieren, indem sie untereinander Informationen austauschen und werden auch **ISA** (Intelligent Software Agents) genannt. Sie können z.B. die günstigsten Angebote für ein Produkt ausfindig machen und so dem Verbraucher einen Preisvergleich gewährleisten, der im konservativen Handel sehr schwierig oder gar unmöglich zu erzielen ist.

5 Formen des Electronic Commerce und Praxisbeispiele

5.1 Analyseebenen für die Darstellung der Best-Practice-Praxisbeispiele

Im Folgenden wird eine Untergliederung für die Klassifizierung von **Electronic-Commerce-**Praxisbeispielen hergeleitet und dargestellt.

5.1.1 Erste Analyseebene: Herkunft

Alle Anwender von Electronic Commerce entstammen einer der beiden Gruppen Internet-Neueinsteiger (Start-ups) oder Internet-Quereinsteiger (Adaptoren)[8]. Trotz der Vielzahl der Einflussfaktoren auf die Umsetzungsmöglichkeiten von Electronic-Commerce-Anwendungen grenzen sich die Geschäftsstrategien von Start-up-Unternehmen und etablierten Unternehmen aus der „realen" Ökonomie (d.h. mit physischer Repräsentanz im Sinne eines Unternehmenssitzes) recht deutlich voneinander ab.

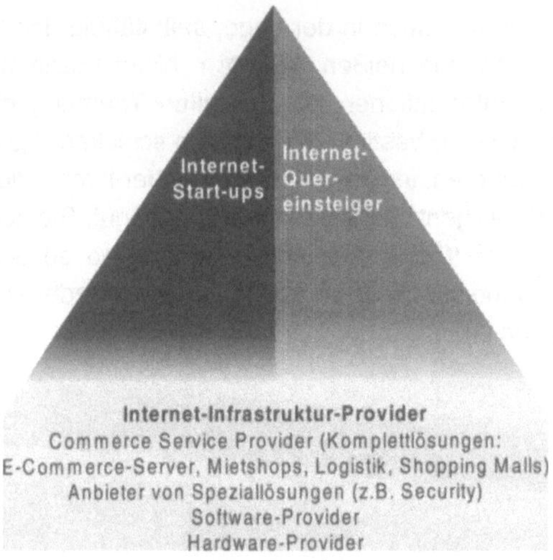

ABB. 12: GLIEDERUNG VON ELECTRONIC-COMMERCE-PRAXISBEISPIELEN NACH HERKUNFT

Start-ups stellen häufig reine Electronic-Commerce-Unternehmen dar und haben ihre Kernkompentenzen im Geschäftsfeld Internet entwickelt. Für diese Unternehmen müssen die

---

[8] Chappell & Feindt (1999) sprechen von „New Internet Start-ups" gegenüber den „New Channel Experimenters". Angesichts des z.T. massiv zunehmenden Internet-Engagements zumindest der großen etablierten Unternehmen kann man allerdings zum heutigen Zeitpunkt nicht mehr von einem „Experimentierstadium" sprechen. Die OECD (1999) nennt Start-up-Unternehmen, die völlig auf eine physische Distributionsinfrastruktur verzichten, „Cyber-traders".

                    Gareis / Korte / Deutsch

Internet-Aktivitäten mittelfristig rentabel sein, da sie Verluste in diesem Bereich nicht durch Gewinne in anderen Geschäftsfeldern ausgleichen können.

Etablierte Unternehmen, die ihre Geschäftsaktivitäten mit Electronic-Commerce-Anwendungen erweitern wollen (Adaptoren), bringen meist ganz andere Voraussetzungen mit. Die Kompetenzen liegen im traditionellen Wirtschaftsbereich, während im eigenen Unternehmen nur wenig Erfahrungen mit elektronischen Anwendungen vorliegen. Somit sind die Zielsetzungen, die sie mit Electronic-Commerce-Anwendungen verfolgen, auch ganz andere: In einem ersten Stadium will man zunächst Erfahrungen sammeln, später dann Potenziale zur Optimierung der Organisationsstrukturen und zur Kostenreduktion mit Hilfe von Electronic Commerce ausreizen. In den letzten Monaten findet sich darüber hinaus immer öfter eine defensive Strategie, die darauf abzielt, den angestammten Markt gegenüber Neueinsteigern zu verteidigen. Eine baldige Gewinnerzielung hingegen steht nicht im Vordergrund des Engagements.

Neben den reinen Anwendern partizipieren nicht zuletzt auch die Anbieter der Infrastruktur am Electronic-Commerce-Markt. Sie bieten Soft- und Hardware bzw. Komplettlösungen an, die für den elektronischen Geschäftsverkehr auf inner- und zwischenbetrieblicher Ebene benötigt werden. Diese stellen die Basis dar, auf deren Grundlage Electronic-Commerce-Anwendungen realisiert werden (siehe Abb. 12). Dementsprechend umfassend haben die Infrastruktur-Anbieter vom Internet-Boom profitiert. Infrastruktur-Provider für Electronic Commerce entstammen überwiegend der IT-Industrie. Der vorliegende Bericht befasst sich nur am Rande mit Infrastruktur-Providern.

Allerdings gibt es Mischformen zwischen diesen und Electronic-Commerce-Anwendern. So bietet z.B. Yahoo, vorrangig für seine Portal-Websites bekannt, kleineren Unternehmen Electronic-Commerce-Komplettlösungen an. In den kommenden Monaten und Jahren wird die Zweiteilung zwischen Start-ups und Adoptoren immer schwieriger aufrecht zu halten sein, da die beiden Bereiche im Rahmen von Aufkäufen und Unternehmenszusammenschlüssen sukzessive miteinander verschmelzen. Etablierte Unternehmen kaufen Start-ups auf, um auf diese Weise Zugang zu innovativem Know-how zu erhalten und sich ein „Internet-Image" zu verpassen. Mit der Übernahme von Time Warner durch AOL hat nun eine neue Phase begonnen, in der nur wenige Jahre alte Internet-Start-ups führende Unternehmen der traditionellen Wirtschaft aufkaufen.

5.1.2 Zweite Analyseebene: Inhaltliche (Haupt-)Funktion

Auf der funktionalen Ebene sind generell zunächst Anbieter zu nennen, die ihre Produkte am Markt offerieren und dabei über die verschiedensten Kommunikationskanäle mit den Kunden in Kontakt treten. Kollmann (1999a) spricht vom „Shop-Konzept", siehe Abb. 13 links. Diese sind zu unterscheiden von den reinen Vermittlern, die lediglich als Plattform für den Abgleich zwischen Angebot und Nachfrage fungieren und dabei Dienstleistungen sowohl für die eigentlichen Anbieter als auch die Kunden erbringen („Marktplatz-Konzept", siehe Abb. 13 rechts).

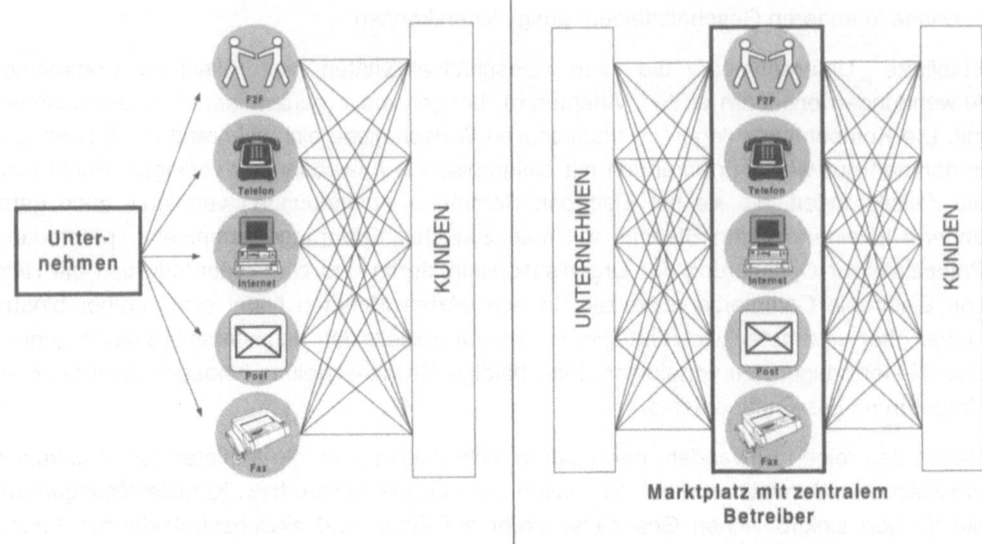

ABB. 13: UNTERSCHEIDUNG ZWISCHEN ANBIETERN („SHOP-KONZEPT") UND REINEN VERMITTLERN („MARKTPLATZ-KONZEPT") (QUELLE: KOLLMANN 1999A, S. 29, STARK MODIFIZIERT)

Im Rahmen der „Shop-Konzepte" wird Electronic Commerce – wie in Kapitel 3.2 dargelegt wurde – vorwiegend zur Verbesserung der Kundenbeziehung sowie zur Erschließung neuer Kundenkreise eingesetzt. Wir bezeichnen derartige Electronic-Commerce-Lösungen daher als **Kundenbeziehungs-Management**. **Geschäftsvermittler** hingegen verfolgen das „Marktplatz-Konzept".

Als weitere Unterscheidung bzgl. der Funktion des Electronic-Commerce-Einsatzes lassen sich Anwendungen, die eine Optimierung der nachgelagerten Wertschöpfungsschritte anstreben (also z.B. die Schnittstelle zum Kunden), von solchen unterscheiden, die auf die vorgelagerten Stufen in der Wertschöpfungskette, also die Beziehung zu Zulieferern abzielen (siehe Abb. 14).

Inputs werden sowohl für die primären Unternehmensaktivitäten benötigt, also die Produktion, als auch die unterstützenden Aktivitäten wie Forschung & Entwicklung, Personalwesen sowie Infrastruktur und Organisation. Neben das Kundenbeziehungs-Management und die (neuartige) Geschäftsvermittlung tritt in unserer Gliederung damit noch das **Zulieferketten-Management**.

Gareis / Korte / Deutsch

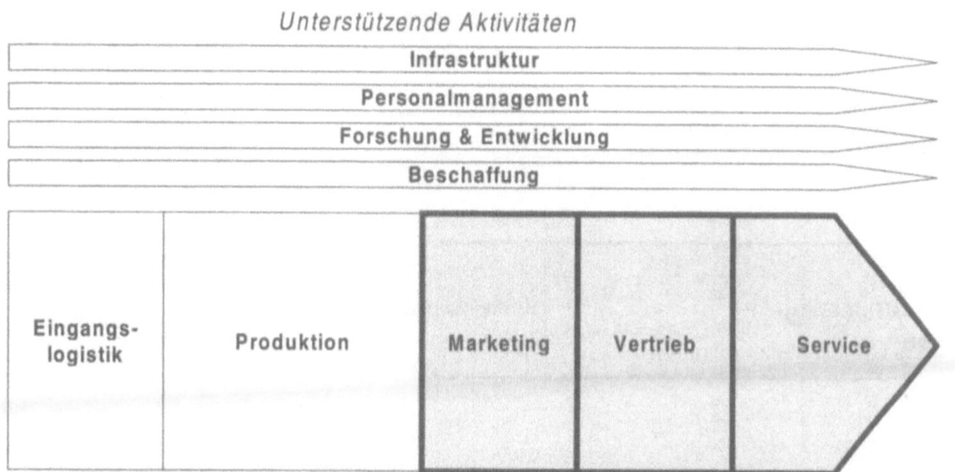

ABB. 14: **UNTERSCHEIDUNG ZWISCHEN SUPPLY CHAIN MANAGEMENT (OBEN) UND CUSTOMER RELATIONSHIP MANAGEMENT (UNTEN), DARGESTELLT AUF DER GRUNDLAGE DES WERTSCHÖPFUNGSKETTENMODELLS VON PORTER (1985, S. 37)**

Die folgende Tabelle zeigt eine Gliederung der Electronic-Commerce-Anwendungstypen auf, wobei der Hauptfokus auf die inhaltliche Funktion gelegt wird. Jedes einzelne Anwendungsbeispiel kann dabei mehreren Anwendungstypen zugeordnet werden. Tatsächlich stellen in der Praxis vielfältige Mischformen die Regel dar.

Eine nähere Erläuterung der einzelnen Typen und Untertypen folgt ab Kapitel 5.2.

Kritisch sei zu dieser Gliederung angemerkt, dass die Trennung zwischen Kundenbeziehungs- und Zulieferkettenmanagement zwar die heutige Situation hinsichtlich der Organisationsstruktur der Unternehmen reflektiert, jedoch längerfristig an Bedeutung verliert, da Zulieferkette, Back-Office und Front-End sukzessive in einer übergreifenden Wertschöpfungskette zusammenwachsen werden.

1 Kundenbeziehungs-Management			
Typ	**Untertyp**	**Beschreibung**	**Beispiele**
1.1 **Geschäftsanbahnung**	**Online Information**	Firmenpräsentationen, Kontaktinfos	Dietrich.com, Mov.a.bit.com
	Online Katalog	Produktvorstellung und E-Mail-Anfrage	
	Online Reservierung und Buchung	Elektronische Auftragsbearbeitung	Flug.de, Bahn.de
1.2 **Vermarktung und Verkauf**	**Materielle Güter**	Warenverkauf über das Internet, Versandhandel, Direktmarketing	Conrad.de, Dietrich.com, Transtec.de
	Immaterielle Güter und Dienstleistungen	Alle „digitalisierbaren" Produkte wie Dienstleistungen, Software und Dokumente	Bitpull.de, Fotofinder.net
	Verfügungsrechte	Versicherungen, Wertpapierverwaltung, Online-Banking, Patente	Comdirect.de, Concret.de, SK-Koeln.de
1.3 **After-Sales Support**		Kundensupport über das Internet	Henke und Partner, RLE International

2 Geschäftsvermittlung			
Typ	**Untertyp**	**Beschreibung**	**Beispiele**
2.1 **Abwicklungs-dienste**	**Ausschreibungen**	Alle Online-Angebote, wo Verfügungsrechte zwischen Anbieter und Nachfrager über einen Intermediär gehandelt werden oder ein Geschäftsabschluss zwischen zwei Marktteilnehmern herbeigeführt wird.	Portum.com, Kard-o-pak.de
	Versteigerungen		Agorum.com, Ricardo.de
	Wertpapierhandel		Consors.de Investornet.de
2.2 **Vermittlungs-dienste**	**Produkt- und Dienstleistungsvermittlung**	Manuelle oder automatisch gestützte Softwaresysteme, die von mehreren Anbietern Preise zu einem Produkt oder Dienstleistung aggregieren und das Ergebnis übersichtlich aufbereitet auf einer Seite präsentieren.	Preisauskunft.de, Vivendo.de, Acses.com, Primus-online.de, www.vivendo.de
	Kontaktvermittlung	Job-, Kooperations- und Kontaktbörsen, die Hilfe bei der Personalsuche und beim Bewerberhandling leisten oder Wirtschaftspartnern und dergleichen vermitteln	Widi.investitions-bank.de, Ihk.de, DigiJob.com
2.3 **Informations-vermittlung**	**Verzeichnisdienste**	E-Mail-Verzeichnisse, Adresslisten, Gelbe Seiten; Linklisten Suchmaschinen und Indizes	Four11.com, Google.com, Web.de
	Fachinformationsdienste (Communities of Interest)	Thematisch und funktionell spezialisierte Dienste-Angebote. Durch die Bündelung der Kernkompetenzen ausgewählter Dienstleistungen qualitativ oft sehr gute Angebote.	BauNetz.de, Sidiblume.de, Medline.de, Tiefenrausch.de
	Kontext-Provider	Online-Angebote mit Inhalten, Kommunikations- und Transaktionsmöglichkeiten, die um einen bestimmten Themenschwerpunkt gruppiert sind.	ZDNet.de, Expedia.de, Bol.de, Transtec.de
	Portale	Strukturierungsangebote, die themenüber-greifende Orientierungs- und Metainformationen (Kataloge, Suchmaschinen) und Added-Value Services wie Nachrichtendienste (News, Archive) anbieten. Hauptfunktion ist die Kanalisierung von Besucherströmen auf eine „Einstiegs"-Seite.	Altavista.de, Yahoo.de, Web.de, Netcenter.com, T-online.de

3 Zulieferketten-Management und elektronische Beschaffung			
Typ	Untertyp	Beschreibung	Beispiele
3.1 **Elektronische Beschaffung/ E-Procurement**		Verbesserung und Optimierung der Einkaufs-beziehungen zu Lieferanten von C-Artikeln durch elektronischen Informationsaustausch über das Internet oder einen anderen Online-Dienst	Transtec.de, IPS-einkauf.com
3.2 **Zulieferketten-Integration**		Gezielte Öffnung betrieblicher Datenbanken, z.B. Warenwirtschaftssysteme, für ausgewählte Nutzer zur stärkeren Integration von Partnern in der Wertschöpfungskette.	Ariston eG, Cellway GmbH, Edscha GmbH

TAB. 5: GLIEDERUNGSRASTER FÜR DIE KATEGORISIERUNG VON ELECTRONIC-COMMERCE-PRAXISBEISPIELEN

5.1.3 Dritte Analyseebene: (Vorherrschendes) Geschäftsmodell

Ein weiteres wesentliches Unterscheidungsmerkmal zur Typisierung von Electronic-Commerce-Anwendungen ist die Wertschöpfungsstrategie des Anbieters, also sein zugrunde liegendes Geschäftsmodell. Um Einnahmen zu erzielen und einen Gewinn zu erwirtschaften stehen einem Unternehmen grundsätzlich zwei Strategien zur Verfügung: direkte Erlöse (der Benutzer zahlt für angebotene Leistungen) oder indirekte Erlöse (die Benutzung des Online-Angebots ist kostenlos; die Finanzierung erfolgt über Dritte, z.B. Werbekunden). Zusätzlich werden noch Online-Angebote unterschieden, die gar keine Erlöse im elektronischen Geschäftsbereich erzielen, sondern aus anderen Unternehmensaktivitäten quersubventioniert werden.

In der nachfolgenden Tabelle sind Grundformen von Erlöstypen beschrieben.

Direkte Erlöse
1. **Transaktion** Erlöse werden über den Online-Verkauf von Waren generiert („klassisches" E-Commerce)
2. **Benutzungsgebühren** Verschiedene Gebührenformen erzielen die notwendigen Erlöse. Man kann folgende Gebührenformen unterscheiden: • Nutzungsunabhängige, regelmäßige Gebühren (Abonnement) • Bereitstellungsgebühren (Betrag wird fällig nach Abruf von bestimmten Informationen) • Bezahlung nach erfolgreicher Leistungserbringung (Provisionen) • Transaktionsbasierte Gebühren (z.B. im Online-Aktienhandel)

Gareis / Korte / Deutsch

Indirekte Erlöse

1. Werbung

Erlöse aus Werbung können mit unterschiedlichen Methoden erzielt werden:

- Bannerwerbung: Vermietung von Flächen und Seitenbereichen im Online-Angebot des Anbieters

- Sponsorship / Product Placement

- Financial Benefits: Ein Internetnutzer bekommt für seine Online-Zeit einen geringfügigen Betrag gutgeschrieben und sieht dafür wechselnde Werbebanner auf seinem Monitor.

- Ad Breaks: Unterbrecherwerbung wie im Fernsehen; Nach dem Aufruf einer Anzahl von WWW-Seiten oder einem Domain-Wechsel wird eine Werbe-HTML-Seite angezeigt. Erst bei einem weiteren Klick erreicht der Nutzer seine eigentliche Zielseite.

2. Kommission

In Partnerprogrammen zwischen zielgruppenaffinen Online-Anbietern werden anklickbare Banner ausgetauscht. Ein Klick auf einen Banner im Online-Angebot von Anbieter A führt den Nutzer auf die Seiten von Anbieter B.

- Bei erfolgreichem Geschäftsabschluss zwischen dem herbeigeführten Nutzer und Anbieter B erhält Anbieter A einen prozentualen Anteil vom Verkaufswert der umgesetzten Ware (echte Kommission)

- Anbieter erhält für jeden herbeigeführten Nutzer eine geringfügige Bezahlung (Erzeugung von „Web-Traffic").

3. Data-Mining

Data-Mining bezeichnet die Aufbereitung von Daten zu Wissen. Erlöse werden mit den Daten generiert, die über die Nutzer des Online-Angebots gesammelt wurden. Eine Wertschöpfung der gesammelten Nutzerdaten ist auf verschiedene Weise möglich:

- Verkauf der gewonnenen Kosumentenprofile an Dritte (z.B. Adresshandel)

- Optimierung des eigenen Angebots (Kundenbindung)

- Verbesserte Zielgruppenansprache für Marketingaktivitäten (Werbung)

Keine Erlöse

1. Marketing

Das Online-Angebot stellt ein unentgeltlich nutzbares Ergänzungsangebot dar („Aushängeschild"); Funktion z.B. für

- Kundensupport (E-Mail-Hotline, FAQs)

- Produktpflege (News, Updates)

- Imagemarketing (Firmenpräsentation, Produktvorstellung)

2. Kostenreduzierung

Effizienzsteigerung, Optimierung von Arbeits-, Produktions- und Geschäftsprozessen ohne Gewinnerwartungen aus der Online-Aktivitäten selbst.

TAB. 6: ERLÖSMODELLE VON ANBIETERN IM INTERNET

Die beschriebenen Erlöstypen stellen Idealtypen dar. In der Praxis sind kaum Electronic-Commerce-bezogene Aktivitäten zu finden, deren Gewinnerwartungen auf eine einzige Erlösquelle setzen. In der Regel besteht das Geschäftsmodell vieler Electronic-Commerce-Unternehmen aus einem Mix verschiedener Erlöstypen, die unterschiedlich gewichtet werden können.

Die Erlösformen können mithin auch unterschiedlich stark umgesetzt werden oder miteinander verknüpft sein. Bei vielen Online-Angeboten existiert beispielsweise ein geschützter, nur mit Password zugänglicher „Premium"-Bereich, der dem Nutzer zusätzliche Leistungen verspricht (Value Added Services), wenn dieser sich registrieren lässt. Diese Zusatzleistungen können dann entweder per Abonnentengebühr freigeschaltet oder aber bei Abruf bezahlt werden. Dieses Beispiel verdeutlicht, wie eng die einzelnen Erlösformen miteinander verzahnt sein können.

5.2   Kundenbeziehungs-Management

5.2.1   Aktuelle Marktstruktur und Entwicklungstendenzen

Noch immer nutzt die Mehrheit der im Internet präsenten Unternehmen das Medium vorrangig zur Selbstdarstellung (Visitenkarten-Funktion) sowie zur Präsentation des eigenen Angebots. Über die Notwendigkeit eines derartigen Internet-Auftritts wird kaum noch diskutiert, er wird als Selbstverständlichkeit vorausgesetzt – oft jedoch ohne sich ausreichend Gedanken darüber zu machen, ob die Darstellungsweise zur **Geschäftsanbahnung** überhaupt geeignet ist. Der Vorteil der Bereitstellung von **Online-Informationen** aus Nutzersicht liegt oft lediglich darin, zu jeder Zeit Zugriff auf Informationen zu haben, die ansonsten auf telefonischen oder postalischem Weg nur zu bestimmten Zeiten oder aber mit erheblicher Verzögerung einzuholen sind.

Einen größeren Mehrwert für den Nutzer schaffen Unternehmen schon dann, wenn sie einen Echtzeit-Zugriff auf Daten zulassen, z.B. einen **Online-Katalog** mit Angabe der momentanen Lieferbarkeit bzw. Lieferkonditionen. Hierfür muss der Webserver auf Daten aus den internen Warenwirtschaftssystemen zugreifen können. **Online-Reservierung und -Buchung** sind insbesondere in Branchen vertreten, wo keine materiellen Produkte, sondern lediglich Verfügungsrechte gehandelt werden. Hierzu gehört der Reise- und der gesamte Finanzdienstleistungsmarkt. Dabei kommen die Vorteile der Online-Interaktion voll zum Tragen: Im Unterschied zu herkömmlichen Formen der Buchungsannahme (telefonisch oder persönlich), die in der Regel an bestimmte Tageszeiten und Wochentage gebunden sind, kann der Nutzer seine Reservierung zu jeder beliebigen Zeit wahrnehmen und zudem ungestört und selbständig nach dem passenden Angebot recherchieren. Alle erfolgreichen Website-Betreiber bieten allerdings auf ihrer Website in Ergänzung zur Kundenselbstbedienung auch die Möglichkeit zur persönlichen Beratung an, und zwar sowohl per Mail, als auch telefonisch.

Reservierungen und Buchungen stellen eine Electronic-Commerce-Anwendung dar, die selbst für Anbieter von hohem Interesse ist, die persönliche Dienstleistungen erbringen und daher für die Ausführung der Leistung auf die Face-to-Face-Interaktion mit dem Kunden angewiesen sind.

Wenn Reservierungen und Buchungen kostenpflichtig sind (wie z.B. bei der Deutschen Bahn), zählen sie bereits zu den Electronic-Commerce-Anwendungen für **Vermarktung und Verkauf**. Hierbei ist wegen der völlig anderen Anforderungen an die Organisation der Übermittlung der Leistung zwischen **materiellen Gütern** und **immateriellen, reinen Informationsprodukten** zu unterscheiden. Zusätzlich ist der Handel mit Verfügungsrechten, denen keinerlei Produktfunktion zukommt (z.B. Finanzdienstleistungen), separat zu betrachten.

Bei reinen Informationsprodukten gestaltet sich die Auslieferung der Ware – abgesehen von möglichen technischen Problemen während der Übertragung – äußerst problemlos. In der Regel werden die Datenfiles nach Klärung der Zahlungskonditionen zum Download bereitgestellt oder – bei Gütern mit geringer Nachfrage – manuell als E-Mail-Attachments versandt. Das auf der Website zum Buch unter www.empirica.com/ec-studie ausführlich dargestellte Praxisbeispiel www.bitpull.de vermarktet auf diese Weise Dateien mit Musikstücken im Liquid-Audio-Format. Die übertragenen Dateien können zu Hause vom Kunden auf eine CD gebrannt oder auf der Festplatte des PCs abgespeichert werden. Allerdings stellt die niedrige Bandbreite der heute üblichen Zugangswege zum Kunden ein Problem dar, wenn größere Dateien verschickt werden sollen (wie der Inhalt einer ganzen CD oder gar Videofilme). Trotz erheblicher Fortschritte bei der Kompression wird der Handel mit Medienprodukten dieser Art erst ein signifikantes Ausmaß erreichen, wenn flächendeckend ein breitbandiger Zugang zum Internet verfügbar ist.

Darüber hinaus kann aus heutiger Sicht nur schwer beurteilt werden, wie hoch die Zahlungsbereitschaft der Zielgruppe für Produkte wäre, die nicht mehr in der gewohnten Verpackung, sondern lediglich als Datenfile auf die Festplatte geliefert werden. Aufgrund der traditionellen Abneigung der Internet-Nutzer gegen kostenpflichtige Angebote ist diesbezüglich Vorsicht geboten. Es muss versucht werden, den Kunden über die sofortige Lieferung hinaus einen Mehrwert im Vergleich zum materiellen Produkt zu bieten. Bei Business-Kunden besteht dieses Problem nur sehr eingeschränkt: Hier erhöht die schnelle Verfügbarkeit von Informationsprodukten ihren Nutzen in der Regel so beträchtlich, dass ein ausreichender Anreiz für den Online-Handel gegeben ist.

Beim Handel mit Verfügungsrechten, denen keine Produktfunktion zukommt, also z.B. Wertpapieren, Immobilien und Versicherungspolicen, findet keine Auslieferung statt, es müssen lediglich Daten in einer rechtlich verbindlichen Weise übermittelt werden. Dementsprechend schnell hat sich das Internet als Handelsmedium in Teilen der Finanzdienstleistungsbranche durchgesetzt. So wurden im ersten Halbjahr 1999 bereits 37% des nichtinstitutionellen Wertpapierhandels in den USA über das Internet abgewickelt (Farrell 1999, S. 72). Bei erklärungsbedürftigen Produkten, deren Handel in starkem Maße die Schaffung eines Vertrauensverhältnisses voraussetzt, kommt das Internet allerdings bisher fast ausschließlich als Marketinginstrument zum Einsatz.

Im Unterschied zu diesen Formen des Electronic Commerce sehen sich Internet-Anbieter beim Handel mit materiellen Produkten vor die Aufgabe gestellt, die Ware schnell und sicher an den Kunden zuzustellen. Wie beim herkömmlichen Versandhandel steht und fällt die Wettbewerbsfähigkeit mit der Fähigkeit, die Auslieferung logistisch zu bewältigen. Je schneller die Ware an Wert verliert (wegen der physischen Haltbarkeit, ihrer Aktualität oder der Notwendigkeit der sofortigen Verfügbarkeit seitens des Kunden), desto höher sind die Anforderungen an die Distributionslogistik. Start-up-Unternehmen, die über keine Expertise in diesem Bereich verfügen, befinden sich daher im Nachteil gegenüber den traditionellen Versandhandelshäusern. Zur Abhilfe verbünden sie sich zum Teil mit etablierten Unternehmen der „realen" Wirtschaft, die über Logistik-Expertise und -Infrastruktur verfügen. So kooperiert beispielsweise das Internet-Auktionshaus Ricardo mit dem Versandhaus Otto, dessen Tochter Hermes als Generalbeauftragter die gesamte Lagerhaltung und den Versand von Ricardo-Produkten übernimmt.

Ein Schwachpunkt des Online-Handels stellt momentan noch die Zahlungsabwicklung dar. Während die Anbieter die Bezahlung per Kreditkarte bevorzugen, offerieren viele von ihnen auch andere Zahlungsmechanismen, da die Bereitschaft zur Übermittlung der Kreditkartendetails seitens der Kunden oftmals gering ist (siehe 8.5.1). Bezahlungen per Rechnung oder Nachnahme verursachen wegen Medienbrüchen in der Übermittlung der Zahlungsspezifikationen hohe Bearbeitungskosten. Aber auch die Abrechnung per Kreditkarte stellt aus Unternehmenssicht kein Optimum dar, weil das Risiko bei Zahlungsausfall beim Anbieter verbleibt.

Im Sinne eines konsequenten Kundenbeziehungs-Managements kommt dem **After-Sales Support** eine sehr hohe Bedeutung zu: Die Phase nach Abschluss einer Verkaufstransaktion stellt gleichzeitig die Geschäftsanbahnungsphase für ein eventuell folgendes Geschäft dar. Anstatt den Kunden nach Geschäftsabschluss zu einem Bittsteller zu degradieren, muss versucht werden, ihm alle erforderlichen Hilfestellungen zukommen zu lassen, damit er mit seinem erworbenen Produkt zufrieden ist und zum Wiederholungskäufer wird. Das Internet eröffnet völlig neue Möglichkeiten nicht nur den After-Sales-Service spürbar aufzuwerten, sondern zugleich auch Kosten zu sparen. Naturgemäß wird das Internet zu diesem Zweck bisher insbesondere für Computerprodukte und solche, die im Internet selbst erworben wurden, eingesetzt, da in diesen Fällen von einer annähernden Vollversorgung mit einem ständigen Internet-Zugang auszugehen ist. Aber auch in diesen Fällen ist parallel zusätzlich ein telefonischer Kundendienst anzubieten, um allen Bedarfen gerecht zu werden.

Eine wesentliche Herausforderung für alle Betreiber von Online-Shops ist die Schaffung von Kundentreue. Verschiedene Konzepte wurden theoretisch entwickelt (z.B. das „Communities of Interest"-Konzept von Hagel & Rayport 1997) bzw. in der Praxis umgesetzt (siehe das Beispiel Cabana in 3.2.1). Ein Zustand des „Kunden-Lock-In" wird angestrebt, in dem Informationen und Dienstleistungen mit einem Mehrwert versehen werden, der anbieterspezifisch ist, also nicht ohne weiteres von einem Wettbewerber nachgeahmt werden kann. Im Business-to-Business-Bereich wird hierzu intensiv von der Extranet-Technologie Gebrauch gemacht, um auf diese Weise namentlich registrierten Nutzern den Eindruck zu verschaffen, an einem exklusiven Angebot partizipieren zu können (Riggins & Rhee 1998; Shapiro & Varian 1999).

                                                                     Gareis / Korte / Deutsch

Alle diese Maßnahmen sollen dazu dienen, Nutzer vom Wechsel zu einem alternativen Anbieter abzuhalten. Gleichzeitig wirken jedoch andere Kräfte einer stärkeren Bindung zwischen Kunden und Anbieter entgegen: So haben es sich die zahlreich und in allen Produktsegmenten aus dem Boden schießenden neuen Intermediäre (siehe 5.3) zur Aufgabe gemacht, auf der Grundlage von objektiven Kriterien zur jeder Zeit und für jeden Anspruch das optimale Angebot zu ermitteln, wodurch das „Anbieter-Hopping" explizit gefördert wird. Zum gegenwärtigen Zeitpunkt kann lediglich festgestellt werden, dass einige wenige Anbieter, die es mit ihrem Markennamen geschafft haben, einen hohen Wiedererkennungswert zu erzielen, den Großteil der Internet-Nutzer auf sich vereinen.

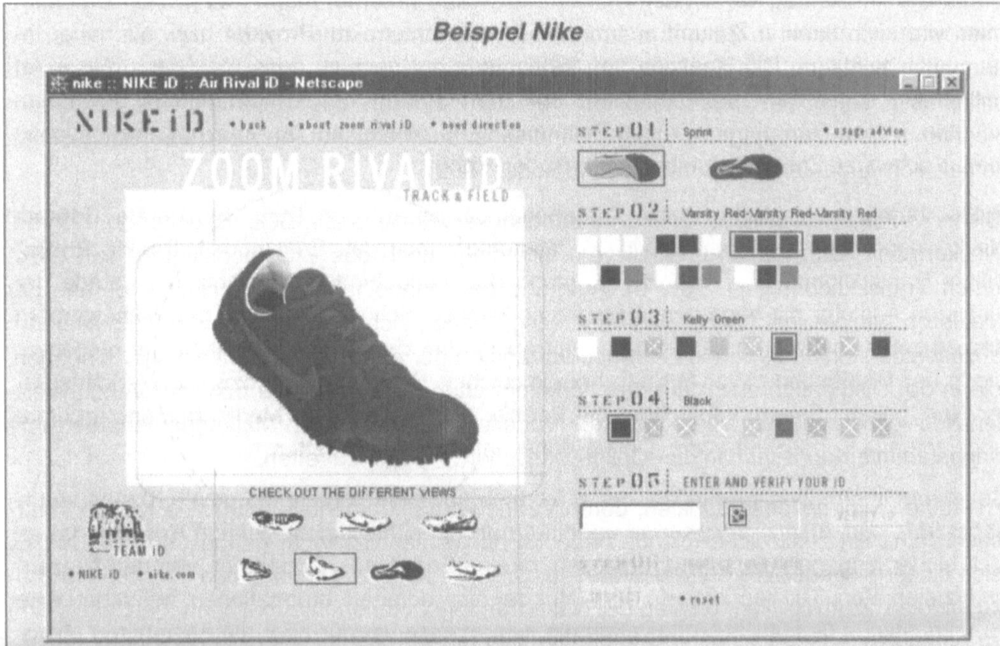

Beispiel Nike

Der Sportartikelfabrikant Nike bietet dem Privatkunden im Internet umfassende Möglichkeiten zum individuellen Design eines Sportschuhs an, der dann entsprechend den eigenen Angaben produziert und ausgeliefert wird. Die Optionen umfassen Schuhart, Sohlentyp, Farbe von Sohle, Obermaterial und Applikationen sowie Einprägung einer selbstgewählten ID-Nummer.

QUELLE: WWW.NIKE.COM

Das Angebot an personifizierten materiellen Produkten im Internet, das dem Ideal der „Mass Customization" entspricht (siehe 3.2.1), ist bisher noch sehr rar gesät. Ein Beispiel aus Deutschland ist der Hemdenfabrikant Dietrich, der Maßhemden nach Kundenangaben anfertigt und per Post ausliefert. Die Maßnahme erfolgt dabei nach einer Schritt-für-Schritt-Anleitung, die auf der Website nutzerfreundlich zur Verfügung steht (siehe die Darstellung auf der Website zum Buch unter www.empirica.com/ec-studie). Der US-amerikanische Sportartikelhersteller Nike bietet auf seiner Website die Möglichkeit an, sich einen individuellen Schuh nach eigenen Angaben anfertigen zu lassen (siehe Kasten) – zu einem Preis, der kaum über dem eines Modells aus dem üblichen Sortiment liegt.

Hinsichtlich der **Erlösmodelle**, die den dargestellten Formen des Kundenbeziehungs-Managements zugrunde liegen, herrscht eine große Vielfalt vor. Da der Electronic-Commerce-Markt noch in einer frühen Phase seiner Etablierung ist, befinden sich die vorherrschenden Geschäftsmodelle noch in einem permanenten Wandel, wobei in Form eines ständigen „Trial and Error" neue Business Cases ausprobiert und auch wieder fallengelassen werden. Als Bewertungsmaßstab für die Überzeugungskraft eines Geschäftsmodells und als Frühindikator für veränderte Annahmen über die Tragfähigkeit von Konzepten dient nicht zuletzt die Bewertung am Aktienmarkt. Ein Beispiel: Amazon.com verkündete Ende 1999, in Zukunft einen nicht unerheblichen Teil seiner Erlöse aus der Vermarktung von Produkten im Auftrag von Dritten erzielen zu wollen (Internet Intern 1999). Das Unternehmen wird sich damit in Zukunft erstmals auch als Infrastruktur-Provider bzw. als neuer Intermediär betätigen. Die Reaktion am Aktienmarkt hat gezeigt, dass Aktivitäten dieser Art mittelfristig sogar den bedeutendsten Teil zum Gewinn des Unternehmens beisteuern könnten – denn zum gegenwärtigen Zeitpunkt ist es zweifelhaft, ob Amazons Kerngeschäft jemals schwarze Zahlen schreiben wird (Goder 1999).

Bisher verfolgen klassische Online-Versandhäuser wie Amazon, BOL, Buecher.de, Conrad, Neckermann, Otto-Versand, Quelle etc. allerdings noch das Erlösmodell „Direkte Erlöse" durch Transaktionen (vgl. Tab. 6). Aufgrund der mangelhaften Möglichkeiten gerade der kleineren Anbieter mit begrenztem Marketing-Budget, sich qualitativ von den Mitbewerbern abzusetzen, konkurrieren die Start-ups vorrangig über den Preis. Quereinsteiger hingegen, die in der Distribution zuvor auf den herkömmlichen Versandhandel bzw. ein Verkaufsfilialen-Netz gesetzt haben, versuchen, die Vorteile eines bekannten Markennamens und ihre angestammte Kundschaft in die „Online-Wirtschaft" hinüber zu retten.

Bei reinen Informationsprodukten, deren Vertrieb nur inkrementale marginale Kosten verursacht (d.h., ein zusätzlicher Kunde bedeutet nur vernachlässigbar geringe Kosten), hat es sich bisher hingegen als schwer erwiesen, direkte Erlöse aus Einnahmen von den Nutzern zu erzielen. Zum Teil liegt dies an der Natur der angebotenen Informationen, bei denen eine zu entrichtende Gebühr nutzungsabhängig sein müsste, hierfür aber die geeigneten Micropayment-Techniken im Internet nicht zur Verfügung stehen. Online-Zeitschriften, die versucht haben, entsprechend zu den Zahlungskonditionen für ihre gedruckte Version von den Nutzern eine Abonnement-Gebühr zu verlangen, mussten dies in aller Regel nach kurzer Zeit aufgeben, weil die Nachfrage zu gering war (Zerdick et al. 1999, z.B. MS-Newsservice). Ursache ist nicht zuletzt die starke Konkurrenz durch alternative Website-Betreiber, die Informationen ähnlicher Qualität kostenlos anbieten, da ihr Erlösmodell auf indirekten Erlösen durch Werbung, Kommissionszahlungen oder Data-Mining (s.u.) fußt.

Nur für Unternehmen, die (meist hochspezialisierte) Informationen offerieren können, die sich stark von dem Angebot der kostenlosen Konkurrenz absetzen (z.B. hochaktuelle Finanzinformationen, Datenbankrecherche), stellt die Erhebung von Benutzungsgebühren heute ein tragfähiges Geschäftsmodell dar. Kostenpflichtige Informationsangebote sind derzeit – sieht man einmal von dem nicht unbeträchtlichen Markt für Pornografie ab (siehe OECD 1999) – fast ausschließlich auf Business-Kunden ausgerichtet.

Auch Software-Markenprodukte (z.B. Updates) lassen sich allgemein gut über das Internet absetzen. Die Freigabe für den Download erfolgt in der Regel nach Angabe der Kreditkarten-Nummer. Der Online-Absatz von Musik-Content hingegen steckt noch in den Kinderschuhen. Musik-Files werden heute vornehmlich zur Promotion (als „Appetithappen") angeboten sowie illegal als Raubkopien zum kostenlosen Download bereitgestellt.

Inzwischen werden auch immer häufiger Internet-bezogene Dienstleistungen angeboten, und zwar sowohl professionell an Business-Kunden als auch Privatpersonen. Die Website-Betreiber (**Application Service Provider**, siehe Hamm 1999), offerieren dabei Funktionen, die bisher üblicherweise über Desktop- oder LAN-Anwendungen auf dem eigenen PC wahrgenommen werden, wie Adressbuch, Kalender, Dateispeicherung, E-Mail-Bearbeitung. Da die Anwendungen jedoch nicht auf dem PC oder dem lokalen Netzwerk, sondern auf einem über das Internet zugänglichen Server abgelegt sind, kann von jedem Internet-fähigen Rechner auf sie zugegriffen werden. Der Vorteil: E-Mail-Adressen und Kalendereinträge können nicht mehr nur im Büro oder zu Hause, sondern an fast jedem Ort der Welt eingesehen und genutzt werden. Häufigen Internet-Nutzern, die an verschiedenen Orten bzw. über verschiedene Rechner auf das weltweite Netz zugreifen, wird erheblich geholfen.

Insofern Informationen (z.B. Zeitschriften-Inhalte), Dienstleistungen (z.B. netzbasierte Dienste wie E-Mail[9], Adressbuch, Kalender[10], Speicherplatz[11]) und Software (z.B. Shareware[12]) von kommerziellen Website-Betreibern kostenlos angeboten wird, werden indirekte Erlöse angestrebt, oder aber es handelt sich um reine Marketing-Aktionen. Letzteres ist z.B. der Fall bei Websites, die als Ergänzung zu herkömmlichen, kostenpflichtigen Produkten betrieben werden, z.B. Online-Ausgaben etablierter Tageszeitungen. Häufigste indirekte Erlösart sind zum gegenwärtigen Zeitpunkt Werbeeinnahmen durch Vermietung von Bannern, die Nutzer auf die Websites der Werbekunden locken und dort zu direkten Einnahmen führen sollen. Zum Teil werden auch komplette Websites von einem Werbepartner gesponsort.

Nach Angabe des Bundesverbandes Deutscher Zeitungsverleger (2000) hat sich der Online-Werbeumsatz Deutschlands 1999 zwar auf 150 Mio. DM verdoppelt, er steht im Vergleich zu den gesamten Werbeeinnahmen der Zeitungsindustrie (12 Mrd. DM in 1998) aber noch auf einem niedrigen Niveau.

Große Online-Versandhäuser wie z.B. Amazon verfügen über Partnerschaftsprogramme, mittels derer Website-Betreiber, die Nutzer auf die Amazon-Site weiterleiten und dort für Umsätze sorgen, eine Kommissionszahlung erhalten. Eine Website, in der Bücher redaktionell besprochen werden, kann so Erlöse erzielen, indem ein an einem Erwerb des Buches interessierter Nutzer an Amazon „weitergereicht" wird.

Aufgrund der hohen Zahl an kommerziellen Websites und des begrenzten Budgets der potenziellen Werbekunden reichen Werbeeinnahmen für die Mehrzahl der Internet-

---

[9]   z.B. www.hotmail.com, der Microsoft-eigene, größte Anbieter kostenloser E-Mail-Accounts. Auch alle größeren Suchmaschinen (Yahoo, Excite, Altavista) bieten inzwischen kostenlose E-Mail-Adressen an.

[10]   z.B. von Yahoo (de.address.yahoo.com bzw. de.calendar.yahoo.com), Excite Planner (www.excite.com)

[11]   z.B. von Driveway (www.driveway.com), i-Drive (www.idrive.com)

[12]   z.B. von www.shareware.de

Unternehmen noch nicht aus, um ihre Kosten auch nur annähernd zu decken. Viele Website-Betreiber verfügen allerdings über eine Ressource, die sehr viel wertvoller ist als die Aufmerksamkeit der Nutzer, die ihm zum Klicken auf ein Werbebanner verleiten könnte: nämlich personifizierte, detaillierte Konsumenteninformationen. Alle Bewegungen, die ein Nutzer auf einer Website vornimmt (also welche Seiten er sich wie lange ansieht und was er dort tut), können ohne Weiteres in einer Nutzerhistorie aufgezeichnet werden. Sobald sich der anonyme Nutzer bei der Site persönlich zu erkennen gibt – z.B., wenn er eine Lieferadresse für eine Bestellung angibt, an einem Gewinnspiel teilnimmt oder sich registrieren lässt, um Zugang zu bestimmten Informationen zu erhalten, kann diese Nutzerhistorie mit Namen und Adresse versehen werden und steht damit für Marketingzwecke zur Verfügung. Mit Adressen, die zusätzlich mit Informationen zu den persönlichen Präferenzen versehen sind, lässt sich in der Direktwerbungs-Branche ein hoher Preis erzielen.

5.2.2 Good-Practice Beispiele[13]

---

www.bitpull.de

Bitpull ist eine professionelle Plattform für den Musikvertrieb im Internet. Hier können Labels, Musikverlage, Musikvertriebe und Musiker ihre Werke vermarkten und verkaufen. Zusätzlich bietet bitpull einen redaktionellen Service, um den Werken ein angemessenes Umfeld zu geben.

---

www.dietrich.com

Der Kölner Textilhändler Dietrich Brügelmann zeigt, wie über E-Commerce Mass Customization erfolgreich umgesetzt wird: Seit Anfang 1997 können seine Kunden im Internet nach Anleitung ihre Hemdenmaße angeben, einen der vielen Stoffe aussuchen, Kragen- und Manschettentypen bestimmen und auf Wunsch auch ein Monogramm eintragen, das dann kostenfrei aufgestickt wird. Die Bestellung wir per E-Mail in Auftrag gegeben und das Maßhemd dem Kunden zugeschickt.

---

[13] Eine ausführliche Beschreibung findet sich auf der Website zum Buch unter www.empirica.com/ec-studie

www.hup.de

Henke & Partner, Anbieter von speziellen Softwaresystemen für das Verlagswesen, nutzt das Internet, um den Service für seine Kunden zu verbessern. Mit Hilfe einer speziellen Software kann ein Mitarbeiter von Henke & Partner sich mit dem Kunden-PC verbinden und so die Problemlösung zusammen mit dem Anwender vor Ort direkt am Bildschirm vornehmen.

www.conrad.de

Unter www.conrad.de findet der Internetnutzer den Online-Shop der Conrad Electronic GmbH, Europas größter Direktversandhändler für Elektronik- und Technikprodukte. Der Online-Shop wurde so konzipiert, dass alle Service-, Kontakt- und Produktbereiche einer tatsächlichen Conrad Electronic-Filiale abgebildet werden. Bei der Konzeption stets der Leitgedanke verfolgt, eine neue Filiale aufzubauen – aber eben eine virtuelle.

5.3 Geschäftsvermittlung

5.3.1 Aktuelle Marktstruktur und Entwicklungstendenzen

Im Internet ist die hohe Dynamik des Marktgeschehens am deutlichsten bei handelsvermittelnden Serviceangeboten zu beobachten. Täglich entstehen neue elektronische Marktplätze, wo Internetnutzer Informationen austauschen, Produkte finden, vergleichen und kaufen sowie Kontakte knüpfen können. Auch die Medien konzentrieren ihre Berichterstattung über Electronic Commerce oft auf Internetunternehmen, die vermittelnde Dienste oder marktplatzähnliche Handelsplattformen offerieren, wie etwa Yahoo.de oder Ricardo.de. In Bereich Geschäftsvermittlung hat das Internet wie in keinem anderem zur Herausbildung völlig neuer Strukturen und Geschäftsmodelle geführt. Solchen elektronischen Marktplätzen ist gemeinsam, dass der Betreiber in der Regel keine eigenen Produkte verkauft, sondern lediglich die Handelsplattform stellt und zwischen Anbietern und Nachfragern vermittelt.

Ein Marktplatz ist ein Raum, wo die Kommunikation zwischen den Marktteilnehmern und dem Intermediär stattfindet sowie der Austausch von Waren und Informationen erfolgt. Ein elektronischer Marktplatz ist demzufolge ein elektronisches Marktsystem, wo auf Basis von vernetzten Informationssystemen, wie dem Internet, Informationen für die Durchführung einer Transaktion eines realen Gutes oder als Bestandteil eines digitalen Gutes ausgetauscht werden.

Der Intermediär erfüllt – sowohl in der physischen als auch in der elektronischen Welt – im einzelnen folgende Aufgaben (nach Bailey & Bakos 1997):

*   Er aggregiert Nachfrage und Angebot, um Skalen- bzw. Spezialisierungsvorteile zu erzeugen sowie Asymmetrien in der relativen Verhandlungsmacht zu reduzieren (Bei-

spiel: Ein Supermarkt, der es Anbietern wie Nachfragern erspart, mit einer Vielzahl potenzieller Handelspartner separat zu verhandeln);

- Er stellt Vertrauen her, indem opportunistisches Verhalten eines Marktteilnehmers sanktioniert wird (z.B. durch Ausschluss von der Vermittlung durch diesen Intermediär);

- Er erleichtert die Transaktion, indem eine Plattform für den Austausch und zusätzliche Dienstleistungen bereitgestellt werden, z.B. Abwicklung, Finanzierung.

- Er bringt Angebot und Nachfrage über den Preismechanismus zur Deckung ("Matching").

Wie bereits in Kap. 2.1.2 dargestellt, werden durch das Internet wichtige ökonomische Faktoren im Geschäftsverkehr maßgeblich beeinflusst. Die auf vielen Märkten nie dagewesene hohe Markttransparenz zwischen den Marktteilnehmern und wesentlich geringere Transaktionskosten bei Geschäftsprozessen haben erheblichen Konsequenzen für die Aufgaben des Vermittlers:

- Aggregierung:
  Aufgrund transparenter Märkte hat der Nachfrager viel bessere Vergleichsmöglichkeiten. Die Aggregierung von Informationsprodukten erzeugt nun einen Mehrwert, weil dem Nachfrager die (aufwändige) Zusammenstellung verschiedener Komponenten zu einer Gesamtleistung erspart wird (insbesondere bei Systemprodukten). Es entstehen neue Intermediäre in Form von Kooperativen (Käufergemeinschaften).

- Vertrauen:
  Der Wegfall des Face-to-Face-Kontaktes und die damit verbundene höhere Gefahr von Betrug erhöht die Nachfrage nach Intermediären, die Vertrauen schaffen durch Überprüfung der Einhaltung gesetzlicher Bestimmungen sowie Sanktionierung von Missetätern. Es entstehen neue Intermediäre, die eine geeignete technische Infrastruktur bereitstellen, um die Marktteilnehmer zu überprüfen (Clearing).

- Transaktionsvereinfachung:
  Die Aufgabe einer physischen Marktplattform können automatisierte elektronische Marktsysteme im Internet übernehmen.

- Matching:
  Die Senkung der Suchkosten vereinfacht die Lokalisierung eines Nachfragers/ Anbieters. Die Explosion an verfügbaren Marktinformationen, die das Internet bewirkt hat, erhöht den Bedarf an Mittlern, welche die Informationen aufbereiten (Aggregatoren).

Man spricht in diesem Zusammenhang von dem Entstehen „neuer Intermediäre". Neue Märkte für die Geschäftsvermittlung im Internet sind besonders dort sehr schnell gewachsen, wo Produktmerkmale und -qualität sehr gut vergleichbar sind. Dies trifft auf alle Verfügungsrechte zu, wie Wertpapiere, Versicherungspolicen, wo das Produkt objektiv beschreibbar ist.

Weiterhin sehr geeignete Produkte sind solche, die auch im traditionellen Handel nicht besser vermittelt werden können, wie z.B. Reisen. Die Qualität eines Urlaubsortes (Hotel, Umgebung, Freundlichkeit des Personals usw.) kann auch nur aus der Entfernung beurteilt werden (Katalog, Beratung im Reisebüro). Eine genauere Beurteilung des Produktes „Urlaubsreise" ist dem Nachfrager nicht möglich, sofern er nicht schon mal dort gewesen ist. Deswegen ist gerade in der Reisebranche die Intermediation per Internet sehr weit fortgeschritten.

Ein dritte Kategorie von überaus geeigneten Produkten sind solche, von deren Produktproben aufgrund ihrer Beschaffenheit dem Kunden über das Internet zur Ansicht übermittelt werden können, wie es bei Software- und vielen Medienprodukten der Fall ist (Bücher, Tonträger, Video und DVD).

In der elektronischen Geschäftswelt hat der Intermediär also vor allem eine Informationsfunktion, denn sein Rohstoff und seine Ware sind nur Informationen bzw. Informationsprodukte. Da Intermediäre Bestandteil fast aller Wertschöpfungsketten sind, wirkt sich eine Änderung in der Wirtschaftsweise dieser Mittler auf die Produktions- und Absatzstrukturen praktisch aller Wirtschaftsbereiche aus. Vor allem die hohe Markttransparenz hat weitreichende Folgen.

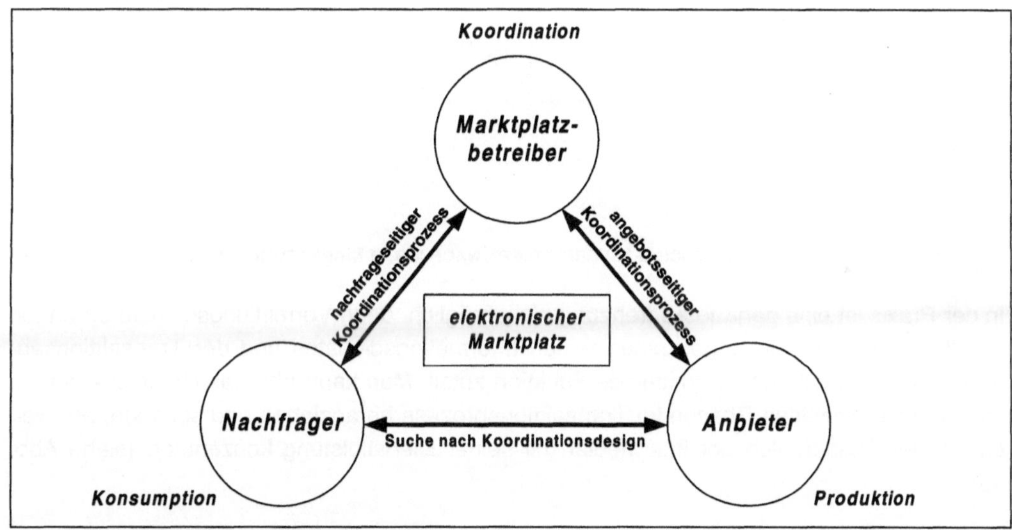

ABB. 15: ROLLE VON NEUARTIGEN MARKTPLATZBETREIBERN AUF ELEKTRONISCHEN MARKTPLÄTZEN (QUELLE: KOLLMANN 1999A)

Zum einen verschiebt sich das Machtverhältnis zwischen Anbieter und Nachfrager zugunsten des Nachfragers. Vor der Entwicklung des Internets gab es mit Ausnahme der Kapitalmärkte (Börsen) praktisch keine wirklich transparenten Märkte. Der Anbieter hatte immer einen Informationsvorsprung gegenüber dem Nachfrager und konnte Preise für seine Produkte relativ unbeeinflusst von Konkurrenten festlegen. Über einen neuen Intermediär kann der Nachfrager nun im Internet Preise und Produkteigenschaften zwischen verschiedenen Anbietern direkt vergleichen und entscheiden.

Zum anderen erhält der Vermittler selbst eine zentrale Machtposition durch seine Koordina-
tionsleistung und Allokationsfunktion innerhalb des Beziehungsdreiecks Anbieter-Vermittler-
Nachfrager (siehe Abb. 15). Seine Machtfülle wird sogar zunehmen, da sich durch das dynamische Wachstum der Nutzerzahlen und der zunehmenden Größe des Internets auch der
Strukturierungsbedarf erhöht.

Die neuen Intermediäre unterteilen sich in *Informationsdienste*, *Vermittlungsdienste* und
Abwicklungsdienste.

Während Informationsdienste hauptsächlich die Aufgabe erfüllen, Informationen zu aggregieren und zu strukturieren, leisten Vermittlungsdienste das Matching zwischen Anbieter
und Nachfrager. Sie bilden im Geschäftsprozess die Entscheidungsphase ab und bereiten
eine Markttransaktion vor. Abwicklungsdienste unterstützen darüber hinaus auch die Transaktion selbst.

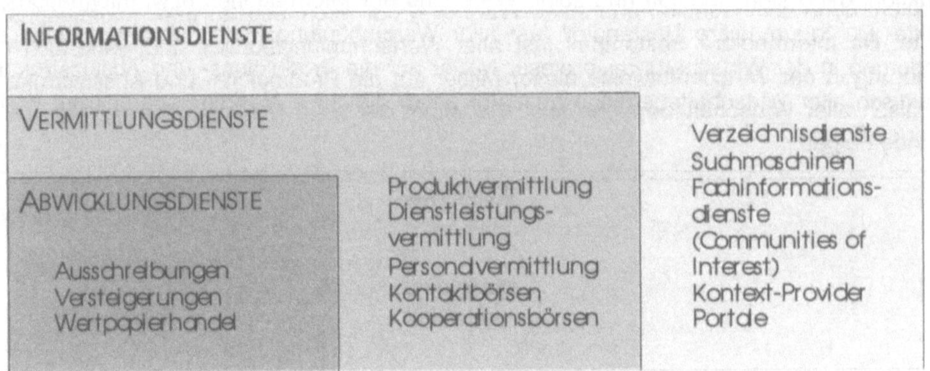

ABB. 16: TYPISIERUNG VON GESCHÄFTSVERMITTLERN NACH IHRER MARKTFUNKTION

In der Praxis ist eine genaue Abgrenzung nicht möglich, denn Vermittlungsdienste erbringen
natürlich auch die Leistungen eines reinen Informationsdienstes und der Transaktionsab-
wickler kommt auch eine vermittelnde Funktion zuteil. Man kann aber als Unterscheidungs-
kriterium die einzelnen Phasen im Transaktionsprozess heranziehen und schauen, auf welche dieser Phasen sich der Intermediär mit seiner Dienstleistung konzentriert (siehe Abb.
16).

Informationsdienste

Anbieter von Informationsdiensten sind die ältesten Intermediäre im Internet; sie haben die
Kommerzialisierung des Netzes erst ermöglicht. Ihr Stellenwert für das Internet ist enorm
und hängt mit dessen Entwicklung zusammen:

Jegliche über das Internet verfügbare Information ist durch die Hyperlink-Struktur des Medi-
ums im Prinzip ortlos. Es gibt keine Ordnungsstruktur, die das Auffinden bestimmter Informationen sicherstellt. Ähnlich wie in der realen Welt, wo anhand von ordnenden Strukturin-
formationen wie Stadtplänen, Firmenverzeichnisse, Interessenverbände etc. eine Orientierung erst ermöglicht wird, besteht auch im Internet ein Strukturierungsbedarf, damit die

                                          Gareis / Korte / Deutsch

vorhandenen Informationen erschliessbar sind. In der „nichtkommerziellen" Phase erbrachten Linklisten einzelner Privatpersonen (WWW) oder Institutionen diese Strukturierungsleistung (z.B. über die Internetdienste Gopher und Veronica). Im WWW hatten die Link-Zusammenstellungen häufig thematische Schwerpunkte, die aus den Interessen des jeweiligen Anbieters resultierten. Aus den Link-Zusammenstellungen entstanden **Verzeichnisdienste**, d.h. thematisch gegliederte Kataloge zu den im Internet vorhandenen Ressourcen. Als Hobby sammelte der Student Jerry Yang 1994 die Adressen interessanter Web-Seiten und ordnete sie unter verschiedenen Oberbegriffen in seinen „Jerry´s Guide to the World Wide Web" ein. Um das Verzeichnis übersichtlich zu halten, programmierte Mitstudent David Filo eine Suchfunktion hinzu. Heute heißt das Verzeichnis Yahoo und die beiden ehemaligen Studenten sind Geschäftsführer eines Unternehmens, das an der Börse über 200 Milliarden DM wert ist. **Suchmaschinen** erleichtern das Auffinden von Internetressourcen erheblich und sind die meist frequentierten Websites im Internet.

Während Suchmaschinen und Themenkataloge vorhandene Informationen im Internet zugänglich machen, verfolgen Anbieter von **Fachinformationsdiensten** das Ziel, eine Plattform für Gruppen von Nutzern mit gleichgelagerten Interessen und Bedürfnissen zu schaffen. Sie aggregieren nicht nur vorhandene Informationen, sondern stellen auch zusätzliche Kommunikationsdienste zur Verfügung, um den Gedankenaustausch und die Gemeinschaftsbildung der Nutzer zu fördern. Ein gutes Beispiel für einen solchen Fachinformationsdienst ist das Baunetz (www.baunetz.de). Im BauNetz bieten zahlreiche Kooperationspartner wichtige Daten und Brancheninformationen für Architekten, Planer und Bauunternehmer sowie für private Bauherrn an. Die angebotenen Inhalte sind breit gefächert und reichen von branchenrelevanten Publikationen, Datenbanken mit Produktinformationen, News-Meldungen bis hin zu umfassenden Informationen über Gesetze und Richtlinien im Bauwesen. Vielfältige Kommunikationsmöglichkeiten innerhalb der Plattform sorgen für den Informationsaustausch sowohl unterhalb den Anbietern als auch zwischen Anbietern und den Nutzern des Dienstes.

Auch **Kontext-Provider** sind aggregierende Intermediäre, die „ein attraktives Angebot an Inhalten, Kommunikations- und Transaktionsmöglichkeiten, die um einen bestimmten Themenschwerpunkt herum gruppiert sind" (Zerdick et al. 1999, S. 151), anbieten, wie beispielsweise www.zdnet.de mit Themenschwerpunkt Computer oder www.amazon.de (Bücher und andere Medien). Im Gegensatz zu Fachinformationsdiensten ist eine aktive Teilnahme der Nutzer nur eingeschränkt möglich.

Unter **Portalen** sind „Allround"-Aggregatoren zu verstehen, die um eine Kerndienstleistung herum (z.B. Suchmaschine) hauptsächlich Orientierungs- bzw. Metainformationen zur Verfügung stellen. (z.B. www.web.de; www.yahoo.de). Kontext-Provider lassen sich in diesem Sinne auch als vertikale Portale bezeichnen, da sie thematisch mehr in die Tiefe gehen; die allgemeinen Aggregatoren wären entsprechend als horizontale Portale zu betrachten.

Vermittlungsdienste

Auch Vermittlungsdienste aggregieren Informationen, sorgen aber darüber hinaus auch für das „Matching" von Anbietern und Nachfragern. Ein gutes Beispiel sind Preisagenturen:

Bereits Ende der 80er Jahre boten kleine Unternehmen als Dienstleistung an, für ein bestimmtes Produkt das billigste Angebot ausfindig zu machen. Das Suchen nach dem preiswertesten Anbieter und das lästige Vergleichen von Preisen übernahm das Unternehmen. Der Kunde teilte der Agentur das gewünschte Produkt mitsamt Preislimit mit und zahlte eine prozentuale Provision, wenn die Agentur fündig wurde. Was damals noch recht umständlich per Fax und Telefon abgewickelt wurde, hat mit dem Internet einen regelrechten Boom erfahren. Schnell entstanden Websites wie www.preis-vergleich.de, www.preisauskunft.de oder www.angebot-info.de, die dieses Vermittlungsprinzip aufgriffen und aktuelle Preise zu verschiedensten Produkten in einer Datenbank sammeln. Im Interesse des Konsumenten identifizieren und selektieren sie die Angebote. Der Nachfrager muss nun zwar wieder selber suchen, kann aber selbst vergleichen und das wesentlich effektiver, schneller und dazu meist kostenlos.

Viele Websites haben sich in ihrer Vermittlungstätigkeit spezialisiert und konzentrieren sich auf bestimmte Branchen, Produkte oder Dienstleistungen bzw. haben verschiedene Geschäftsmodelle entwickelt. Typisch für viele Vermittlungsdienste ist, dass sie für beide Seiten einen Nutzwert schaffen. So stellt z.B. die Exacom GmbH unter www.fotofinder.net eine elektronische Marktplattform für Anbieter und Nachfrager digitalen Bildmaterials zur Verfügung. Viele unabhängige Bildanbieter können unter einem gemeinsamen Dach ihr Material anbieten. Der Nachfrager hat damit eine größere Bildauswahl. Die beteiligten Fotografen und Bildagenturen können so ihr Bildmaterial über das Internet vertreiben, ohne selbst die Kosten für die Betreuung der Datenbank sowie den Kauf der notwendigen Soft- und Hardware aufbringen zu müssen.

In einem ganz anderen Marktsegment hat sich der Dienst von Vivendo (www.vivendo.de) angesiedelt. Vivendo vereinfacht das Suchen und Einkaufen im Internet. Anstatt mehrere Online-Shops nach einem bestimmten Produkt abzusuchen, können Verbraucher kostenlos bei vivendo Suchaufträge nach einem bestimmten Produkt eingeben. Sie erhalten darauf in Sekundenschnelle passende Angebote unterschiedlicher Shop-Betreiber, die ihre Produkte über vivendo anbieten.

Im Bereich **Kontaktvermittlung** kommt der Markt erst heute richtig in Schwung. Während in der Vergangenheit eine elektronische Bewerbung auf ein Stellengesuch geringer gewertet wurde, trifft dies heute nicht mehr zu. Die Zahl elektronischer Stellenmärkte wächst, ähnlich wie Auktionen (siehe unten) in den vergangenen zwei Jahren im Internet rasant. Die Firma digijob GmbH (www.digijob.com) zum Beispiel nimmt Bewerbungskandidaten in einer Datenbank auf. Diese können sich somit anonymisiert mit ihrem Qualifikations- und Persönlichkeitsprofil branchenübergreifend und bundesweit präsentieren. Ein suchendes Unternehmen hat die Möglichkeit, am Computer seine Wunschkandidaten online selbst zu finden. Die Bewerbungen sind standardisiert und damit vergleichbar.

Abwicklungsdienste

Während Informations- und Vermittlungsdienste Informationen aufbereiten bzw. den Kontakt zwischen den Marktteilnehmern herstellen, unterstützen Abwicklungsdienste auch die Transaktion selbst. Sie fungieren als Clearingstelle für eine vertragliche Vereinbarung zwischen Marktteilnehmern: Wenn sich die Handelspartner über die Konditionen eines Handels einig sind, erfolgt der Geschäftsabschluss über den Vermittler. Abwicklungsdienste haben sich vor allem in Branchen etabliert, wo primär nur mit Verfügungsrechten gehandelt wird, wie auf dem Reise- und Finanzdienstleistungsmarkt. In beiden Branchen hat das Internet einen gravierenden Strukturwandel ausgelöst. Dienste wie www.expedia.de oder www.flug.de offerieren Flug-, Pauschal- und Fernreisen verschiedener Veranstalter bzw. Fluggesellschaften und können auch gleich über das Internet gebucht werden. Mit Hilfe von interaktiven Eingabeformularen kann der Nutzer verschiedene Kriterien wie Reiseziel, Abflugtermin oder Hotelkategorie definieren, um das passende Angebot zu finden. Einige Websites bieten mittlerweile auch die Möglichkeit, sich seine Reise individuell zusammenzustellen, worauf hin der Intermediär das passende Angebot -- entweder manuell oder bereits automatisiert – ausfindig macht. Damit übernimmt der Internetvermittler eine zentrale Aufgabe des klassischen Reisebüros.

Auch im Finanzmarkt hat die Konkurrenz aus dem Internet bereits zu einer Umorientierung in der Branche geführt. Das Online-Banking ist auf dem Vormarsch. Für die Banken ergeben sich erhebliche Kostenvorteile. Gerade das Privatkundengeschäft mit seiner Betreuung über viele Filialstellen ist kostenintensiv und verursacht den Banken Verluste. Fast alle großen Geldinstitute haben eine Direktbank als Tochtergesellschaft gegründet und bedienen ihre Kunden am virtuellen Schalter (z.B. www.diraba.de, www.advancebank.de, www.bank24.de).

Einen erheblichen Einfluss auf die Entwicklungen im Finanzgewerbe hatte vor allem der **Wertpapierhandel**, der über Abwicklungsdienste im Internet für viele Privatanleger aufgrund der günstigen Konditionen erst interessant wurde. Als Beispiel sei das Investornet (www.investor.net) genannt, über das jeder Kunde, der ein Aktiendepot bei einem Finanzinstitut hat, am Börsenhandel teilnehmen kann.

Eine weitere große Kategorie bilden Abwicklungsdienste mit Geschäftsmodellen, wo die Preisbildung, ähnlich wie an der Börse, durch Angebot bzw. Nachfrage zustande kommt. Dazu zählen **Auktionen** und **Ausschreibungen**. Der Unterschied zwischen den beiden Handelsformen besteht darin, dass bei Auktionen eine feststehende Person eine Ware oder Dienstleistung anbietet, während bei Ausschreibungen eine feststehende Person eine (mehr oder weniger genau definierte) Ware oder Dienstleistung nachfragt. In beiden Fällen stellt sich die genaue Höhe des Preises erst im Zuge der Bietphase heraus, wobei bei Auktionen meist Mindestpreise und bei Ausschreibungen Höchstpreise im voraus festgelegt werden.

Über den Intermediär angebotene Produkte können von allen Interessenten ersteigert werden. Derjenige, der zu einem festgesetzten Zeitpunkt das höchste Gebot gemacht hat, erhält den Zuschlag und erwirbt das Produkt zu diesem Preis. Der bekannteste Dienst, der diese Verkaufsform im Internet auch so populär gemacht hat, ist Ebay (www.ebay.com). Der in Deutschland sehr erfolgreiche Online-Auktionär Alando (www.alando.de) ist 1999 von Ebay gekauft worden. Der Grund für den Erfolg der Internet-Auktionen liegt darin, dass häufig Produkte weit unter den ladenüblichen Preisen erworben werden können und das Handeln in Echtzeit ein emotionalen Erlebniswert bietet. Mittlerweile sind auf vielen größeren Websites Auktionen zu finden. In keinem anderen Bereich hat das Internet so viele innovative Geschäftsideen hervorgebracht.

Abgewandelte Formen des Auktionsprinzips sind zum Beispiel so genannte „Group Buying Models". Ein Hersteller nutzt die Plattform eines Intermediärs, um möglichst viele seiner Produkte abzusetzen. Dazu gewährt er dem Käufer einen Rabatt, wenn er größere Mengen des Produktes kauft. Der Intermediär sorgt nun über seine Handelsplattform dafür, möglichst viele Käufer zu finden. Je mehr Käufer sich finden, desto niedriger wird der Preis für jeden Einzelnen. Durch die Aggregierung von Einkaufsmacht ist der Kunde in der Lage, Rabatte zu erzielen, die sonst nur dem Großhandel vorbehalten sind. Beispiele sind www.letsbuyit.com, www.primus-online.de oder www.agorum.com.

Geschäftsmodelle neuer Intermediäre

Es ist nach wie vor kaum durchsetzbar, für Informationen im Internet Gebühren zu verlangen. Die Vermittler sind daher gezwungen, andere Ertragsquellen zu finden. Unabhängig von Vermittlungsform und der vermittelten „Ware" erfolgt die Wertschöpfung daher vor allem aus Provisionen, Werbung und Data-Mining.

Der Erfolg der Mittlerrolle mit einer virtuellen Marktplattform steht und fällt mit der Teilnehmerzahl. Je mehr Verkäufer an einem Marktplatz teilnehmen, um so attraktiver ist dieser für Nachfrager – und umgekehrt. Wenn eine kritische Schwelle überschritten ist, kann der Marktplatz eine immense Eigendynamik entwickeln nach dem Prinzip: „Buyers come to where the sellers are, sellers come to where the buyers are". Ist der Mechanismus erst einmal richtig in Schwung gekommen, entwickelt der Marktplatz durch seine Teilnehmerzahl eine immer größere Sogwirkung auf angegliederte Wertschöpfungsschritte. Der Intermediär profitiert hiervon. Als Beispiel kann der Kontext-Provider Ziff-Davis, ein Verlag mit Schwerpunkt Informationstechnik, genannt werden. Obwohl die Nutzung für die Besucher kostenlos ist, verdient www.zdnet.de an der Werbung auf ihrer Site und durch online bestellte Computerartikel. Zdnet.com erzielt bereits heute einen Gewinn im Internet – im Unterschied zu der Mehrheit der Website-Betreiber, die noch erhebliche Verluste machen. Selbst so bekannte und weltweit operierende Unternehmen wie Amazon oder Ebay leiden Monat für Monat unter herben Verlusten.

Um seine Geschäftstätigkeit erfolgreich zu betreiben, muss der Intermediär also für hohe Besucherzahlen sorgen und den Wechsel zu einen Konkurrenzanbieter erschweren. Daher tendieren viele Anbieter dazu, ihre Kerndienstleistung mit vielen Zusatzleistungen (wie kostenloser E-Mail-Account, Newsletter, themenverwandte Inhaltsangebote) zu unterfüttern. Aus diesem Grunde entwickeln sich fast alle kommerziell tätigen Vermittler momentan schrittweise zu themenbezogenen Portalen.

Auffallend ist, dass trotz der niedrigen Markteintrittsbarrieren für Start-ups der Aufbau eines erfolgreichen Vermittlungsangebots zunehmend schwerer zu realisieren ist. Bei den heute marktbeherrschenden, reinen Internetfirmen handelt es sich fast durchgehend um Früheinsteiger (Yahoo, Amazon, Ebay). Mittlerweile haben auch die etablierten Unternehmen die Potenziale des Internet erkannt und bauen mit hohem Aufwand Web-Plattformen auf. Gute Beispiele sind Transtec und Conrad, die ihre Aktivitäten aus dem angestammten Geschäftsfeld auf das Internet ausgedehnt haben.

5.3.2 Good-Practice Beispiele[14]

www.agorum.com

Unter www.agorum.com können Verkäufer und Kunden den Preis einer Ware virtuell aushandeln. Solange beide Seiten den Preis verhandeln, bleiben sie anonym. Erst nachdem sich die Geschäftspartner endgültig geeinigt haben, werden sie von agorum mit den Daten versorgt, die notwendig sind, um die Liefer- und Zahlungsmodalitäten zu vereinbaren.

www.fotofinder.net

Fotofinder.net stellt eine elektronische Marktplattform für Anbieter und Nachfrager digitalen Bildmaterials im Internet dar. Das digitale Marktplatzkonzept vereint zum einen viele unabhängige Bildanbieter unter einem Dach und bietet dem Nachfrager damit eine größere Bildauswahl. Zum anderen können die beteiligten Fotografen und Bildagenturen den Aufbau eines differenzierten digitalen Bilderangebots im Internet realisieren, ohne dass jeder einzelne die Kosten für die Soft- und Hardware und die technische Betreuung aufbringen muss.

www.digijob.com

digiJob nutzt die modernen, elektronischen Medien, um Unternehmen bei der Suche und Auswahl qualifizierter Mitarbeiter zu unterstützen. Basis dieser Dienstleistung ist eine umfassende elektronische Datenbank. In dieser Datenbank präsentieren sich Kandidaten anonymisiert mit ihrem Qualifikations- und Persönlichkeitsprofil, und zwar branchenübergreifend und bundesweit. Ein suchendes Unternehmen hat die Möglichkeit, am Computer seine Wunschkandidaten online selbst zu finden. Die Bewerbungen sind standardisiert und damit vergleichbar.

---

[14] Eine ausführliche Beschreibung findet sich auf der Website zum Buch unter www.empirica.com/ec-studie

www.vivendo.de

vivendo basiert auf einer neuartigen, in Deutschland entwickelten Software des Münchener Start-up-Unternehmens vivendo Internet GmbH, ehemals eXactcom, die das Suchen und Einkaufen im Internet erheblich vereinfacht. Anstatt in mehreren Online-Shops nach einem bestimmten Produkte suchen zu müssen, können Verbraucher kostenlos bei vivendo Suchaufträge nach einem bestimmten Produkt eingeben und erhalten darauf in Sekundenschnelle passende Angebote unterschiedlicher Shop-Betreiber, die ihre Produkte über vivendo anbieten.

www.baunetz.de

Das BauNetz ist der führende Fachinformationsdienst rund um das Thema Architektur und Bauen. Neben den drei Bauverlagen der Bertelsmann Fachinformation GmbH bieten zahlreiche weitere Kooperationspartner wichtige Daten und Brancheninformationen für Architekten, Planer und Bauunternehmer sowie für den privaten Bauherrn. Neben dem Plattform-Konzept, wo verschiedene Anbieter ihre Informationen unter einer gemeinsamen Internet-Adresse präsentieren, realisiert das Baunetz auch den „Community"-Gedanken: Vielfältige Kommunikationsmöglichkeiten innerhalb der Plattform sorgen für den Informationsaustausch sowohl unterhalb den Anbietern als auch zwischen Anbietern und den Nutzern des Dienstes.

handelsplatz.kard-o-pak.de

Die Firma Kard-o-Pak bietet mit einer überbetrieblichen Materialbörse für Verpackungen aller Art auf ihrer Webseite eine branchenspezifische B-to-B-Lösung an. In erster Linie richtet sich diese Electronic Commerce Anwendung an andere Unternehmen aus der Verpakkungsbranche. Dabei spielt die Vermittlung von Lagerbeständen bei den Verarbeitern der Packbranche eine dominierende Rolle. Über die virtuelle Handelsplattform kooperiert Kard-o-Pak mit seinen Mitbewerbern, um so seine Vertriebsmöglichkeiten zu verbessern.

www.scout24.de

Scout24 aggregiert verschiedene themenspezifische Marktplätze, wie Immobilien, Autos, Jobs, Versicherungen etc. Hierbei wird neben der reinen Vermittlungsfunktion ein themenorientierter Community-Ansatz verfolgt, bei dem Interaktion und Informationsvermittlung zunehmend in den Vordergrund gerückt werden.

5.4 Zulieferketten-Management und elektronische Beschaffung

5.4.1 Aktuelle Marktstruktur und Entwicklungstendenzen

Zulieferketten-Management

Nach einer Studie der Federation of European and Industrial Management Societies aus dem Jahre 1997 betrug der Anteil der Vorprodukte an den gesamten Fertigungskosten 1985 noch 30% gegenüber 55% im Jahr 1995 und geschätzten 85% im Jahr 2005. „Zulieferer ... haben einen bedeutenden und direkten Einfluss auf die Fähigkeit eines Unternehmens, Kunden Waren und Dienstleistungen mit Mehrwert anzubieten" (Mattson 1999, S. 20). Entsprechend der Bedeutung, die den **vorgelagerten Aktivitäten** aus der Sicht eines Produzenten demnach zukommt, streben Unternehmen nach bestmöglichen Informationen über alle Aspekte der Zulieferkette, d.h. nach Kontrolle. Je besser alle Aspekte der Produktion kontrolliert werden können – seien sie intern im Unternehmen angesiedelt oder extern bei Zulieferern der ersten oder der n-ten Stufe –, desto besser kann ein Produzent auf die Markterfordernisse reagieren, also Wettbewerbsvorteile generieren.

Seit Mitte der 1980er Jahre haben sich in diesem Zusammenhang so genannte Just-in-Time-Liefervereinbarungen in vielen Branchen etabliert. Ihr Prinzip besteht in der Reduzierung der Lagerhaltung auf ein Minimum zugunsten einer am konkreten Bedarf ausgerichteten Lieferung von Vorprodukten durch die Zulieferer, wodurch Lagerhaltungskosten gesenkt und insbesondere die kurzfristige, dynamische Anpassung der Produktion an Änderungen in der Nachfrage ermöglicht werden soll. Bei herkömmlichen Just-in-Time-Liefersystemen wird das Problem der schnellen Anpassung der Produktion an den Marktanforderungen aber lediglich auf die Zulieferer abgewälzt. Oft hat Just-in-Time dazu geführt, dass die Lagerhaltung nicht mehr beim Produzenten, dafür aber beim Zulieferer anfällt, also die Kosten für die Lagerhaltung nur entlang der Wertschöpfungskette nach „oben" verschoben worden sind. Dies liegt nicht im Interesse des Gesamtsystems.

Anders beim Supply Chain Management: Durch den kontinuierlichen Austausch von produktionsrelevanten Daten – und zwar in beide Richtungen entlang der Wertschöpfungskette – werden alle Mitglieder dieser Kette in die Lage versetzt, ihre Produktion an die Marktinformationen anzupassen und somit Effizienzvorteile zu realisieren.

Nachdem Business Reengineering und Enterprise Resource Planning (ERP) von vielen Firmen mit Erfolg dazu eingesetzt worden ist, die *internen* Geschäftsprozesse zu optimieren, zielt Supply Chain Management (SCM) nun darauf ab, die Interaktion zwischen den *verschiedenen* Unternehmen, die an bestimmten Wertschöpfungsketten beteiligt sind, zu optimieren. In diesem Bereich sind noch erhebliche Effizienzgewinne und Kostenersparnisse zu realisieren. Hierzu ist eine systematische Verzahnung der an der Wertschöpfung beteiligter Unternehmen erforderlich, so dass eine synchrone Planung von Beschaffung, Produktion und Distribution gelingt (Köppen 2000, S. 19).

Die Vorteile einer solchen Strategie sind vielfältig: Nicht nur können die Durchlaufzeiten rapide verkürzt und die Lagerbestände reduziert werden, sondern – ganz entscheidend – die Adaptibilität des gesamten Produktionsprozesses an Änderungen der Rahmenbedingungen (z.B. starke Schwankungen in der Marktnachfrage) nimmt zu. Die Produktion kann also flexibler und vor allem schneller reagieren, wenn aufgrund unvorhergesehener Umstände Änderungen an der Produktionsplanung notwendig bzw. wünschenswert werden. Kostenersparnisse und Umsatzsteigerung sind das Resultat (Symonds 1999).

In einigen Branchen (Automobil, Handel, Finanzdienstleistungen) wird SCM schon seit mehr als 2 Jahrzehnten auf der Grundlage der EDI-Technologie und vielfach über Standleitungen realisiert. Mit dem Internet steht SCM zunehmend kleinen und mittleren Unternehmen offen. Die größere Anzahl an Zulieferern, die über das Internet lokalisiert und die ohne Medienbruch in die internen Geschäftsprozesse eingebunden werden können, sorgt für mehr Wettbewerb und niedrigere Preise.

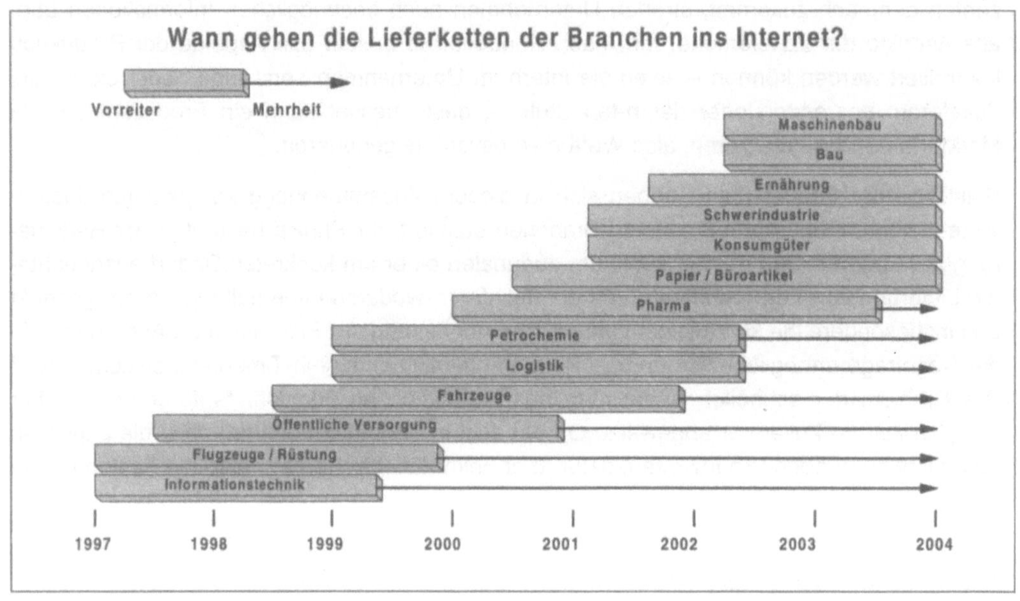

In Abb. 17 ist dargestellt, wann nach Schätzung von Andersen Consulting wesentliche Teile der branchenspezifischen Transaktionen zwischen Beteiligten in der Zulieferkette über das Internet abgewickelt werden. In der IT-Industrie ist dieser Prozess schon so gut wie abgeschlossen, während andere Branchen (wie der Maschinenbau) die Marktschnittstellen ihrer Wertschöpfungsketten erst in einem vergleichsweise späten Stadium auf das Internet übertragen werden.

Da SCM stets die Kooperation mehrerer selbständiger Unternehmen verlangt, besteht allerdings grundsätzlich ein Konflikt zwischen den übergeordneten Interessen (Optimierung der Wertschöpfungskette) und den partikularen Interessen der beteiligten Unternehmen. Letztere haben häufig (durchaus verständliche) Bedenken, produktionsrelevantes Know-how an die Kooperationspartner weiterzugeben. SCM bedeutet auch, dass sich alle Partner in der

    Gareis / Korte / Deutsch

Zulieferkette einander „in die Karten gucken" können. Mittelständische Unternehmen, deren Existenzgrundlage ihr aufgebautes Know-how darstellt, sind hierzu nur dann bereit, wenn die Kooperation in ihren Augen einen ausreichenden Nutzen stiftet. Obwohl also die offenen Standards, auf denen viele moderne SCM-Systeme aufbauen, prinzipiell einen raschen Wechsel von einem zu einem anderen Zulieferer zulassen, besteht weiterhin oder sogar vermehrt ein Abhängigkeitsverhältnis zwischen den an der Zulieferkette beteiligten Unternehmen: Sobald die Unternehmen untereinander sensible Daten ausgetauscht haben, ist es im Interesse aller Beteiligten, die Kooperationsbeziehung nicht leichtfertig auf's Spiel zu setzen, um einen unerwünschten Know-how-Abfluss zu verhindern.

Proprietäre Systeme wird es darüber hinaus auch in Zukunft überall dort geben, wo Mitglieder einer Wertschöpfungskette strategisch wichtige, vertrauliche und den Produktionsprozess selbst betreffende Informationen austauschen, die ein Maximum an Sicherheit vor unintentionaler Informationsweitergabe erfordern.

Viele, wenn nicht die meisten Business-to-Business-Beziehungen eignen sich jedoch für die Abwicklung über das Internet, bzw. über Extranets, d.h. geschlossene Benutzergruppen im Internet, zu denen nur autorisierte Personen bzw. Organisationen Zugang haben.

Das Extranet des Motorradherstellers **Harley Davidson** soll hier stellvertretend für viele andere Extranets, die der Interaktion mit den **Distributionspartnern** dienen, dargestellt werden (vgl. Barling & Stark 1998, S. 82f.). Ausschlaggebend für die Entscheidung zur Implementierung des Systems H-dnet war die Notwendigkeit, den Service an der Schnittstelle zum Kunden zu verbessern sowie mehr über die Präferenzen der Kunden zu lernen, um die Produktion stärker am Kundennutzen auszurichten. Wesentlicher Bestandteil des Extranets ist eine Informationsabfrage, in der die von den Händlern am häufigsten benötigten Informationen und Auskünfte abgespeichert sind und über eine einfaches Interface abgefragt werden können. Die Zahl der telefonischen Anfragen ist in der Folge stark gesunken. Zugleich sind die Anfragen automatisch auswertbar und stehen somit unmittelbar als Input für die Produktentwicklung zur Verfügung. Die Berater, die bisher für die telefonische Beantwortung von Routineanfragen zuständig waren, haben nun mehr Zeit zur Verfügung, um sich anspruchsvolleren Händlerproblemen zu widmen.

Darüber hinaus dient das Extranet allen Händlern als virtuelles Lager. Das System hält Informationen über die Vorräte an Motorrädern und Ersatzteilen bei allen Händlern vor. Benötigt ein Händler ein Ersatzteil, das auch bei der Hauptzentrale nicht sofort lieferbar ist, so ermittelt das Extranet automatisch, ob es bei einem anderen Händler verfügbar ist. Auf diese Weise werden der Service beschleunigt und die notwendigen Lagerbestände in allen Teilen des Distributionsnetzes reduziert. Zudem ist der Produzent ständig über alle Verkaufsaktivitäten informiert und kann seine Produktion schneller und genauer an die Nachfrage anpassen. Vor Implementierung des Extranets gaben erst die Nachbestellungen der Händler Auskunft über Zahl und Struktur der verkauften Einheiten – mit erheblicher zeitlicher Verzögerung und gefiltert durch das Marktverhalten des Verkäufers.

Extranets dieser Art werden insbesondere dazu eingesetzt, Geschäftspartner mit Informationen zu versorgen, die für ihr Geschäft von zentraler Bedeutung sind. Auf diese Weise wird ein (freiwilliges) Abhängigkeitsverhältnis geschaffen, das kommerziell ausgebeutet werden kann (Riggins & Rhee 1998).

Der Kleidungsfabrikant **Fruit of the Loom** stellt ein Beispiel dar, wie etablierte Unternehmen die Zuliefer- und Distributionskette integrieren können und auf diese Weise einen Mehrwert für die Kunden schaffen, ohne die Kontrolle über den Vermarktungsprozess und damit die eigene Geschäftsgrundlage zu gefährden (Barling & Stark 1998, S. 25). Zu den besten Kunden des Anbieters gehören Merchandising-Firmen, die bei Fruit of the Loom mit vorgegebenen Motiven (z.B. das Logo einer Rockband) bedruckte T-Shirts und ähnliche Kleidungsstücke in Auftrag geben. Die Nachfrage nach einzelnen Produkten dieser Art schwankt stark und ist schlecht vorhersehbar. Sie muss in dem Moment befriedigt werden, in dem sie auftritt, da das Interesse an den einzelnen Motiven oft sehr schnell wieder nachlässt. Zur Herstellung der Produkte muss Fruit of the Loom auf eine Kette von Zulieferern zurückgreifen, die bei dem Produzenten der Baumwolle beginnt. Alle Glieder dieser Zulieferkette müssen auf spontan auftretende Bedarfe in gleichem Tempo reagieren können, um Verzögerungen in der Produktion zu vermeiden.

Daher hat das Unternehmen eine Supply Chain Management System installiert, auf das der Kunde über die Website von Fruit of the Loom Zugriff hat. Er kann dort Lieferzeiten für nach individuellen Ansprüchen gefertigte Textilien in Echtzeit abfragen und die Lieferbedingungen ermitteln. Das komplette Produkt wird von den Zulieferern von Fruit of the Loom hergestellt und auch ausgeliefert, das Unternehmen agiert nur noch als Vermittler. Da Fruit of the Loom aber die Zulieferkette kontrolliert (also z.B. auch Zulieferer gegeneinander ausspielen kann), die Kundenkontakte besitzt und nicht zuletzt eine Marke mit hohem Bekanntheitsgrad beisteuert, braucht das Unternehmen nicht zu befürchten, selbst überflüssig zu werden.

Elektronische Beschaffung/ E-Procurement

Bei der Beschaffung von nicht direkt produktionsrelevanten Gütern (MRO-Artikel[15]) bestehen grundsätzlich die gleichen Potenziale wie beim SCM, nur dass hier nicht die Kontrolle der gesamten Zulieferkette angestrebt wird, sondern vielmehr lediglich die optimale Abwicklung der Transaktion an der Schnittstelle zwischen Abnehmer und Lieferanten. E-Procurement-Systeme reichen weit in die internen Prozesse eines Unternehmens hinein, denn die wesentlichen Schwachstellen des traditionellen Beschaffungswesens liegen in der Ermittlung des aktuellen Bedarfs durch die für die Beschaffung zuständige Stelle sowie der Abwicklung des Genehmigungsprozesses. In diesem Bereich sind die Transaktionskosten oft ganz beträchtlich (Margherio et al. 1998); sie übersteigen zum Teil sogar den Wert der beschafften Vorleistungen: Der britische Energieerzeuger National Power hat ermitteln lassen, dass pro Büromittel-Auftrag bisher Abwicklungskosten in Höhe von 75£ angefallen

---

[15] Über das Marktvolumen im Handel mit MRO-Artikeln (deutsch auch: C-Artikel) in Deutschland liegen keine Daten vor. In Großbritannien betrug es nach Angaben von IQ Research (Grande 2000) 310 Mrd. £ im Jahr 1999.

sind. Nach Einführung eines E-Procurement-Systems konnten diese Kosten auf 10£ pro Bestellung gesenkt werden (Grande 2000).

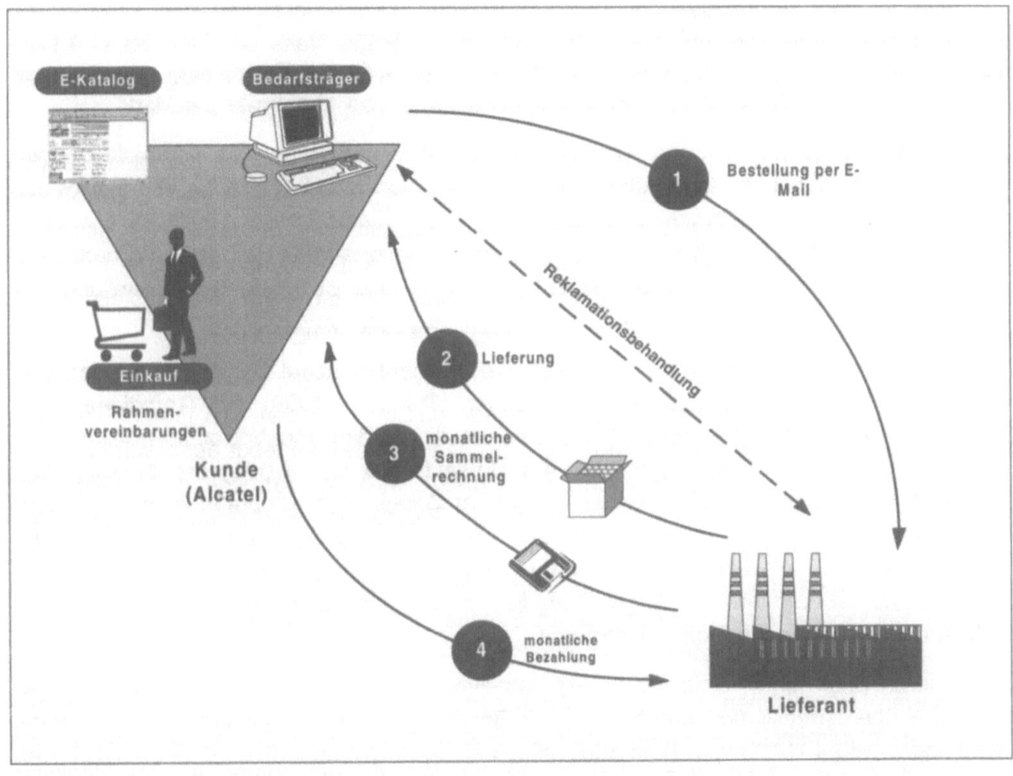

E-Procurement-Systeme setzen daher bereits dort an, wo der konkrete Bedarf entsteht, also etwa am einzelnen Büroarbeitsplatz. Der Mitarbeiter wird in die Lage versetzt, z.B. Büromaterial nach seinen Bedürfnissen selbst zu bestellen, wofür ihm ein computerbasiertes Antragsformular zur Verfügung steht. In das System können beliebige Prüfprozeduren einprogrammiert werden, z.B. individuelle Bestellobergrenzen und Plausibilitätsprüfungen. Wenn die Genehmigung eines Dritten benötigt wird, wird der Antrag diesem per Workflow automatisch übermittelt und auf dem Bildschirm angezeigt. Die Anträge werden schließlich elektronisch an den Auftragnehmer weitergeleitet. Die Auslieferung der Ware erfolgt beim Auftraggeber direkt, ohne Umweg über eine zentrale Warenannahme – Zeitvorteile sind die logische Folge.

Alcatel Deutschland (siehe Abb. 18) hat ermittelt, dass C-Materialien im Wert von unter 2500 DM 60% der gesamten Beschaffungstransaktionen ausmachen, jedoch nur einen Anteil von 3% an den gesamten Ausgaben einnehmen. Trotzdem war der Verwaltungsaufwand je Transaktion vor Einführung des Buy-Direct-Systems bei Alcatel ähnlich hoch wie bei einem Großauftrag von 100.000 DM. In Folge der Einführung von E-Procurement konnten die Transaktionskosten auf 40% des vormaligen Betrages gesenkt werden, die Zahl der

Falschbestellungen hat erheblich abgenommen (weil keine Bestellnummern mehr abgetippt, sondern aus einem im Intranet abgelegten Katalog per Mausklick ausgewählt wird) und die Lieferzeit ist stark zurückgegangen – von vormaligen durchschnittlichen zwei Wochen auf nunmehr zwei Tage. Die Einführung des Systems bedingte, dass die Zahl der C-Artikel-Lieferanten auf einen einzigen zurückgestutzt wurde, weil die Erarbeitung des Intranet-Katalogs eine enge Zusammenarbeit zwischen Zulieferer und Abnehmer erfordert.

E-Procurement-Systeme werden von einer Reihe von Unternehmen als Komplettlösungen angeboten. Internationaler Marktführer ist Ariba. In Deutschland hat sich die **IPS GmbH** aus Lohmar einen Namen gemacht und zahlreiche, auch mittelständische Kunden gewinnen können, wie das Maschinenbau-Unternehmen Hegenscheidt-MFD und die Unternehmens-gruppe Dorma, die im Bereich der Sicherheitstechnik tätig ist (siehe die Darstellung des Fallbeispiels auf der Website zum Buch unter www.empirica.com/ec-studie).

Inzwischen gibt es Bestrebungen, das Web-Procurement-Konzept auf Waren für den per-sönlichen Bedarf der Beschäftigten auszudehnen (O'Connor 1999). Die Grundidee: Über das Intranet eines Unternehmens wird den Beschäftigten das Angebot ausgewählter Inter-net-Versandhäuser zugängig gemacht. Am Umsatz wird der Arbeitgeber beteiligt. Der schwedische Multinational Ericsson ist zu diesem Zweck eine Kooperation mit dem Ver-sandhaus Dressmart.com eingegangen. Der Online-Katalog des Herrenausstatters kann von allen an das weltweite Ericsson-Intranet angeschlossenen Arbeitsplätzen eingesehen werden. Ericsson versteht das Angebot als Service für seine Beschäftigten – und als Wei-terbildungsangebot in Electronic Commerce.

In kleineren Unternehmen, für die Arbeitsplatz-Procurement-Systeme wie die oben darge-stellt eher überdimensioniert wären, dürfte die Beschaffung auch in Zukunft weiterhin zentral stattfinden, wobei die Online-Kommunikation mit dem Auftragnehmer den erforderlichen Aufwand spürbar reduzieren kann. Wichtiger dürfte für Kleinunternehmen jedoch die erhöhte Flexibilität sein, je nach Bedarf einfach und schnell zwischen verschiedenen Anbietern wechseln zu können und auf diese Weise Kostenvorteile wahrzunehmen.

5.4.2 Good-Practice Beispiele[16]

www.ips-einkauf.com

Die IPS GmbH als unabhängiger Full-Service-Beschaffungsdienstleister auf Electronic-Commerce-Basis entlastet seit 1991 unter Nutzung moderner EDV- und Kommunikation-stechnik den Einkauf einer Reihe großer und mittelständischer Unternehmen unterschied-lichster Branchen, reduziert deren Lieferantenzahl drastisch, bündelt Volumina und realisiert durch Prozessvereinfachung erhebliche Kosteneinsparungen beim C-Materialien-Einkauf.

---

[16] Eine ausführliche Beschreibung findet sich auf der Website zum Buch unter www.empirica.com/ec-studie

www.transtec.de

Die Transtec AG ist ein Systemhersteller im Business-to-Business-Bereich, der alle seine Geschäftsbeziehungen konsequent in seine E-Commerce-Lösung integriert hat: (1) Transtec nutzt das Internet erfolgreich als Vertriebskanal, (2) bündelt das Angebot von über 80.000 verschiedenen IT-Produkten verschiedener Distributoren unter einem virtuellen Dach, (3) hat seine Geschäftsabläufe mit Hilfe seines E-Commerce-Systems optimiert und (4) seine eigenen Zulieferer ebenfalls eingebunden.

6 Heutige Verbreitung von Electronic Commerce in Europa und den USA

Nachfolgend werden wesentliche Ergebnisse der repräsentativen empirica-Betriebsbefragung wiedergegeben, die 1999 unter anderem in den 6 hier dargestellten europäischen Ländern sowie den USA mit betrieblichen Entscheidungsträgern durchgeführt wurde. Zusätzlich wird auf die Ergebnisse der repräsentativen empirica-Bevölkerungsbefragung eingegangen, die parallel stattfand. Angaben zur Methodik der Erhebungen sind dem Anhang B zu entnehmen.

6.1 Betriebliche Infrastruktur für Electronic Commerce

6.1.1 Nutzung in Europa im Überblick

Betriebe, die Electronic Commerce nutzen wollen, müssen über bestimmte technische Grundlagen und entsprechendes Anwendungs-Know-how verfügen. Dementsprechend lässt sich auch das zukünftige Potenzial für Electronic Commerce zumindest teilweise von der heutigen Nutzung relevanter Techniken ableiten. Aus diesem Grunde werden im Folgenden Ausmaß und Länderunterschiede der Nutzung einiger Techniken durch die Betriebe dargestellt. Nach einem kurzen Überblick über die Situation auf der aggregierten Ebene, also allen Betrieben der jeweiligen Länder, erfolgt eine Analyse der speziellen Situation der kleinen und mittelständischen Unternehmen.

Die Anwendungen von Informations- und Kommunikationstechnik, die für einen Ländervergleich ausgewählt wurden, sind: E-Mail-Zugang, Internet-Zugang, eigenes Intranet, Video-Conferencing und Call-Center-Services.

Die Nutzung von **E-Mail** als elektronisches Medium zur textbasierten Kommunikation ist wesentliche Voraussetzung für die Teilnahme an elektronischem Geschäftsverkehr. Sie stellt für viele Unternehmen den ersten Schritt in das Online-Geschehen dar. Wer keine E-Mail-Adresse besitzt, ist in der Online-Welt nicht erreichbar – und so von vornherein von der Kommunikation mit vielen potenziellen Kunden ausgeschlossen. E-Mail ist ein asynchrones Kommunikationsmedium und von daher mit der herkömmlichen Briefpost und Fax vergleichbar. Anders als diese sind E-Mail-Mitteilungen jedoch ohne Medienbruch digital weiterverarbeitbar und können zudem in der Regel – in Form von Anhängen – auch Dateien aller Art enthalten. Zudem kann die Übertragung von Absender zu Adressat, je nach Anbindungsart, in Sekundenschnelle vonstatten gehen; allerdings wird auch erwartet, dass die Bearbeitung dementsprechend schnell erfolgt. Hieraus ergeben sich völlig neue Anforderungen an, aber auch Chancen für den Service für Kunden und Geschäftspartner. Von diesen neuen Anforderungen sind Unternehmen selbst dann betroffen, wenn sie kein E-Mail nutzen, da sich die allgemeinen Standards bzgl. Reaktionsschnelligkeit und Kundenorientierung entsprechend den Möglichkeiten der neuen Kommunikationsmedien erhöht haben. Wollen kleine und mittelständische Unternehmen ihren grundsätzlichen Flexibilitätsvorsprung, den sie gegenüber größeren Unternehmen besitzen, zu einem Wettbewerbsvorteil machen, so müssen sie von den Vorteilen der E-Mail-Kommunikation profitieren.

Das **Internet** ist die wesentliche Plattform für die Abwicklung von Electronic-Commerce und dient darüber hinaus als Medium für eigene Recherchen und Abfragen. Es erübrigt sich an dieser Stelle, auf seine Bedeutung für Unternehmen näher einzugehen.

Obwohl die Übertragungstechnik identisch ist, verfolgen Unternehmen mit dem Einsatz eines **Intranets** häufig völlig andere Ziele als bei der Nutzung des Internets. Intranets eignen sich insbesondere für die standortübergreifende, aber unternehmensinterne Kommunikation, bei denen alle Mitarbeiter Zugang zu ausgesuchten Informationen erhalten sollen. Dabei kann es sich z.B. um den komfortablen Zugriff auf Datenbanken aller Art handeln, oder um Notizbretter, Diskussionsforen u.ä., die dem Austausch der Beschäftigten untereinander dienen. Die grundsätzliche Transparenz, die von der Intranet-Technologie ermöglicht wird, setzt jedoch eine entsprechende offene Unternehmenskultur und eine adäquate Anpassung der Geschäftsprozesse voraus, um optimale Effekte erzielen zu können. Auch steigt der Nutzen eines Intranets mit der Zahl der User (= Beschäftigtenzahl) und dem Ausmaß der räumlichen Dezentralisation, also insbesondere der Zahl der Standorte. Große Unternehmen mit komplexen, stark arbeitsteiligen Strukturen benötigen ein Intranet daher sehr viel mehr als kleine Unternehmen, bei denen der Informationsaustausch noch sehr stark auf Face-to-Face-Interaktion beruht.

Die **Videokonferenz**-Technik befindet sich noch in einem recht frühen Stadium ihrer Entwicklung, hat in den letzten Jahren durch die größeren zur Verfügung stehenden Bandbreiten und die Verfügbarkeit von Desktop-Systemen, die in die PC-Umgebung am Arbeitsplatz integriert und einfach zu bedienen sind, einen deutlichen Anschub erhalten. Die Nutzung von Video-Conferencing ist nicht nur ein Indikator für die generelle Aufgeschlossenheit gegenüber dem Einsatz neuer IuK- und Telekooperationstechniken, sondern zeigt auch an, dass herkömmliche räumliche Beschränkungen, die sich traditionell aus der Notwendigkeit von Face-to-Face-Kontakten ergeben, überwunden werden. Für die Möglichkeit überregionaler, nun elektronisch vermittelter Geschäftsbeziehungen ergeben sich hier weitreichende Implikationen. Im vorliegenden Bericht werden unter Video-Conferencing sowohl Einzelplatz- (Desk Top Video Conferencing) als auch freistehende Systeme, die bis zu raumfüllende Ausmaßen annehmen können, verstanden.

Die Nutzung von **Call Centers** stellt einen Indikator für eine starke Kundenorientierung in Zusammenhang mit der Nutzung neuester Sprachkommunikationstechnik dar. Eine besondere Bedeutung kommt der Technik innerhalb der Diskussion um Electronic Commerce zu, weil die Integration von Kundenansprache über Internet und Call Center in naher Zukunft zum Standardangebot vieler Unternehmen zählen wird. Dabei baut der Kunde den Kontakt zum Anbieter über das Internet auf – z.B. als Reaktion auf eine Bannerwerbung – und erhält dann die Möglichkeit, sich über Klicken auf einen entsprechendes Symbol von einem Call Center-Mitarbeiter zurückrufen zu lassen, oder aber er baut direkt über das Internet eine Sprachverbindung auf. Call Center können entweder in einen Betrieb räumlich integriert sein oder eine eigene Betriebsstätte innerhalb des Unternehmens darstellen. Als dritte Option besteht die Möglichkeit, Call Center-Dienstleistungen von spezialisieren Betreibern auf dem Markt einzukaufen, ohne dass der Nutzer selbst Call Center-Mitarbeiter beschäftigen

müsste. Letztere Option bietet sich insbesondere für kleine und mittelständische Unternehmen an, die bei der Einrichtung eines eigenen Call Centers – mag dieses auch noch so klein
sein – keine befriedigende Auslastung erreichen würden und deshalb heute noch häufig
ganz auf einen modernen Anforderungen entsprechenden telefonischen Kundendienst verzichten. Die folgenden Zahlen beziehen sich auf alle genannten Varianten der Call Center-
Nutzung.

Über 60% der Betriebe in Deutschland nutzen bereits **E-Mail**, auf das **Internet** können sogar 67% zugreifen. Der Durchdringungsgrad ist damit ähnlich hoch wie beim Fax vor einigen
Jahren; schon bald werden E-Mail und Internetzugang zur selbstverständlichen Ausstattung
jedes Betriebes gehören. Das Internet hat sich damit so schnell wie wohl bisher keine andere Kommunikationstechnologie in der Betriebslandschaft verbreitet.

Interessanterweise geben mehr Betriebe an, das Internet zu nutzen, als dies bei E-Mail der
Fall ist – obwohl jeder Betrieb, der über einen Internetzugang verfügt, automatisch in die
Lage versetzt ist, auch am E-Mail-Verkehr teilzunehmen. Diese Möglichkeit wird aber ganz
offensichtlich noch nicht von allen Betrieben genutzt. Eine nicht unerhebliche Minderheit
scheint das Internet rein passiv zu nutzen, also nicht zur Interaktion mit anderen Wirt-
schaftsteilnehmern, sondern eher als "Schaufenster in die Welt" und Informationsmedium.

Die Verbreitung in Deutschland liegt im europäischen Kontext und im Vergleich zu den USA
allerdings noch unter dem Durchschnitt. Eine Durchdringung von 88% bei E-Mail und 90%
beim Internet-Zugang erreicht Finnland und liegt damit mit Abstand an der Spitze der untersuchten Länder, also wahrscheinlich sogar der Welt. Selbst in den USA werden nur Werte in
Höhe von 76% (E-Mail) und 73% (Internet) erreicht, womit die Amerikaner in etwa auf dem
gleichen Niveau wie die Briten und die Niederländer liegen. Das bescheidene Ergebnis für
die USA deutet – zusammen mit den Ergebnissen anderer Studien zur Verbreitung und
Nutzung von IuK-Techniken in den USA (siehe z.B. Spectrum 1999) – darauf hin, dass dort
eine deutliche Polarisierung besteht zwischen Teilen der Wirtschaft, welche die internationale Online-Community anführen und das Internet zu Erzielung erheblicher Wettbewerbsvorteile nutzen, und solchen Teilen, die deutliche Rückstände aufweisen und noch überhaupt nicht an der "E-conomy" partizipieren.

Vergleichsweise sehr schlecht sieht es in Frankreich aus, wo nur 40% der Betriebe E-Mail
nutzen und 47% Anschluss an das Internet haben. Hier scheint sich immer noch die weite
Verbreitung von Minitel auszuwirken: Dieses System wird kaum für elektronische Textnachrichten genutzt. Kurz- und mittelfristig dürfte sich dieser Umstand sicherlich nachteilig für die
Wirtschaftsnation Frankreich auswirken. Aber auch Italien schneidet im Ländervergleich
eher schlecht ab. Allerdings wird sich der Abstand zwischen den einzelnen Ländern in den
nächsten 1-2 Jahren zum Teil deutlich verringern, weil die zurückliegenden Länder deutlich
höhere Wachstumszahlen aufweisen. So wird die Zahl der an das Internet angeschlossenen
Betriebe in Frankreich bis 2001 auf 150% des heutigen Wertes anwachsen – der Aufholpro-
zess hat eingesetzt.

                                                        Gareis / Korte / Deutsch

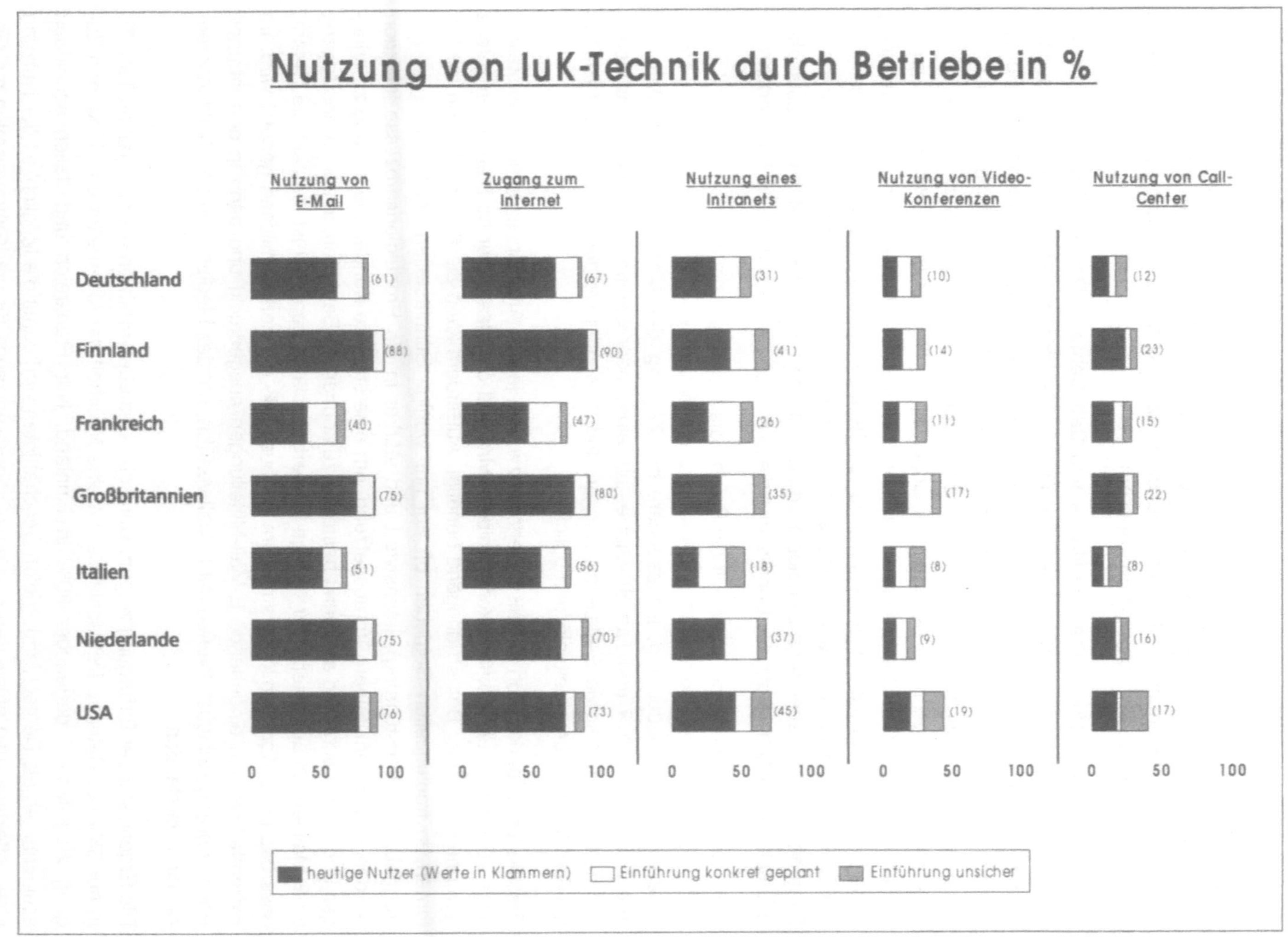

ABB. 19: NUTZUNG VON IuK-TECHNIK DURCH BETRIEBE IN EUROPA UND DEN USA (QUELLE: EMPIRICA, BETRIEBSBEFRAGUNG 1999)

Bei den Techniken, die primär für die unternehmens*interne* Kommunikation eingesetzt werden – **Intranet und Videokonferenz** – liegen die Durchdringungswerte deutlich niedriger als beim Internet-Zugang. Mit 31% (Intranet) und 10% (Video-Conferencing) liegen die deutschen Betriebe auch hier im europäischen Mittelfeld, deutlich hinter Finnland, Großbritannien und den Niederlanden. Spitzenreiter bei der Nutzung dieser Techniken sind die USA mit 45% (Intranet) bzw. 19% (Video-Conferencing).

Deutsche Betriebe sind verhaltene Nutzer von **Call Centers**. Der Anteil der Betriebe, die Call Center-Dienstleistungen in Anspruch nehmen, ist hier im Vergleich der untersuchten Länder unterdurchschnittlich und liegt bei knapp 12%. Länder wie Finnland und Großbritannien verzeichnen doppelt so hohe Werte, gefolgt von den USA. In den nächsten zwei Jahren ist in allen Untersuchungsländern eine Zunahme bei den Nutzerzahlen zu erwarten. Deutschland wird, wenn die heutigen Planungen in die Realität umgesetzt werden, in 1-2 Jahren etwa 17% Call Center-Nutzer besitzen. Die Vorreiter Finnland und Großbritannien bewegen sich dann auf die 30%-Marke zu. Da heutigen Erkenntnissen zufolge eine Call-Center-Nutzung zwar nicht eine Voraussetzung für eine erfolgreiche Electronic-Commerce-Strategie ist, diese aber doch zumindest erheblich fördert, ist der Rückstand der deutschen Betriebe bedenklich – trotz des Booms, den diese Branche auch in unserem Land erfährt.

Zur Beurteilung der Frage, inwieweit ein Betrieb die Potenziale bestimmter Kommunikationstechniken zu seinem Vorteil nutzt, ist nicht nur die Betriebsebene, sondern auch die Mitarbeiterebene von Bedeutung, insbesondere der **Zugang der Mitarbeiter zu E-Mail und Internet** (siehe Tab. 7 und Tab. 8). Gibt es nur einen oder wenige Arbeitsplätze, an denen im Internet gesurft sowie E-Mails empfangen und versendet werden können, oder ist dies am Großteil der Büroarbeitsplätze möglich?

Erst die Verfügbarkeit von **E-Mail** an jedem bzw. fast jedem Arbeitsplatz kann sicherstellen, dass auch intern elektronisch kommuniziert wird und die Mitarbeiter so Medienkompetenz gewinnen, die jeder Betrieb dringend benötigt. Außerdem kann die Kommunikation mit Externen, in traditionellen Betrieben oft auf nur wenige Schnittstellen beschränkt (Einkauf, Vertrieb, Geschäftsführung), intensiviert und stärker in die Produktionsprozesse integriert werden – eine unmittelbare Voraussetzung, um eine stärkere Kundenorientierung zu erlangen und somit nachhaltig am Markt bestehen zu können. In Betrieben, in denen der Zugang zu E-Mail jedoch auf einen oder wenige Büroarbeitsplätze begrenzt ist, besteht die Gefahr, dass das neue Kommunikationsmedium genauso wie die herkömmlichen genutzt wird: Im Extremfall werden eingehende E-Mail-Mitteilungen ausgedruckt und dann in den internen Postverteiler geschleust. Wer so mit E-Mail verfährt, hat das Medium und sein Nutzenpotenzial nicht verstanden.

Die Ergebnisse der Befragung zeigen: Deutsche Betriebe verfahren restriktiv (siehe Tab. 7). In nur 38% der Betriebe Deutschlands hat eine Mehrheit der Mitarbeiter ungehinderten Zugang zu E-Mail – gegenüber 80% in Finnland. Nur Frankreich und Italien schneiden schlechter ab als Deutschland. Vielen Beschäftigten wird damit die Möglichkeit der Nutzung eines effektiven und effizienten Kommunikationswerkzeugs für die Kommunikation mit Geschäftspartnern verwehrt.

Zugang der Mitarbeiter zu externer E-Mail in den Betrieben Europas und der USA				
	(1) Mehrheit hat Zugang	(2) Nur eine Minderheit hat Zugang	Nutzer insgesamt	(1) in % aller Nutzer von E-Mail
Finnland	79,7%	7,9%	87,6%	91,0%
Großbritannien	56,0%	19,3%	75,3%	74,4%
USA	50,8%	25,6%	76,4%	66,5%
Niederlande	49,0%	26,0%	75,0%	65,3%
Deutschland	37,5%	23,7%	61,2%	61,3%
Italien	28,2%	22,6%	50,8%	55,5%

TAB. 7: ZUGANG DER MITARBEITER ZU EXTERNER E-MAIL IN DEN BETRIEBEN EUROPAS UND DER USA (QUELLE: EMPIRICA, BETRIEBSBEFRAGUNG 1999)

Beim **Internet** treten die Länderdifferenzen noch drastischer zu Tage, obwohl die Fähigkeit mit dem Internet umzugehen sowie eigenständig Informationen im Internet zu lokalisieren und zu kommunizieren, zu einer der wesentlichen Kompetenzen der Beschäftigten zukunftsgerichteter Unternehmen zählen dürfte. Allerdings kann der ungehinderte Zugang der Beschäftigten zum Internet unternehmensseitig auch erhebliche Kosten verursachen – nicht nur für die Infrastrukturausstattung an den einzelnen Arbeitsplätzen, sondern oft auch in Form von Arbeitsausfall wegen Missbrauchs zu außerberuflichen Zwecken. Aus Gründen der Kostenkontrolle könnten Betriebe daher geneigt sein, nur ausgewählten Mitarbeitern den Zugang zum Internet zu gestatten.

Zugang der Mitarbeiter zum Internet in den Betrieben Europas und der USA				
	(1) Mehrheit hat Zugang	(2) Nur eine Minderheit hat Zugang	Nutzer insgesamt	(1) in % aller Nutzer von Internet
Finnland	76,3%	13,4%	89,7%	85,1%
USA	41,5%	35,2%	76,7%	54,1%
Großbritannien	38,5%	41,5%	80,0%	48,1%
Italien	24,5%	31,2%	55,7%	44,0%
Frankreich	18,6%	28,8%	47,4%	39,2%
Niederlande	25,7%	44,6%	70,3%	36,6%
Deutschland	24,2%	42,4%	66,6%	36,3%

TAB. 8: ZUGANG DER MITARBEITER ZUM INTERNET IN DEN BETRIEBEN EUROPAS UND DER USA (QUELLE: EMPIRICA, BETRIEBSBEFRAGUNG 1999)

Umso erstaunlicher ist es, dass im Vorreiterland Finnland in mehr als 3/4 aller (!) Betriebe die Mehrheit der Bürobeschäftigten im Internet recherchieren kann – das sind 85% aller Betriebe, die einen Internet-Zugang besitzen. In keinem anderen untersuchten Land ist die diesbezügliche Offenheit so groß. Die deutschen Betriebe gehen mehrheitlich den entgegengesetzten Weg: Nur etwa ein Drittel der deutschen Betriebe mit Internetzugang erlaubt einer Mehrheit ihrer Bürobeschäftigten dessen Nutzung – weniger als in allen anderen Ländern Europas. Dieses Ergebnis weckt die Befürchtung, dass die Mehrzahl der deutschen

Betriebe die kurzfristige Kostenkontrolle am Arbeitsplatz höher bewertet als die längerfristige Erhöhung von Selbständigkeit und Medienkompetenz ihrer Mitarbeiter.

In den USA und Großbritannien sind es etwa die Hälfte der Betriebe, die der Masse ihrer Mitarbeiter den Zugriff auf das Internet erlauben.

6.1.2 Betriebsgrößenabhängigkeit der Nutzung allgemein

Die Diffusion neuer IuK-Techniken nimmt in der Regel in Großunternehmen ihren Anfang und bezieht von da aus auch die kleineren Größenklassen mit ein. Je größer ein Unternehmen, desto höher ist die Wahrscheinlichkeit, dass es eine IuK-Technik früh adoptiert (Gareis 1996). Der Grund für diesen Zusammenhang ist in Kosten- und Verbundvorteilen zu sehen: Einerseits sinkt mit zunehmender Größe eines Unternehmens der Anteil der Fixkosten für Telekommunikationstechniken an den Gesamtausgaben. Andererseits können größere Unternehmen innerhalb der eigenen Organisation Telekommunikationstechniken einsetzen, die sich für die zwischenbetriebliche Kommunikation aus Gründen unzureichender Diffusion oder fehlender Kompatibilität der technischen Standards (noch) nur selten nutzbringend verwenden lassen oder absichtlich nur internen Nutzern vorbehalten werden. Ein Beispiel für ersteren Grund stellt E-Mail dar, die für die unternehmensinterne Bürokommunikation schon früh eine wichtige Rolle gespielt hat. Geschlossene Nutzergruppen, zu denen externe intentional ausgeschlossen bleiben, sind für Intranets typisch. Die Vertrautheit mit einem betriebsintern verwendeten Kommunikationsmedium erhöht dann auch die Bereitschaft, solche Techniken in einem nächsten Schritt für Kontakte zu externen Personen einzusetzen.

Aus diesen Gründen kann es zunächst nicht verwundern, dass ein signifikanter Zusammenhang zwischen Betriebsgröße und Durchdringung der Technik in der Wirtschaft besteht. Von Interesse sind diesbezüglich jedoch **Schwankungen in der Stärke der Betriebsgrößenabhängigkeit zwischen einzelnen Ländern**. Um diese zu analysieren, werden zunächst die Nutzungsraten innerhalb einzelner Betriebsgrößenklassen untersucht, bevor im Anschluss mittels einer geeigneten statistischen Maßzahl ermittelt wird, wie stark und wie signifikant der statistische Zusammenhang zwischen Mitarbeiterzahl und Nutzungsmuster ist. Die Ergebnisse der Korrelationsrechnung sind im Anhang C wiedergegeben.

Schon bei der Nutzung von **E-Mail und Internet** zeigt sich: Deutschlands Kleinbetriebe liegen überproportional zurück. Nur ein knappes Viertel der deutschen Betriebe mit bis zu 10 Beschäftigten und die Hälfte derjenigen mit zwischen 10 und 50 Mitarbeitern nutzen E-Mail – nur Frankreich mit seinem Minitel-Handikap steht noch schlechter da, Italien jedoch schneidet besser ab. Bei den mittelgroßen Betrieben (50 bis 199 Mitarbeiter) beträgt die Durchdringung mit E-Mail etwa 75%. Diesbezüglich ist der Rückstand Deutschlands gegenüber den Vorreitern deutlich geringer ausgeprägt. Beim Internet sind die Nutzungsraten etwas höher – 35% der deutschen Betriebe haben einen Zugang – aber die relative Position der deutschen kleinen und mittelständischen Unternehmen ist vergleichbar mit derjenigen hinsichtlich der E-Mail-Durchdringung.

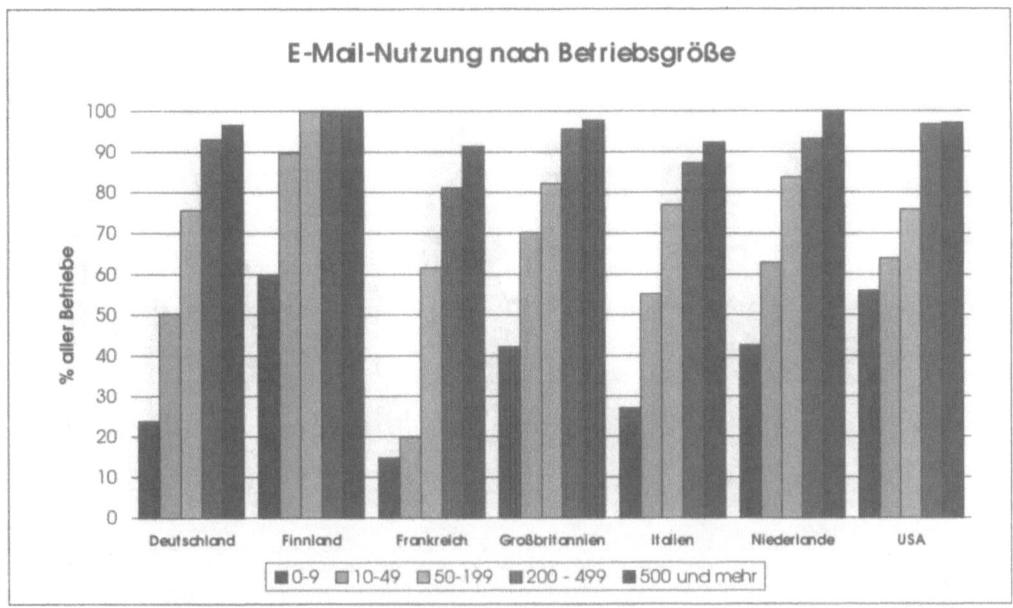

ABB. 20: E-MAIL-NUTZUNG NACH BETRIEBSGRÖßE IN EUROPA UND DEN USA (QUELLE: EMPIRICA, BETRIEBSBEFRAGUNG 1999)

Auch die USA erreichen in allen Betriebsgrößenklassen „nur" das britische Niveau, mit Ausnahme der Kleinstbetriebe (bis 10 Beschäftige), die mit 56% E-Mail- und 60% Internet-Durchdringung absolute Spitzenwerte aufweisen und damit nur noch von Finnland (60% bzw. 69%) leicht übertroffen werden. In beiden Ländern hat die Diffusion von E-Mail und Internet-Zugang demnach bereits die Mehrheit der Kleinstbetriebe erreicht, wovon in Deutschland noch keine Rede sein kann.

Betrachtet man die heutigen Pläne der Betriebe hinsichtlich einer Einführung von E-Mail und Internet-Zugang in den kommenden 1-2 Jahren (siehe auch die weiteren Befragungsergebnisse auf der Website zum Buch unter www.empirica.com/ec-studie), so zeigt sich: Auch wenn sich die Nutzeranteile in Deutschland in den nächsten zwei Jahren deutlich nach oben entwickeln werden, sind wir noch weit von einer Situation wie z.B. in Finnland entfernt, wo ein E-Mail-Account schon bald so selbstverständlich sein wird wie ein Telefonanschluss – selbst in den Kleinstunternehmen. In Deutschland werden im Jahr 2001 immer noch fast die Hälfte der Kleinstbetriebe ohne E-Mail Account und 40% ohne Zugang zum Internet da stehen. Beim Internet-Zugang werden die deutschen Kleinstbetriebe selbst in zwei Jahren ihren heutigen Planungen zufolge mit knapp unter 60% noch immer nicht das heutige Niveau der Finnen (69%) erreicht haben. Die finnischen Kleinstbetriebe sind den deutschen bei der Internetdurchdringung um schätzungsweise mindestens 3 Jahre voraus. Mit den finnischen Kleinstbetrieben können selbst die US-amerikanischen nicht mithalten. In zwei Jahren werden in den USA voraussichtlich 72% von ihnen einen Internetzugang haben (weitere 9% sind unsicher), aber bereits 87% der finnischen (1% sind unsicher). Wollen die deutschen kleinen und mittelständischen Unternehmen dieser Größenklasse den Anschluss nicht verpassen, werden sie hier schnell eine Aufholjagd starten müssen.

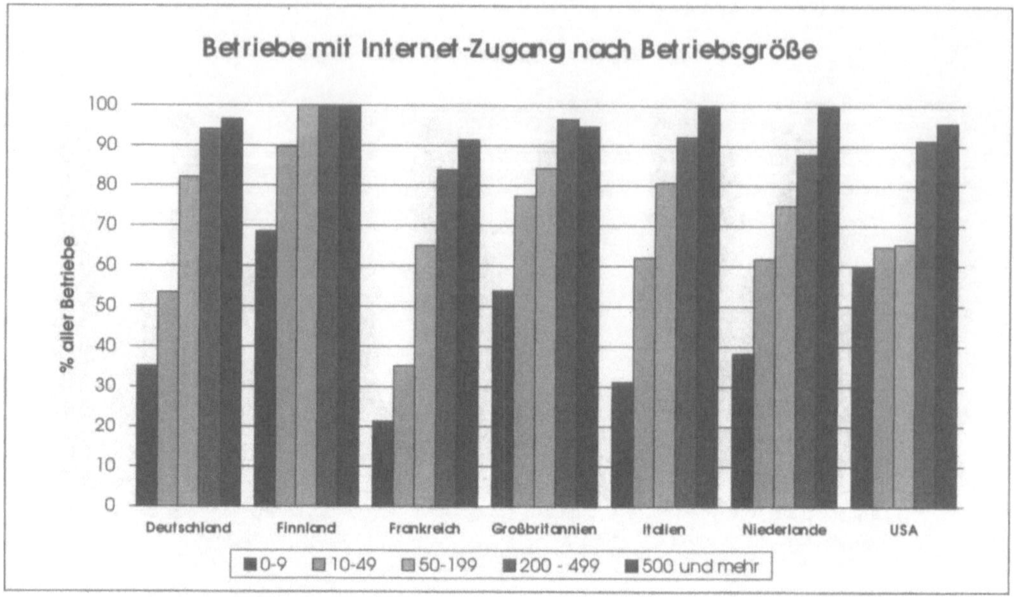

ABB. 21: INTERNET-ZUGANG NACH BETRIEBSGRÖßE IN EUROPA UND DEN USA (QUELLE: EMPIRICA, BETRIEBSBEFRAGUNG 1999)

Wenig Sorgen bereiten hingegen die deutschen mittelgroßen und großen Betriebe – eine 100%ige Durchdringung mit E-Mail und Internet dürfte nur noch eine Frage von wenigen Monaten sein.

Wenig überraschend sind es vorwiegend die Großbetriebe, die über ein **Intranet** verfügen bzw. **Videokonferenzen** nutzen. Überall in Europa und den USA nutzen bereits mehr als 2/3 der Betriebe mit mehr als 500 Beschäftigten ein Intranet (Ausnahme: Frankreich) und zwischen einem Viertel und 2/3 können per Videokonferenz kommunizieren. Auffallend ist diesbezüglich das gute Abschneiden der italienischen Großbetriebe, die insbesondere von Video-Conferencing schon sehr umfassend Gebrauch machen.

Am anderen Ende des Betriebsgrößen-Spektrums gibt es nur eine kleine Gruppe von Betrieben mit bis zu 50 Beschäftigten, die bereits heute über ein Intranet verfügt und/ oder Videokonferenzen nutzt. Nur Finnland, die Niederlande und die USA kommen in der Größenklasse 10-49 Beschäftigte auf Anteile von mehr als einem Viertel der Betriebe mit Intranet.

Die höchsten zu erwartenden Wachstumsraten für die Intranet-Nutzung (siehe auch die weiteren Befragungsergebnisse auf der Website zum Buch unter www.empirica.com/ec-studie) für die nächsten 1-2 Jahre ergeben sich bei den Betrieben mit 200-499 Beschäftigten, gefolgt von den Großbetrieben mit mehr als 500 Beschäftigten. Auffällig ist der geringe Anteil der US-amerikanischen Betriebe mit 50 oder mehr Beschäftigten, die konkrete Pläne für eine Einführung besitzen. Selbst bei Berücksichtigung der höheren Zahl von Betrieben, die sich noch nicht sicher für eine Einführung entschieden haben, deutet dieses Ergebnis an, dass die Sättigungsschwelle in den USA niedriger liegen könnte als in Europa.

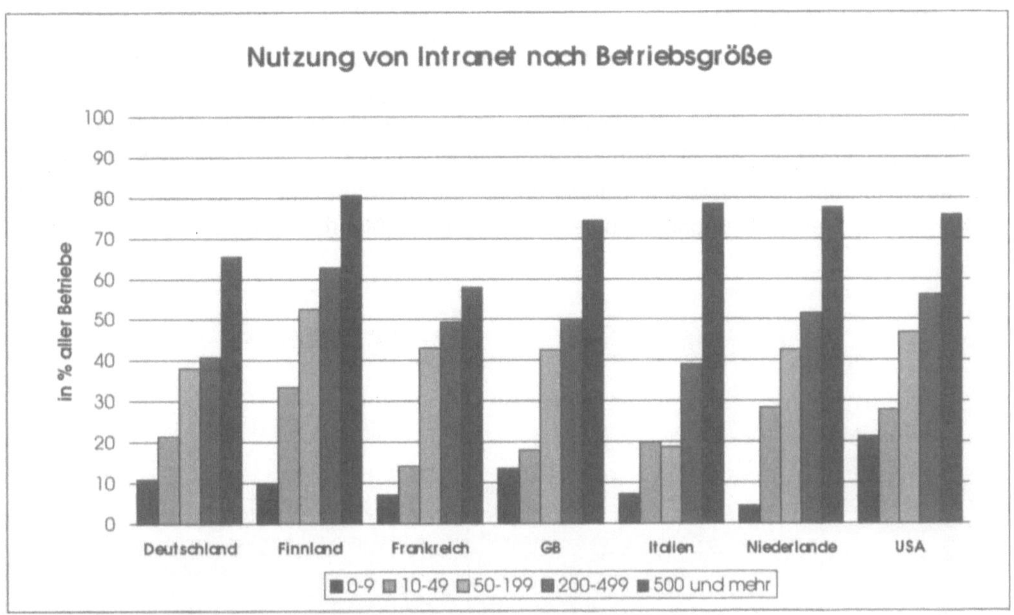

ABB. 22: NUTZUNG EINES INTRANETS NACH BETRIEBSGRÖßE IN EUROPA UND DEN USA (QUELLE: EMPIRICA, BETRIEBSBEFRAGUNG 1999)

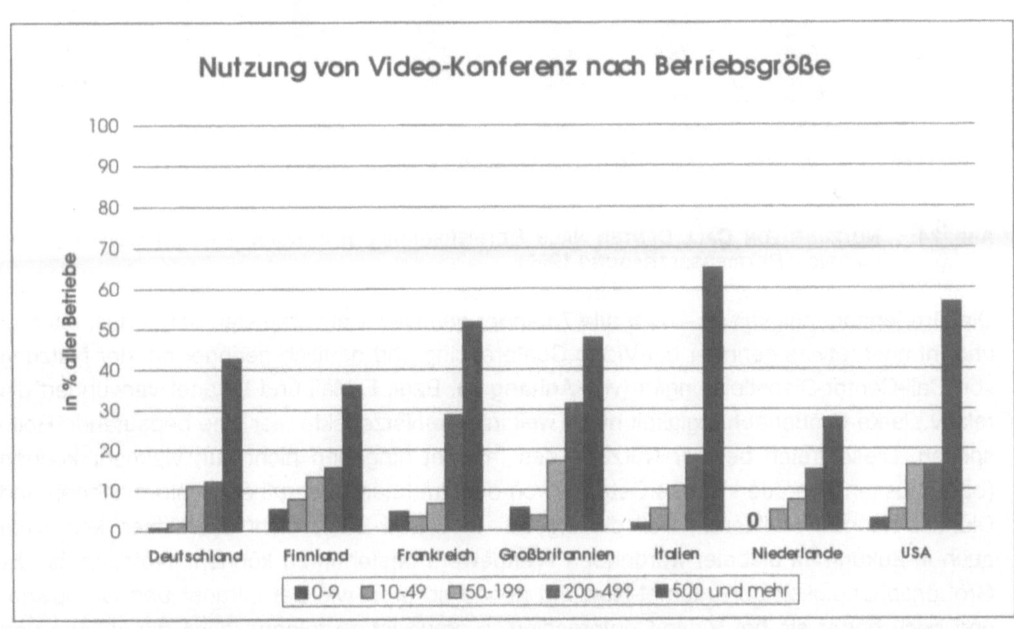

ABB. 23: NUTZUNG VON VIDEO-KONFERENZ NACH BETRIEBSGRÖßE IN EUROPA UND DEN USA (QUELLE: EMPIRICA, BETRIEBSBEFRAGUNG 1999)

Bei der Nutzung von **Call Centern** gilt: Deutschlands kleine Betriebe mit unter 50 Mitarbeitern nutzen nur zu etwa 5% eine solche Telefonservice-Zentrale. Damit stehen sie besser als die USA, aber schlechter als Finnland, Frankreich und Großbritannien da. Die größten deutschen Betriebe mit 500 Beschäftigten und mehr bieten ihren Kunden zu 20% ein Call Center als Kommunikationsschnittstelle an, während der Anteil in fast allen anderen untersuchten Ländern bereits doppelt so hoch ist. Dieses Ergebnis bestätigt das gängige Vorurteil von einem Mangel an Service-Qualität bei deutschen Unternehmen: Gerade die kleineren Betriebe müssten sich viel häufiger den Dienstleistungen eines Call-Center-Betreibers bedienen, um eine professionelle Kundenansprache gewährleisten zu können. Auch in den USA sieht es diesem Ergebnis zufolge bei der großen Mehrheit der Betriebe nicht besser aus.

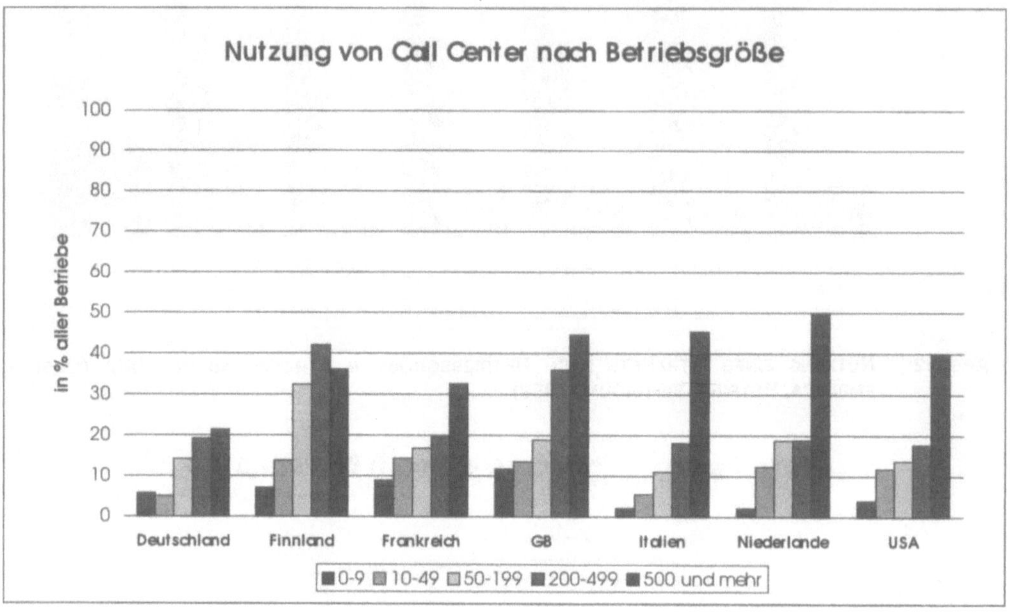

Die Größenabhängigkeit ist – über alle 7 Länder gemittelt – am stärksten bei E-Mail, Internet und Intranet, etwas geringer bei Video-Conferencing und deutlich geringer bei der Nutzung von Call-Center-Dienstleistungen (vgl. Anhang C). Bzgl. E-Mail und Intranet verwundert die relativ starke Größenabhängigkeit nicht, weil interne Netzeffekte hier eine bedeutende Rolle spielen. Diese treten bei der Nutzung des Internet hingegen nicht auf; vielmehr können (bzw. müssen!) gerade kleinere Betriebe von dem im Internet abrufbaren Informationen und Dienstleistungen profitieren, weil die eigene Know-how-Basis nicht ausreichen kann, um auch in Zukunft im globaler werdenden Wettbewerb bestehen zu können. Trotzdem ist die Größenabhängigkeit der Internet-Nutzung genau so groß wie bei Intranet und Groupware und noch höher als bei Video-Conferencing. Hieraus ist zu folgern, dass die kleinen und mittelständischen Unternehmen das Potenzial der Internet-Nutzung für ihr eigenes Business noch nicht in ausreichendem Maße erkannt haben oder aber dass ihnen die Möglichkeiten (z.B. personellen Kapazitäten) fehlen, um einem erkannten Bedarf nach Internet-Nutzung gerecht zu werden.

                                                                Gareis / Korte / Deutsch

Einen positiveren Schluss lässt das Ergebnis hinsichtlich der Nutzung von Call-Center-Dienstleistungen zu: Auch hier besteht ein positiver Zusammenhang zwischen Betriebsgröße und Nutzungswahrscheinlichkeit, jedoch ist dieser nur schwach. Die Entscheidung darüber, ob es sinnvoll ist, intern entsprechende Kapazitäten aufzubauen bzw. externe Call-Center-Dienstleistungen in Anspruch zu nehmen, wird also – vergleichsweise – unabhängig von der Betriebsgröße getroffen. Dies entspricht den Anforderungen in der Praxis, denn nicht die Größe eines Anbieters, sondern Art und Zielgruppe eines Produktes müssen darüber entscheiden, ob die Schnittstelle zum Kunden mit Hilfe eines Call Centers aufgewertet wird.

Beim Ländervergleich zeigt sich: In den Ländern, in denen die Diffusion schon weiter fortgeschritten ist (Finnland, USA), ist die Größenabhängigkeit der Nutzung abgeschwächt. Hier treten offensichtlich andere Faktoren in den Vordergrund. Einige mögliche Einflussfaktoren (Branche, Betriebstyp, Standorttyp) gilt es, in den nachfolgenden Abschnitten zu analysieren.

6.1.3 Betriebsgrößenabhängigkeit der Nutzung in unterschiedlichen Wirtschaftssektoren

Ein Vergleich der einzelnen Untersuchungsländer bzgl. der Nutzung von IuK-Techniken nach Betriebsgröße *innerhalb der einzelnen Branchen* ist unter Gewährung einer ausreichenden statistischen Signifikanz selbst bei der vorliegenden Stichprobengröße nur für relativ stark aggregierte Einheiten möglich. Daher wurden die Unternehmen einzelner Branchen für den nun folgenden Ländervergleich zu insgesamt vier Wirtschaftssektoren zusammengefasst.

Die Fragestellung lautet: In welchen Wirtschaftssektoren ist die Nutzung von E-Mail, Internet, Intranet etc. schon besonders weit fortgeschritten und welche Bereiche der Wirtschaft liegen zurück? Wegen der in der Regel deutlichen Betriebsgrößenabhängigkeit der Nutzung, die im vorherigen Kapitel diskutiert wurde, empfiehlt es sich, zur Beantwortung dieser Frage die Nutzungsraten nur innerhalb bestimmter Größenklassen zu vergleichen – denn die Struktur der Wirtschaftssektoren hinsichtlich der vorherrschenden Betriebsgrößen unterscheidet sich stark.

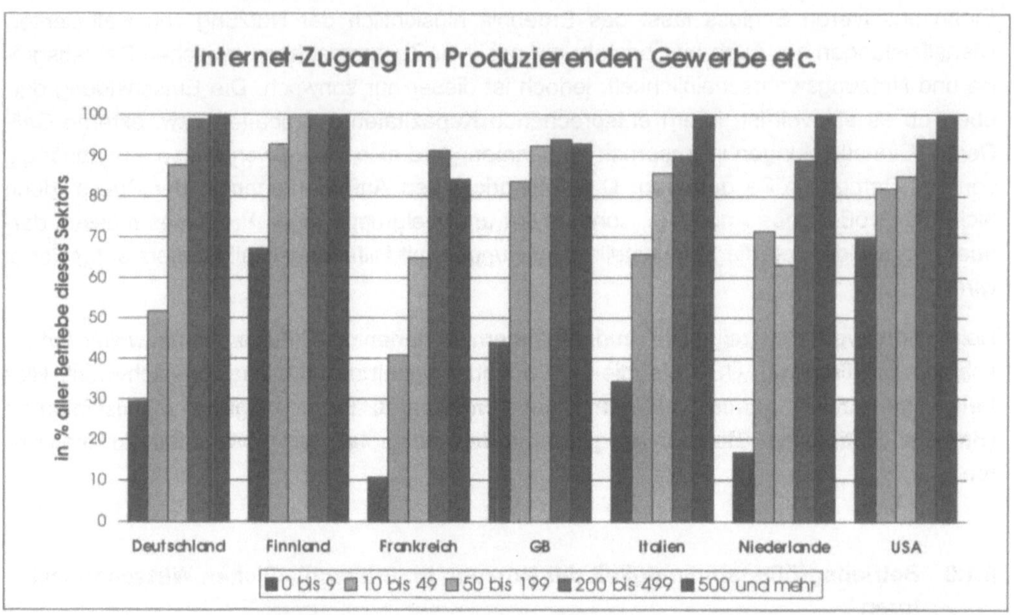

ABB. 25: INTERNET-ZUGANG NACH BETRIEBSGRÖßE IM PRODUZIERENDEN GEWERBE IN EUROPA UND DEN USA (QUELLE: EMPIRICA, BETRIEBSBEFRAGUNG 1999)

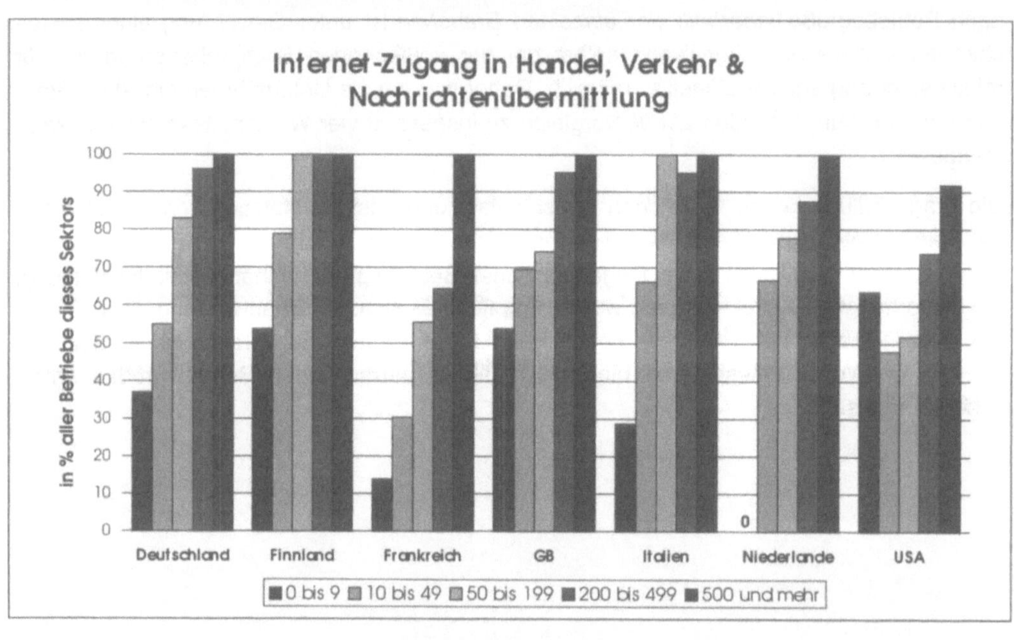

ABB. 26: INTERNET-ZUGANG NACH BETRIEBSGRÖßE IN HANDEL, VERKEHR UND NACHRICHTENÜBER- MITTLUNG IN EUROPA UND DEN USA (QUELLE: EMPIRICA, BETRIEBSBEFRAGUNG 1999)

Gareis / Korte / Deutsch

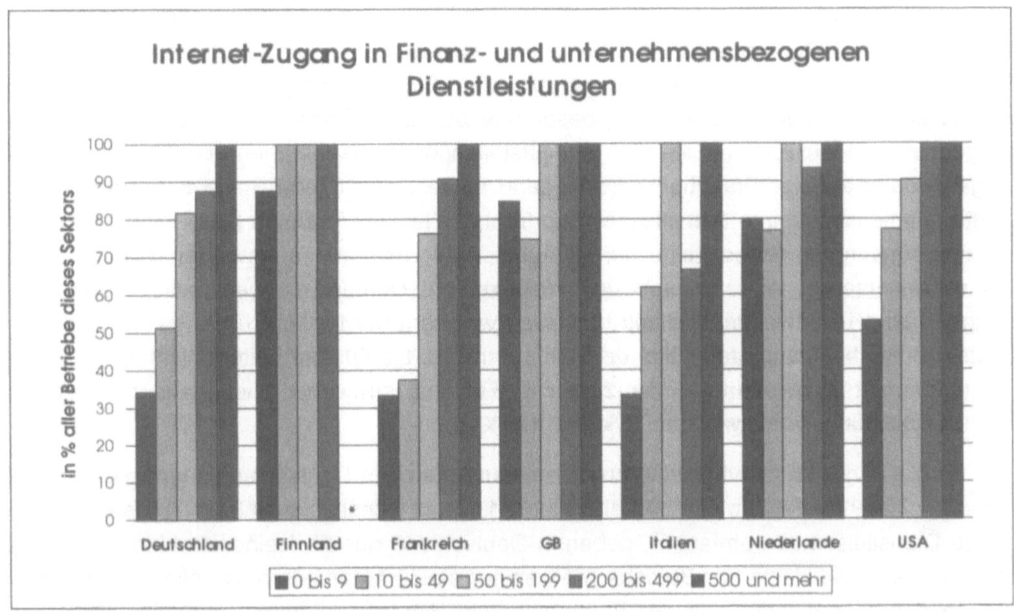

ABB. 27: INTERNET-ZUGANG NACH BETRIEBSGRÖßE IN FINANZ- UND UNTERNEHMENSORIENTIERTEN DIENSTLEISTUNGEN IN EUROPA UND DEN USA (* = GRÖßENKLASSE NICHT BESETZT)(QUELLE: EMPIRICA, BETRIEBSBEFRAGUNG 1999)

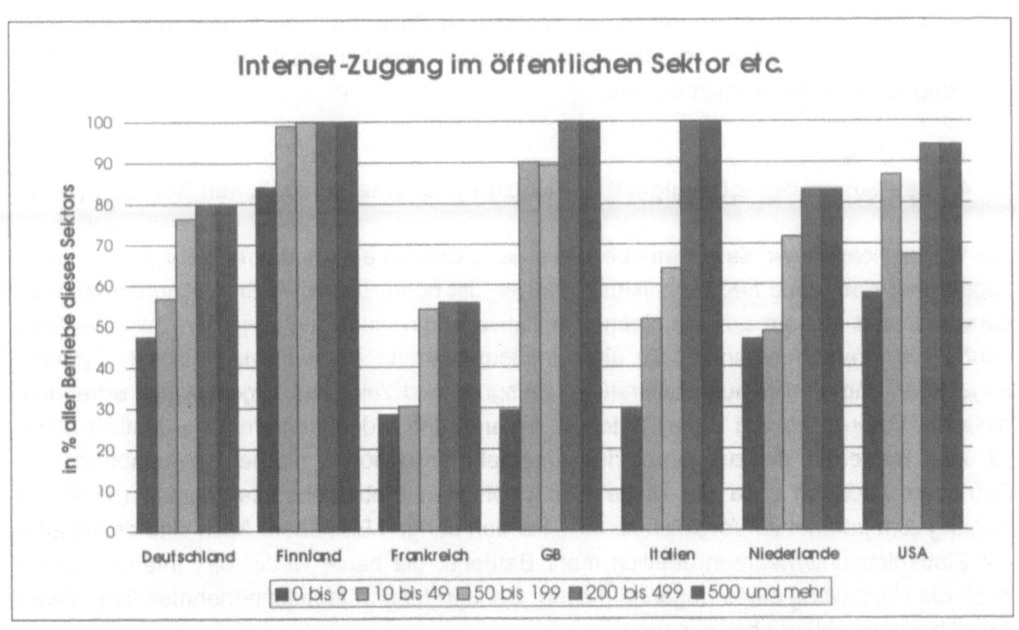

ABB. 28: INTERNET-ZUGANG NACH BETRIEBSGRÖßE IM ÖFFENTLICHEN SEKTOR IN EUROPA UND DEN USA (QUELLE: EMPIRICA, BETRIEBSBEFRAGUNG 1999)

Konzentriert man die Analyse auf die Nutzung des **Internets** durch die Betriebe, so zeigt sich Folgendes: Die kleinsten Betriebe Deutschlands mit weniger als 50 Beschäftigten liegen im produzierenden Gewerbe und bei den Finanz- und unternehmensbezogenen Dienstleistungen deutlich zurück. Insbesondere bei den Business-Services stimmt dieses Ergebnis nachdenklich, weil sie eine Schnittstellenposition einnehmen, die die Leistungsfähigkeit vieler anderer Branchen entscheidend mitbestimmt (siehe Brake & Bremm 1993). Unternehmensbezogene Dienstleister sind für ihre Tätigkeit in einem hohen Maße auf eine flexible Versorgung mit hochaktuellen, adäquaten Informationen angewiesen (Gareis 1996), für die das Internet mehr und mehr unverzichtbar wird. Dementsprechend sollte ein Internet-Zugang eine Selbstverständlichkeit darstellen, was er aber bei über 65% der Betriebe mit unter 10 und bei knapp der Hälfte der Betriebe mit 10 bis 49 Mitarbeitern nicht tut. In Großbritannien mit seiner starken Finanzbranche, Finnland sowie den Niederlanden liegen die entsprechenden Werte zwischen 75% und 100%.

Im Vergleich der Wirtschaftssektoren untereinander sind in Deutschland kaum größere Differenzen zu erkennen. Im öffentlichen Sektor, der auch sonstige soziale und personenbezogene Dienstleistungen umfasst[17], geben in Deutschland nur die kleinen Betriebe ein gutes Bild ab (etwa die Hälfte der Betriebe mit weniger als 50 Mitarbeitern ist online, etwas mehr als in den Niederlanden). In Großbritannien und Finnland hingegen geht der öffentliche Sektor mit gutem Beispiel voran mit Nutzungsraten von annähernd 100% in allen Betrieben mit mehr als 10 Beschäftigten. Obwohl es offensichtlich voreilig wäre, einen direkten Zusammenhang zwischen diesem Befund und dem überdurchschnittlichen sonstigen Abschneiden dieser Länder zu ziehen, so bestätigt er doch zumindest, dass der öffentliche Sektor durchaus technisch mit der Privatwirtschaft mithalten kann, wenn entsprechende Anstrengungen unternommen werden.

6.1.4 Betriebsgrößenabhängigkeit der Nutzung bei unterschiedlichen Betriebstypen

Die Wahrscheinlichkeit, dass Betriebe, die organisatorisch einem Mehrbetriebsunternehmen zugeordnet sind, neue IuK-Techniken einsetzen, ist höher als bei Einbetriebsunternehmen, denn während letztere auf die eigenen Initiative angewiesen sind, werden Zweigbetriebe häufig von ihren Unternehmen zu einer Implementierung eines IuK-technischen Systems angehalten und hierbei auch unterstützt. Entsprechend zeigt das Ergebnis der Erhebung, dass die Verbreitung von E-Mail, Internet, Intranet und Video-Conferencing deutlich höher ist unter Betrieben, die zu Mehrbetriebsunternehmen gehören, als bei den unabhängigen Betrieben: Lediglich etwa die Hälfte aller deutschen Einbetriebsunternehmen (51%) hat Zugang zum Internet im Vergleich zu 83% bei den übrigen Betrieben. Auch sind es mit 24% die Einbetriebsunternehmen deutlich mehr Betriebe, die heute weder das Internet nutzen noch die Herstellung eines Zugangs planen. Bei den Mehrbetriebsunternehmen liegt dieser Anteil bei vernachlässigbar geringen 4%.

---

[17] Diese Zuordnung, die die Interpretation der Daten erschwert, geht auf die NACE-Systematik der EU zurück.

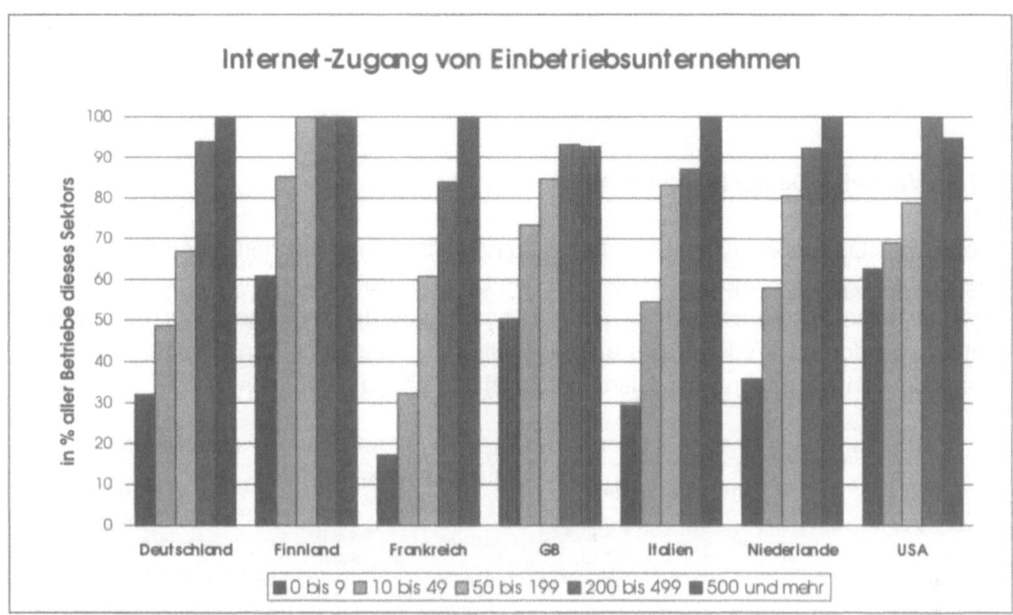

ABB. 29: INTERNET-ZUGANG VON EINBETRIEBSUNTERNEHMEN NACH BETRIEBSGRÖßE IN EUROPA UND DEN USA (QUELLE: EMPIRICA, BETRIEBSBEFRAGUNG 1999)

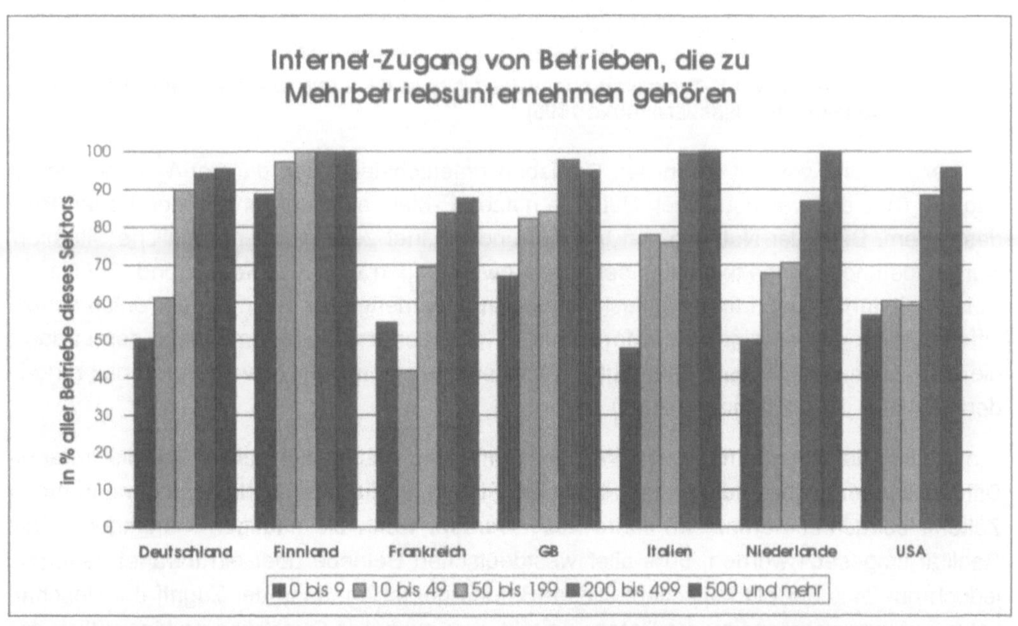

ABB. 30: INTERNET-ZUGANG VON BETRIEBEN, DIE ZU MEHRBETRIEBSUNTERNEHMEN GEHÖREN, NACH BETRIEBSGRÖßE IN EUROPA UND DEN USA (QUELLE: EMPIRICA, BETRIEBSBEFRAGUNG 1999)

Mit diesen Werten liegt Deutschland allerdings unterhalb des europäischen Durchschnitts und in etwa auf dem Niveau Italiens. Nur Frankreich zeigt eine noch schlechtere Performance. Erschreckend sind in diesen beiden Ländern vor allem die hohen „Verweigerungsraten": 33% der Einbetriebsunternehmen in Frankreich wollen sich beispielsweise auch in den nächsten 1 bis 2 Jahren keinen Zugang zum Internet verschaffen. In den USA sind dies nur 9%.

6.1.5 Vergleich Deutschland-Ost/West

Die Stichprobengröße erlaubt eine differenzierte Betrachtung der deutschen Betriebe nach Standort im östlichen und westlichen Teil des Landes. Bei dieser Analyse wurde das Bundesland Berlin ausgeklammert, da der Datensatz keine Informationen über den genauen Betriebsstandort (Ost- oder West-Berlin) enthält und ein Zuschlag ganz Berlins zu den östlichen oder den westlichen Bundesländern inhaltlich nicht zu begründen ist.

Nutzung von IuK-Techniken durch Betriebe in Ost- und Westdeutschland						
	heutige Nutzer		Einführung konkret geplant		Einführung unsicher	
	West	Ost (o. Berlin)	West	Ost (o. Berlin)	West	Ost (o. Berlin)
E-Mail	61,4%	44,0%	19,9%	17,6%	3,2%	4,8%
Internet	66,2%	52,6%	17,6%	16,7%	2,3%	3,3%
Intranet	31,3%	18,6%	18,7%	4,9%	8,0%	9,7%
Video-Conf.	9,7%	9,1%	9,8%	13,4%	6,9%	4,9%
Call Center	11,1%	11,9%	5,5%	4,4%	7,8%	7,8%

TAB. 9: NUTZUNG VON IUK-TECHNIKEN DURCH BETRIEBE IN OST- UND WESTDEUTSCHLAND (QUELLE: EMPIRICA, BETRIEBSBEFRAGUNG 1999)

Bei der Nutzung von **E-Mail** in den Betrieben unterscheiden sich die Ost-/West-Werte erheblich: 61% der westdeutschen Betriebe nutzen E-Mail, aber nur 44% in den neuen Bundesländern. Bzgl. der Nutzung von Internet und Intranet zeigt sich eine ähnliche Situation. Nur bei den noch verhältnismäßig seltenen Anwendungen Video-Konferenz und Call Center weisen die fünf neuen Länder Diffusionsraten auf, die denen der alten Länder entsprechen. Offensichtlich gibt es einen Kern fortschrittlich orientierter Betriebe im Ostteil des Landes, die auch noch weniger verbreitete IuK-Techniken intensiv nutzen (bzw. deren Einführung in den nächsten 1 bis 2 Jahren planen).

Hinsichtlich der innerbetrieblichen Wissensvermittlung erschrecken allerdings die Intranet-Diffusionsraten, insbesondere wenn auch die Planungen für eine Implementierung in naher Zukunft betrachtet werden: Im Jahre 2001 werden, wenn die heutigen Planungen in die Realität umgesetzt werden, 50% aller westdeutschen Betriebe über ein Intranet verfügen, jedoch nur 24% der ostdeutschen! Dieser Befund deutet an, dass der Zugriff der Beschäftigten auf unternehmensinterne Daten, indirekt aber auch ihre Qualifizierung hinsichtlich des Erwerbs von Medienkompetenz, in Ostdeutschland einen geringeren Stellenwert hat als im Westen. Eine solche Situation sollte im Interesse der nachhaltigen Entwicklung der ostdeutschen Wirtschaft unbedingt vermieden werden.

6.2   Nutzung von Electronic Commerce durch Betriebe

6.2.1   Nutzung in Europa im Überblick

Internet-Anwendungen, die Electronic Commerce konstituieren oder in einem unmittelbaren Zusammenhang hiermit stehen, sind die Präsenz im Internet, Werbung und Marketing im Internet, Online-Verkauf und das kostenpflichtige Anbieten von Informationen zum Herunterladen (zusammengefasst als „Online-Vertrieb"), Online-Datenaustausch mit Zulieferern und Geschäftskunden, gemeinsame Geschäftsprozesse mit diesen online sowie Online-Einkauf und -Beschaffung.

Über den Zugang zum Internet hinaus stellt die **Präsenz** im weltweiten Netz in Form einer eigenen **Website**, einem Standort in einem anbieterübergreifenden **Mall** o.ä. oder auch nur einem **Eintrag in einem elektronischen Branchenregister** den ersten Schritt eines Betriebs dar, aktiv an der Online-Wirtschaft zu partizipieren. In einigen Ländern wie Deutschland und vor allem Frankreich existieren noch ältere, Videotex-basierte Online-Dienste (z.B. BTX/ T-Online und Minitel), die nun sukzessive mit dem Internet verschmolzen werden. Da es sich, wenn man von den Übertragungsprotokollen und den Besitz- und Kontrollstrukturen absieht, um Dienste handelt, die bezüglich des Electronic Commerce sehr ähnliche Funktionen wie das Internet anbieten, werden sie bei dieser Untersuchung gleichwertig berücksichtigt. Aus Gründen der besseren Lesbarkeit wird im Folgenden in der Regel nur das Internet explizit genannt, zumal die alternativen Online-Dienste in allen untersuchten Ländern (mit der Ausnahme Frankreich) nur noch eine geringe Rolle spielen bzw. davon auszugehen ist, dass deren heutige Nutzer kurz- bis mittelfristig zu Internet-Nutzern werden.

Die Nutzung einer Website zu **Werbung- und Marketingzwecken**, meistens als Ergänzung zu anderen Marketingmaßnahmen etwa im traditionellen Medienbereich, markiert für viele Unternehmen die erste Phase der Nutzung des Internets. Um Besucherverkehr zu erzeugen, müssen potenzielle Kunden einen Mehrwert geboten bekommen, der über andere Informationskanäle nicht oder nur mit größerem Aufwand zu erzielen ist. Daher bietet es sich an, spezielle Informationen bereitzustellen, die über eine bloßen "digitalen Verkaufsprospekt" hinausgehen und von hohem Nutzerinteresse sind. Dabei kann es sich z.B. um die Abfrage von Datenbanken aller Art handeln. Je mehr vor allem junge Menschen das Internet als alltägliches Werkzeug für Freizeit, Ausbildung und Beruf nutzen, desto mehr wird die Einbeziehung des weltweiten Netzes in das Marketing auch eines kleinen Unternehmens zur Pflicht. Wer sich nicht auch im Internet präsentiert, ist für viele Nachfrager überhaupt nicht mehr existent. Aus diesem Grunde ist es so wichtig, dass auch die Kleinstunternehmen den Sprung ins Netz wagen und sich zumindest ein virtuelles Schaufenster zulegen.

Im Mittelpunkt der Diskussion um Electronic Commerce steht noch immer der **Vertrieb von Produkten** an Endkunden. Zu differenzieren ist hierbei zwischen dem Verkauf von (meist materiellen) Waren und dem Vertrieb kostenpflichtiger Dienstleistungen in Form von Informationen, für deren Nutzung der Kunde eine Gebühr zu entrichten hat.

Beim **Online-Verkauf** erfolgt die Auslieferung in der Regel wie beim klassischen Versandhandel, also per Post oder Paketdienst. Auch die Bezahlung erfolgt in Ermangelung einer anerkannten "Internet-Währung" auf traditionellem Wege, d.h. per Nachnahme, Kontoeinzug oder Kreditkarte. Trotz dieser Beschränkungen eröffnet das Internet Anbietern wie Endkunden völlig neue Perspektiven, was Kundenservice und Marktadaptibilität anbetrifft. Der Online-Verkauf ist dem klassischen Versandhandel insbesondere beim Zeitfaktor erheblich voraus: Online kann ein Angebot viel schneller und dynamischer an die aktuelle Nachfragesituation angepasst werden; die Verknüpfung des Internet-Shops als Kundenschnittstelle mit den internen Warenwirtschaftssystemen ermöglicht eine sofortige Auskunft über Lieferbarkeit und Verkaufskonditionen selbst bei extrem großer Produktvariabilität.

Die Möglichkeit, über das Internet kostenpflichtige **Dienstleistungen in Form von Informationen zu vertreiben** und alle Schritte der Transaktion inklusive der Lieferung der Daten selbst über das selbe Medium abzuwickeln, übt eine besondere Faszination auf die Wirtschaftswelt aus. Bisher mussten jedoch viele potenziellen Anbieter feststellen, dass nur hochspezialisierte Informationen (und Pornografie) tatsächlich auf diese Weise verkauft werden können.

Im Business-to-Business Bereich nimmt Electronic Commerce in vielen Fällen die Form des **Datenaustauschs zwischen Betrieben einer Wertschöpfungskette** ein. Durch eine Optimierung des Informationsaustauschs an den Schnittstellen einer Wertschöpfungskette werden diese effizienter und flexibler, d.h. sie können zeitnäher auf äußere Impulse, z.B. eine Nachfragefluktuation, reagieren.

Der Datenaustausch stellt die erste Stufe zu einer solchen Optimierung dar, die Integration von Geschäftsprozessen über die Unternehmensgrenzen hinweg die zweite, fortgeschrittene Stufe. Wenn die Produktion aus der Prozesssicht heraus optimiert wird, dürfen Unternehmensgrenzen keine Rolle mehr spielen. Die **gemeinsame Abwicklung von Geschäftsprozessen** bedeutet, dass Geschäftsverfahren durchgehend optimiert werden und die dafür erforderlichen Daten allen Beteiligten automatisiert entsprechend ihren Bedürfnissen zur Verfügung gestellt werden. Das Potenzial für Einsparungen und Effizienzsteigerungen im zwischenbetrieblichen Austausch ist enorm. Das Ausmaß, in dem Unternehmen dieses Potenzial ausschöpfen, wird über ihre mittelfristige Wettbewerbsfähigkeit entscheiden. Dies gilt umso mehr, als dass die zunehmende Irrelevanz nationalstaatlicher Grenzen und der dadurch allgemein zunehmende Konkurrenzdruck auf den Märkten einen erheblichen Druck auf die Preise ausüben, weshalb in der Regel nur noch solche Unternehmen ihre Gewinnmargen erhalten können, denen es gelingt, kontinuierlich ihre Produktionskosten zu senken. Kleine und mittelständische Unternehmen sind hiervon in höchstem Maße betroffen, da viele von ihnen als Zulieferer von Großunternehmen agieren und deshalb den von den Verbrauchermärkten ausgehenden Kostendruck "durchgereicht" bekommen.

Natürlich können Betriebe auch als Nachfrager von Waren und Dienstleistungen Gebrauch von Online-Diensten wie dem Internet machen. Sie profitieren dabei nicht nur von niedrigeren Preisen als Folge einer größeren Auswahl, sondern auch von der Möglichkeit zur Integration des eigenen Warenwirtschaftssystems mit denjenigen der Zulieferer. Die Flexibilität des **Online-Einkaufs** kann die Notwendigkeit einer Bindung von Kapital in Form von Lager- und Vorratshaltung deutlich abschwächen.

47% der deutschen Betriebe verfügen über eine Präsenz im Internet oder einem anderen Online-Dienst. In etwa 90% der Fälle handelt es sich hierbei um eine eigene Website. Damit lässt Deutschland Frankreich weit hinter sich, obwohl auch Anbieter im französischen Minitel-System mitgezählt wurden. Großbritannien und die USA weisen Anteile auf, die bis 10% höher liegen. Einzig in Finnland verfügen bereits 2/3 der Betriebe über eine eigene Internetpräsenz. Diesen Anteil wird Deutschland in 1-2 Jahren erreicht haben, wenn die Pläne der Betriebe in die Realität umgesetzt werden. In den USA ist der Anteil der Betriebe mit konkreten Plänen für eine Einführung in den nächsten 1-2 Jahren relativ gering (9%), jedoch kommen 15% hinzu, die noch unentschlossen sind und unter günstigen Voraussetzungen ebenfalls zu neuen Nutzern werden dürften. Frankreich und Italien bleiben auch dann die Schlusslichter, wenn man die konkreten Pläne für die nahe Zukunft berücksichtigt.

Der Zweck der Internet-Präsenz besteht in allen untersuchten Ländern bei der Mehrheit der Betriebe in Werbung und Marketing (Deutschland: 78% aller Betriebe mit Online-Präsenz). Damit machen schon deutlich mehr als ein Drittel *aller* deutschen Betriebe von den Möglichkeiten des Internet für das Marketing Gebrauch.

Der Vertrieb von Waren und Dienstleistungen über das Netz wird heute hingegen von einem deutlich geringeren Anteil der Betriebe praktiziert: Er liegt bei 29% in Deutschland – allerdings gegenüber knapp 50% im Vorreiterland Finnland (entsprechend einem knappen Drittel *aller* finnischen Betriebe). In der unmittelbaren Zukunft werden weitere 19% der heute online präsenten Betriebe in Deutschland den Vertrieb über das Internet aufnehmen, zusätzliche 5% erwägen dies zumindest – ein beachtliches Wachstum! Es deutet sich also an, dass das Internet in hohem Tempo von einer Randerscheinung zu einem wesentlichen Vertriebsweg für einen immer größeren Teil der Betriebe heranwachsen wird.

Deutschlands Online-Betriebe weisen damit eine höhere Durchdringung von Online-Vertrieb auf als die US-amerikanischen – dort setzen nur 27% über das Internet ab. Während der Anteil der online präsenten Betriebe in den USA also deutlich höher ist, halten sich viele von ihnen mit dem Online-Vertrieb zurück.

Frankreich und Italien weisen einen erheblichen Rückstand gegenüber den anderen untersuchten Ländern auf. Zumindest die französischen Betriebe haben dies jedoch erkannt; überproportional viele von ihnen haben konkrete Pläne, in den nächsten 1-2 Jahren mit dem Online-Vertrieb zu beginnen.

Als zweitwichtigster Zweck der Internet-Präsenz nach dem Marketing wird – so von immerhin 46% der deutschen Online-Betriebe – der Datenaustausch mit Zulieferern und Geschäftskunden genannt. Zwischen 34% und 59% der im Netz präsenten Betriebe in den untersuchten Ländern tauschen bereits online Daten mit ihren Partnern in der Wertschöpfungskette aus. Diese Anteile liegen deutlich höher als beim Online-Vertrieb, was die Vermutung untermauert, dass dem Business-to-Business-Markt heute eine größere

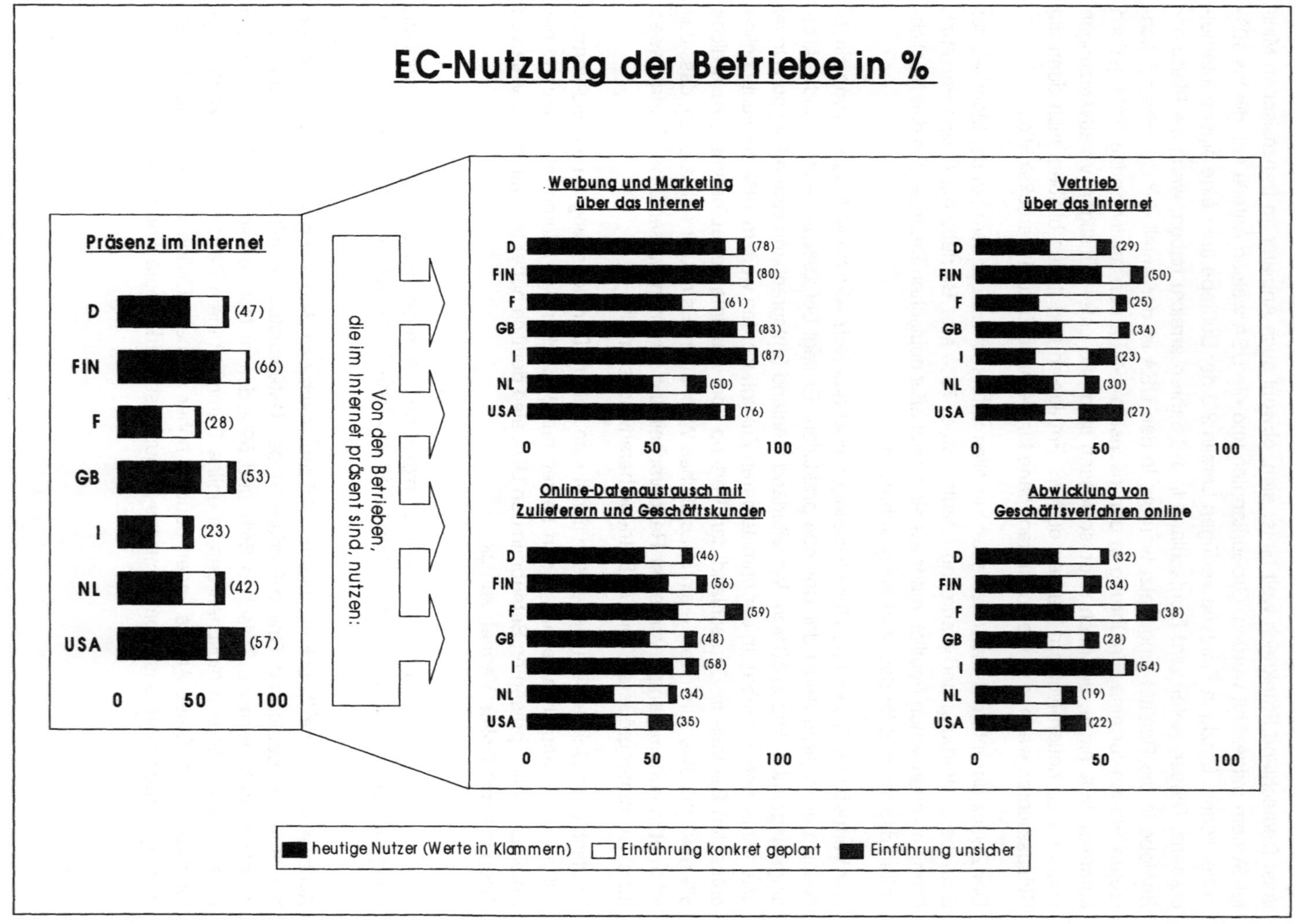

ABB. 31: ELECTRONIC-COMMERCE-NUTZUNG DER BETRIEBE IN EUROPA UND DEN USA (QUELLE: EMPIRICA, BETRIEBSBEFRAGUNG 1999)

Gareis / Korte / Deutsch

Bedeutung zukommt als dem Business-to-Consumer-Bereich, und dies mittelfristig auch so bleiben wird.

Interessanterweise sind es die ansonsten zurückliegenden Länder, die bei den reinen Business-to-Business-Anwendungen (netzbasierter Datenaustausch und Online-Abwicklung von Geschäftsprozessen) eine herausragende Stellung einnehmen. 59% aller französischen und 58% aller italienischen Betriebe mit Online-Präsenz tauschen über die Netze Daten mit Zulieferern und Partnerunternehmen in der Wertschöpfungskette aus. Nach den heutigen Planungen der betrieblichen Entscheidungsträger zu urteilen werden es in Frankreich schon in Kürze fast 80% der Online-Betriebe (41% aller Betriebe) sein. Die französischen und italienischen Online-Betriebe setzen demnach offensichtlich andere Schwerpunkte, als es z.B. die Niederlande und die USA tun – weniger Electronic Commerce im Front-Office (der Schnittstelle zum Kunden), dafür mehr im Back-Office-Bereich.

Die Implementierung von gemeinsamen Geschäftsprozessen erfordert einen höheren gestalterischen und organisatorischen Aufwand als der einfache elektronische Datenaustausch zwischen Betrieben. Dementsprechend wird er von einer kleineren Zahl von Betrieben praktiziert. Immerhin 32% der online präsenten Betriebe in Deutschland gehören dazu, weitere 17% haben konkrete Pläne für eine Implementierung in den nächsten 1-2 Jahren. Dann werden also bereits etwa 1/3 aller deutschen Betriebe dabei sein, gemeinsame Geschäftsverfahren online mit Geschäftspartnern durchzuführen: Nur in Finnland wird dieser Wert noch übertroffen. Auch die erwarteten Wachstumsraten sind beträchtlich. Die US-amerikanischen Betriebe weisen eine eher niedrige Durchdringung auf. Im Land, in dem das Internet erfunden wurde, hat sich die Vorteilhaftigkeit der Vernetzung von Geschäftsprozessen über die Unternehmensgrenzen hinweg überraschenderweise noch nicht weiter herumgesprochen als im Gros der europäischen Länder.

Zwischen 12% (Frankreich) und 46% (Finnland) der Betriebe in den untersuchten Ländern nutzen Online-Dienste für die Beschaffung von Vorprodukten, Produktionsmitteln und Dienstleistungen. Diese Prozentwerte sind durchweg deutlich höher als der Anteil der Betriebe, die bereits online verkaufen (besonders in Deutschland). Dies wird auch in der nahen Zukunft so bleiben, nimmt man die aktuellen Planungen zum Maßstab. In Zusammenhang mit den Durchdringungsraten beim Online-Datenaustausch geht daraus hervor, dass Online-Dienste wie das Internet insbesondere für Transaktionen zwischen Unternehmen eingesetzt werden und erst in zweiter Linie im Business-to-Consumer Bereich.

Die französischen Betriebe haben (spät) erkannt, welche Möglichkeiten das Internet bietet, und verstärken nun ihren Run ins Netz: Die Zahl der Nutzer von Online-Diensten für die Beschaffung wird sich in den nächsten beiden Jahren nach dem heutigen Stand der Planungen verdreifachen. Auch in Deutschland ist ein weiteres erhebliches Wachstum wahrscheinlich.

Jeder Betrieb läßt sich einer bestimmten Entwicklungsstufe bzgl. seiner Nutzung von Electronic Commerce zuordnen. Wir unterscheiden hierbei neben der Nichtnutzer-Kategorie "Offline" zwischen fünf Stufen, die unterschiedlichen Graden der Integration von Electronic Commerce in den Produktionsprozess entsprechen. Die meisten Betriebe nutzen das Internet zunächst nur als Informationsmedium, also passiv, und treten mit Anderen bestenfalls mittels E-Mail interaktiv in Kontakt (Stufe 1). Dieses passive Stadium wird abgelöst von der aktiven Instrumentalisierung des Internet als zusätzliches Medium für das Marketing (Stufe 2).

Stufe	Bezeichnung	Kriterien
(0)	"Offline"	Keine Nutzung von E-Mail und Internet bzw. anderen Online-Diensten
(1)	"Basic online"	E-Mail und/oder Internet/Online-Dienst-Nutzung
(2)	"Web Marketing"	Informationsangebot im Internet oder einem anderen Online-Dienst
(3)	"Online Verkauf"	Interaktive Website mit Online-Verkauf
(4)	"B-to-B Online-Integration"	Datenaustausch mit Partnern in der Wertschöpfungskette (Zulieferern, Kunden, Geschäftspartner) über das Internet oder einen anderen Online-Dienst; evtl. gemeinsame Geschäftsprozesse.
(5)	"Rundum-Nutzer"	Sowohl (3) als auch (4)

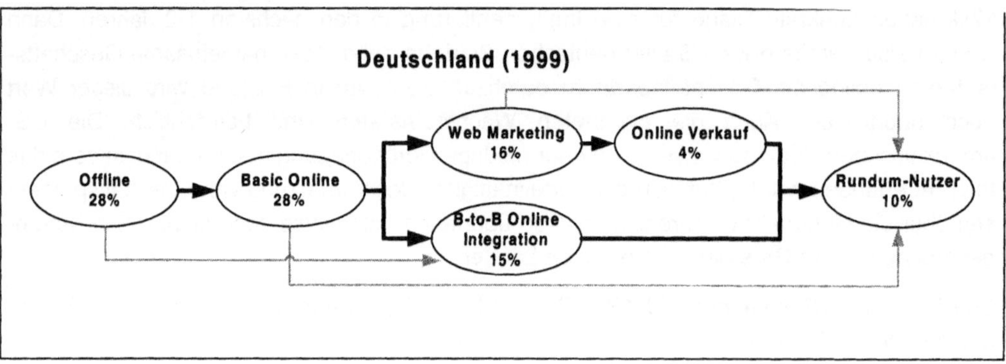

Bei der weiteren Entwicklung kann grob von zwei verschiedenen Optionen gesprochen werden (siehe Abb. 32): Während einige Betriebe eine Online-Bestellung von Produkten ermöglichen und zum Teil sogar Informationen gegen Bezahlung über das Internet an den Kunden übermitteln (Stufe 3), konzentrieren sich andere auf die Optimierung ihrer Wertschöpfungsketten, indem sie mit ihren Zulieferern und Geschäftskunden elektronisch Daten austauschen bzw. sogar ihre Geschäftsprozesse integrieren (Stufe 4). Während die erste Option in der Regel gewählt wird, um neue Kundenkreise anzusprechen, also Marktanteile zu erhöhen bzw. zu verteidigen, hat die online Integration von Betrieben entlang der Wertschöpfungskette vor allem Effizienzgewinne und Rationalisierungseffekte zum Ziel.

Betriebe schließlich, die sowohl im Business-to-Business Bereich, als auch für den Verkauf von Produkten Online-Dienste einsetzen, gehören der letzte Stufe in diesem einfachen Entwicklungsmodell an. Selbstverständlich gibt es auch Betriebe, die direkt als Web-basierte Unternehmungen anfangen und somit direkt mit ihrer Gründung die Stufe 5 erklimmen. Für die Gesamtwirtschaft jedoch spielen sie – insbesondere was ihren Anteil an der Beschäftigung betrifft – nur eine sehr kleine Rolle.

Wie sieht nun die Verteilung der verschiedenen Typen der Electronic-Commerce-Nutzung in Deutschland aus? 28% aller Betriebe in Deutschland sind noch offline, haben also noch nicht einmal die erste Electronic-Commerce-Entwicklungsstufe erklommen. Als "Basic Online" können weitere 28% der Betriebe bezeichnet werden. Der Anteil derer, die das Internet lediglich für Marketingzwecke nutzen, liegt bei 16%.

Der Prozentsatz der Betriebe, die online Verkäufe tätigen, das Internet bzw. einen anderen Online-Dienst jedoch nicht zum Datenaustausch mit Zulieferern und Geschäftskunden nutzen, ist in allen Ländern gering und liegt in Deutschland bei 4%. Reine Business-to-Business-Anwender hingegen sind sehr viel häufiger: 15%. Ein Zehntel aller Betriebe schließlich nutzt Electronic Commerce sowohl zum Verkaufen als auch für die Optimierung der Wertschöpfungsketten mit ihren Zulieferern/ Geschäftspartnern, stellen also die europäische Electronic-Commerce-Elite dar. Im Vorreiterland Finnland sind es sogar 25%, beim Schlusslicht Italien lediglich 4% aller Betriebe.

6.2.2 Betriebsgrößenabhängigkeit der Nutzung allgemein

Eine Differenzierung nach Betriebsgröße zeigt, dass nur etwa ein Fünftel der deutschen Kleinstbetriebe mit unter 10 Beschäftigten über eine **Präsenz im Internet** verfügt, bei den größeren Betrieben sind dies etwa 80% (bei denen mit 200-499 Beschäftigten) bzw. 64% (bei denen mit über 500 Beschäftigten). In den nächsten 1-2 Jahren werden diese Zahlen bei den Großbetrieben den heutigen Planungen zufolge nochmals um ca. 12% bzw. 20% zunehmen, so dass nur noch eine kleine Zahl von etwa 10% der größeren Betriebe keine Internet-Präsenz aufweisen wird. Die kleineren Betriebe verzeichnen (erwartungsgemäß, da noch auf einem wesentlich niedrigeren Nutzungsniveau liegend) etwas stärkere zu erwartende Zuwächse. **Insbesondere die Kleinstbetriebe werden aber wohl noch einige Jahre brauchen, um die Werte der Großbetriebe zu erreichen:** Der Ländervergleich zeigt in allen Ländern starke betriebsgrößenspezifische Unterschiede. Allerdings ist der Anteil insbesondere der Kleinstbetriebe (> 10 Beschäftigte) mit Präsenz im Internet recht unterschiedlich ausgeprägt. Das Nutzungsspektrum in den Betrieben dieser Größenordnung reicht von sehr geringen 10% in Italien über bescheidene 20% in Deutschland bis zu beinahe 40% in den USA und Finnland.

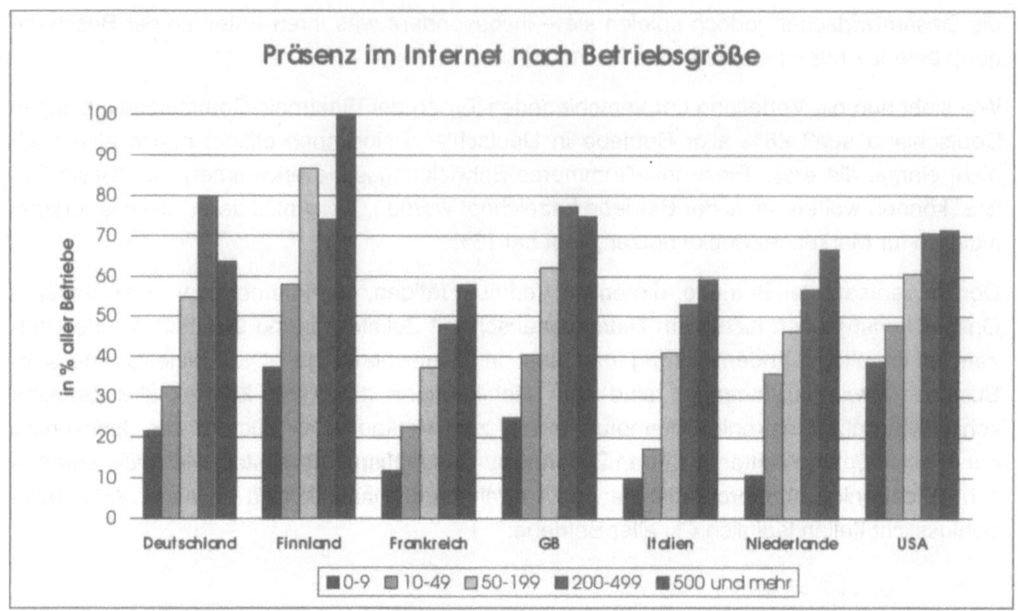

ABB. 33: PRÄSENZ IM INTERNET NACH BETRIEBSGRÖßE IN EUROPA UND DEN USA (QUELLE: EMPIRICA, BETRIEBSBEFRAGUNG 1999)

Um den Zweck der Internet-Präsenz nach Betriebsgrößenklassen differenziert auszuwerten, bietet sich die Verwendung der oben hergeleiteten Electronic-Commerce-Typen an. Grundsätzlich gilt: Je größer ein Betrieb ist, desto höher ist die Wahrscheinlichkeit, dass er schon eine höhere Stufe auf der Electronic-Commerce-Entwicklungsleiter erklommen hat. Bei den Kleinstbetrieben sind die Anteile der Betriebe, die als offline zu bezeichnen sind, noch erheblich: Nur in den USA, Großbritannien und Finnland liegt er merklich unter 50%, in Deutschland hingegen bei fast 60%. Andererseits ist der Anteil der deutschen Rundum-Nutzer in diesem Segment durchaus wettbewerbsfähig: Er liegt mit 7% nur knapp hinter Finnland und Großbritannien und deutlich vor den USA.

Mit zunehmender Mitarbeiterzahl verschieben sich die Anteile zugunsten der fortgeschritteneren Online-Aktivitäten, wobei der Unterschied zwischen den Betriebsgrößenklassen in den USA relativ schwach, in Deutschland und Frankreich dagegen sehr stark ausgeprägt ist.

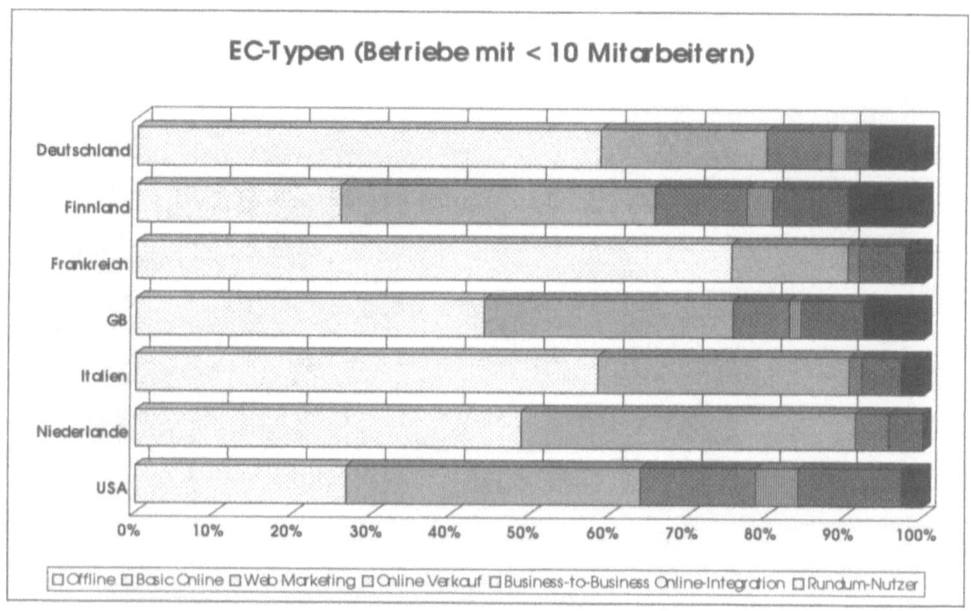

ABB. 34: VERTEILUNG DER KLEINSTBETRIEBE AUF DIE ELECTRONIC-COMMERCE-TYPEN IN EUROPA UND DEN USA (QUELLE: EMPIRICA, BETRIEBSBEFRAGUNG 1999)

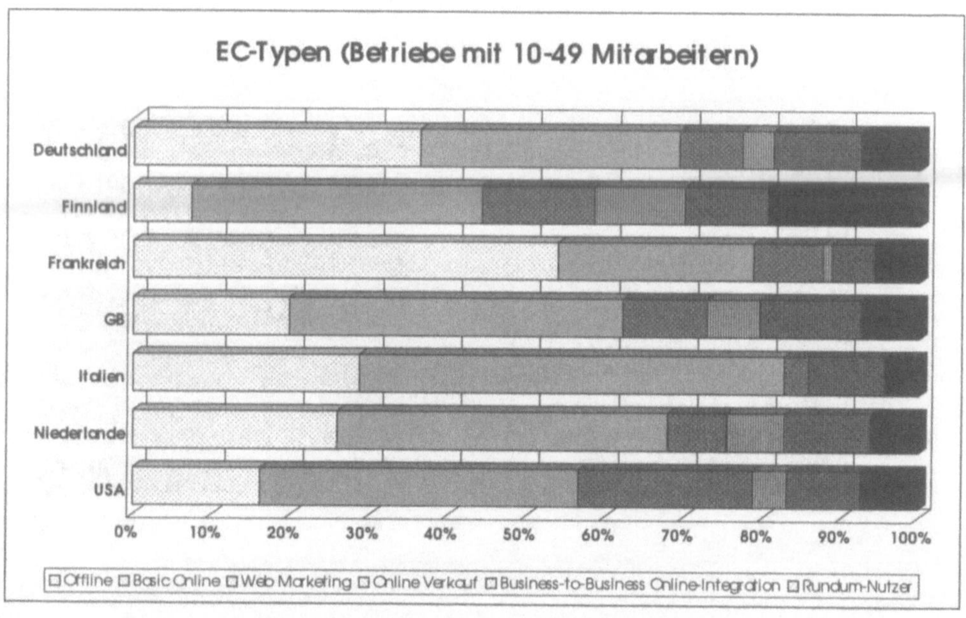

ABB. 35: VERTEILUNG DER KLEINBETRIEBE AUF DIE ELECTRONIC-COMMERCE-TYPEN IN EUROPA UND DEN USA (QUELLE: EMPIRICA, BETRIEBSBEFRAGUNG 1999)

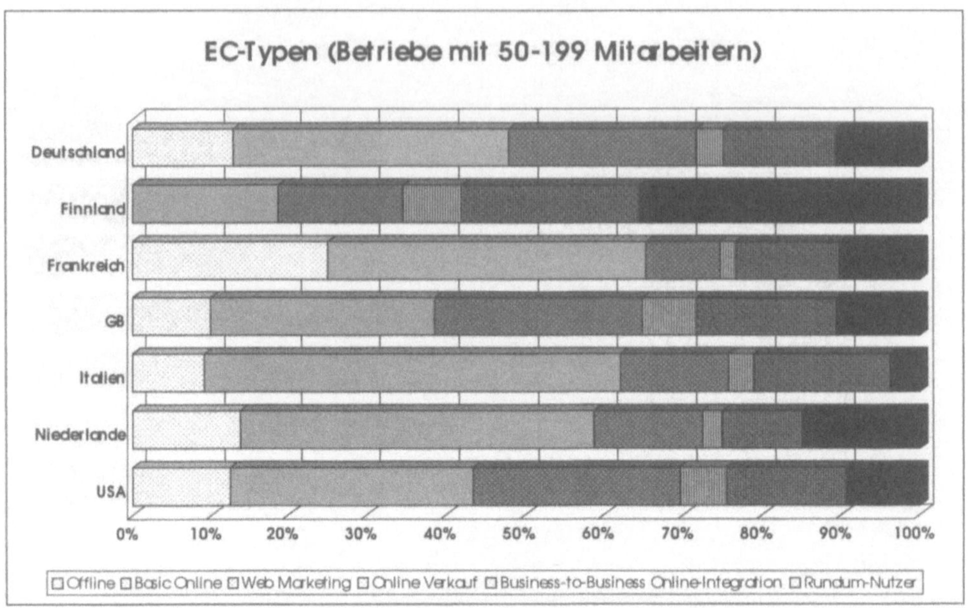

ABB. 36: VERTEILUNG DER MITTELGROßEN BETRIEBE AUF DIE ELECTRONIC-COMMERCE-TYPEN IN EUROPA UND DEN USA (QUELLE: EMPIRICA, BETRIEBSBEFRAGUNG 1999)

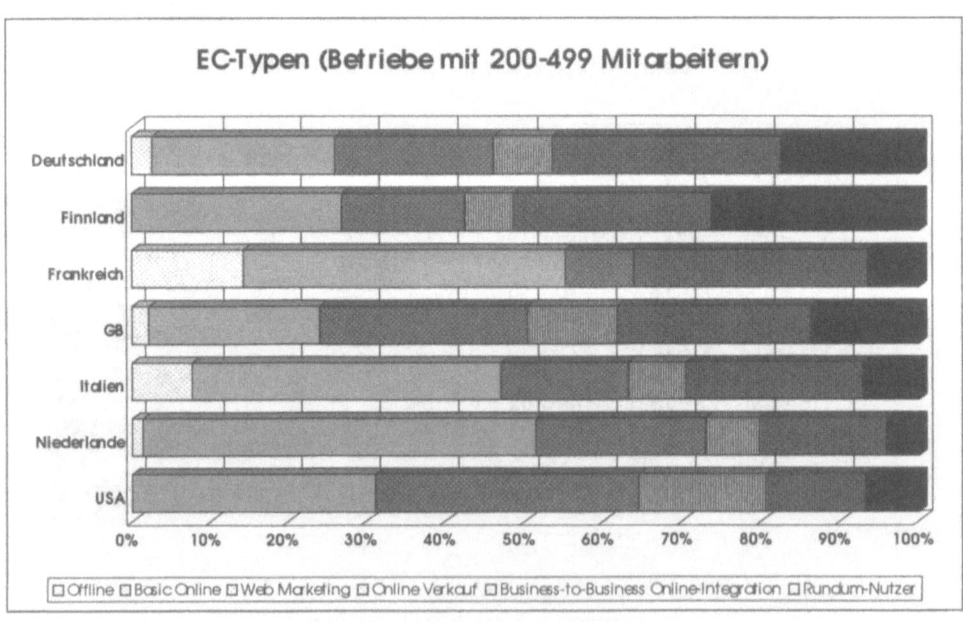

ABB. 37: VERTEILUNG DER GROßEN BETRIEBE AUF DIE ELECTRONIC-COMMERCE-TYPEN IN EUROPA UND DEN USA (QUELLE: EMPIRICA, BETRIEBSBEFRAGUNG 1999)

Gareis / Korte / Deutsch

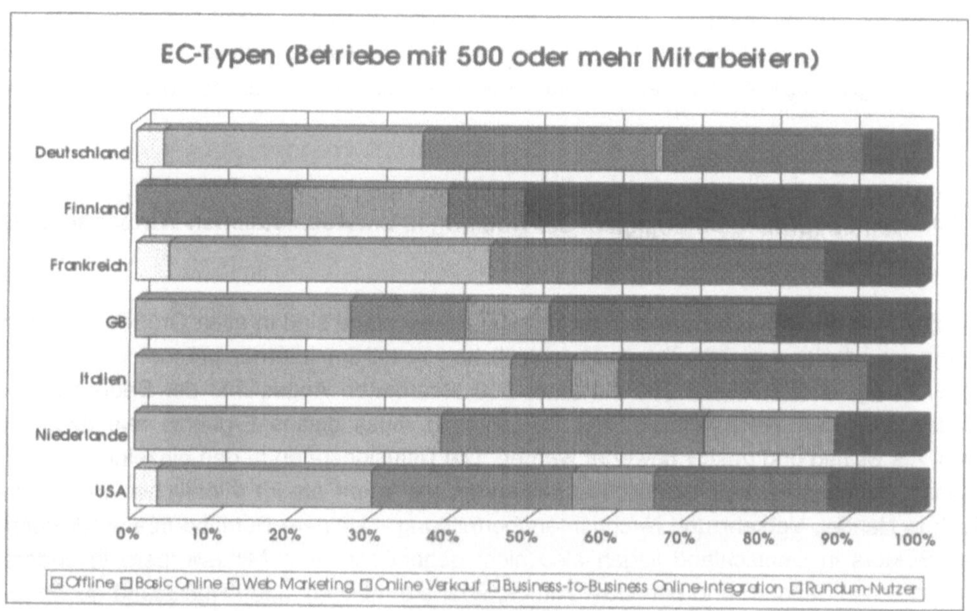

ABB. 38: VERTEILUNG DER SEHR GROßEN BETRIEBE AUF DIE ELECTRONIC-COMMERCE-TYPEN IN EUROPA UND DEN USA (QUELLE: EMPIRICA, BETRIEBSBEFRAGUNG 1999)

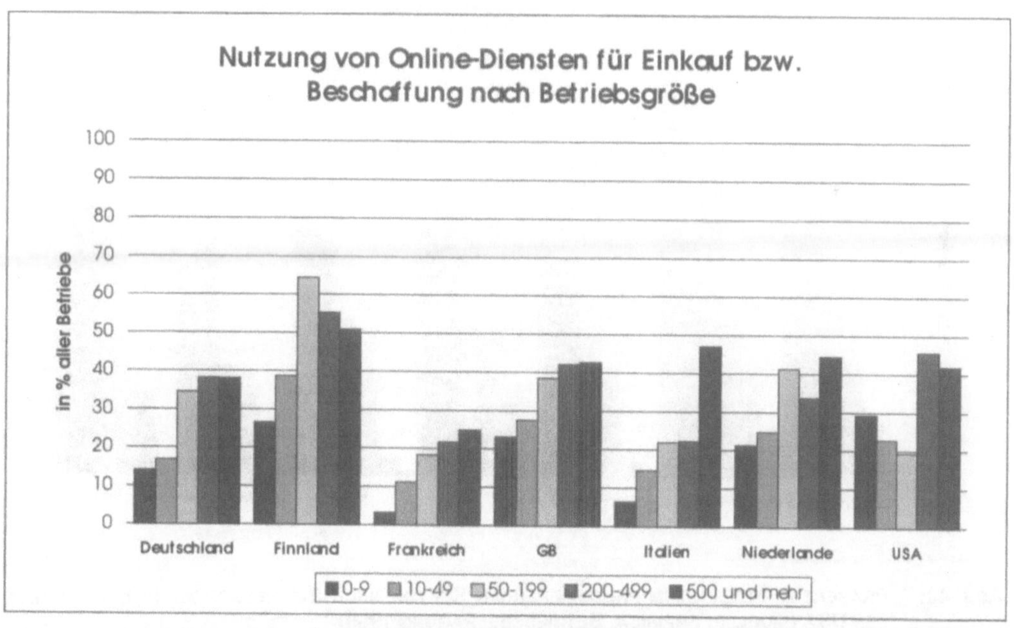

ABB. 39: NUTZUNGEN VON ONLINE-DIENSTEN FÜR DEN EINKAUF NACH BETRIEBSGRÖßE IN EUROPA UND DEN USA (QUELLE: EMPIRICA, BETRIEBSBEFRAGUNG 1999)

Bei der Nutzung von Online-Diensten für Einkauf und Beschaffung sind die Unterschiede zwischen den Nutzungsraten der unterschiedlichen Größenklassen im Vergleich z.B. zur Online-Präsenz recht gering – insbesondere für Finnland und die USA, wo bereits 30% der

Betriebe mit weniger als 10 Mitarbeitern online einkaufen. Der Vergleich mit diesen Ländern ergibt, dass in Deutschland noch eine nicht unerhebliche Nutzungslücke besteht, die es zu schließen gilt. Frankreich bildet bei Klein- und Kleinstbetrieben das europäische Schlusslicht.

6.2.3 Betriebsgrößenabhängigkeit der Nutzung in unterschiedlichen Wirtschaftssektoren

Die Betriebe des produzierenden Gewerbes in Deutschland sind in allen Größenklassen zu einem im Ländervergleich überdurchschnittlichen Anteil im Internet präsent – sie führen sogar in der Größenklasse 200 bis unter 500 Mitarbeiter. Angesichts der Bedeutung der Industrie für den Wirtschaftsstandort Deutschland muss dieses Ergebnis aus deutscher Sicht als wichtig und positiv bewertet werden. Die Diffusionsraten in den einzelnen Größenkassen klaffen allerdings erheblich auseinander, viel mehr als im öffentlichen Sektor und auch in Handel, Verkehr und Nachrichtenübermittlung – kleinere Betriebe des produzierenden Sektors in Deutschland liegen also nicht gegenüber ihren Mitbewerbern in anderen europäischen Ländern und den USA zurück, aber sie müssen einen Rückstand gegenüber den größeren Unternehmen im eigenen Land aufholen.

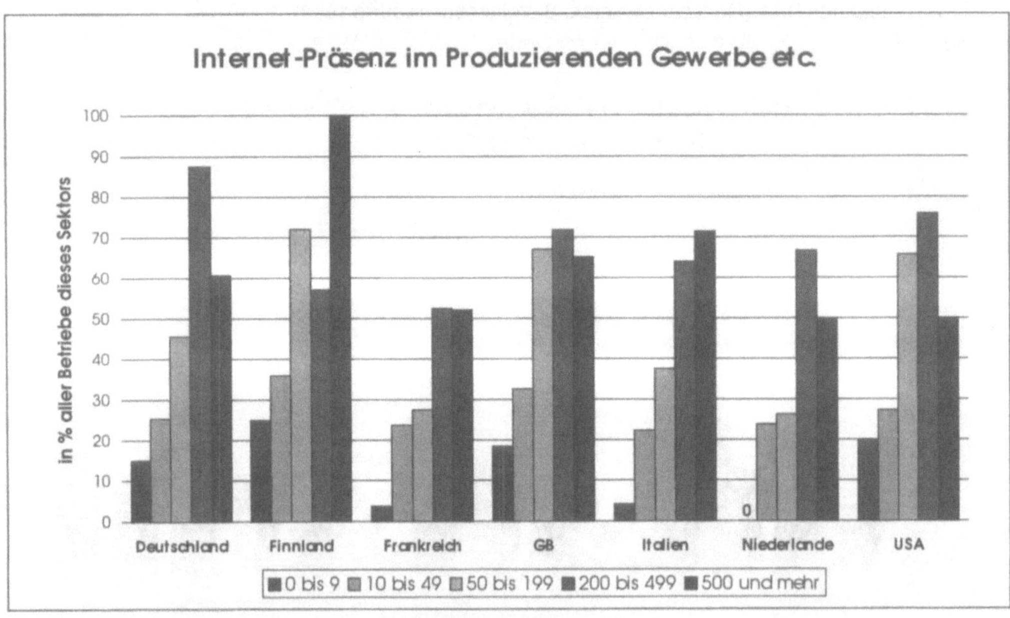

ABB. 40: PRÄSENZ IM INTERNET IM PRODUZIERENDEN SEKTOR NACH BETRIEBSGRÖßE IN EUROPA UND DEN USA (QUELLE: EMPIRICA, BETRIEBSBEFRAGUNG 1999)

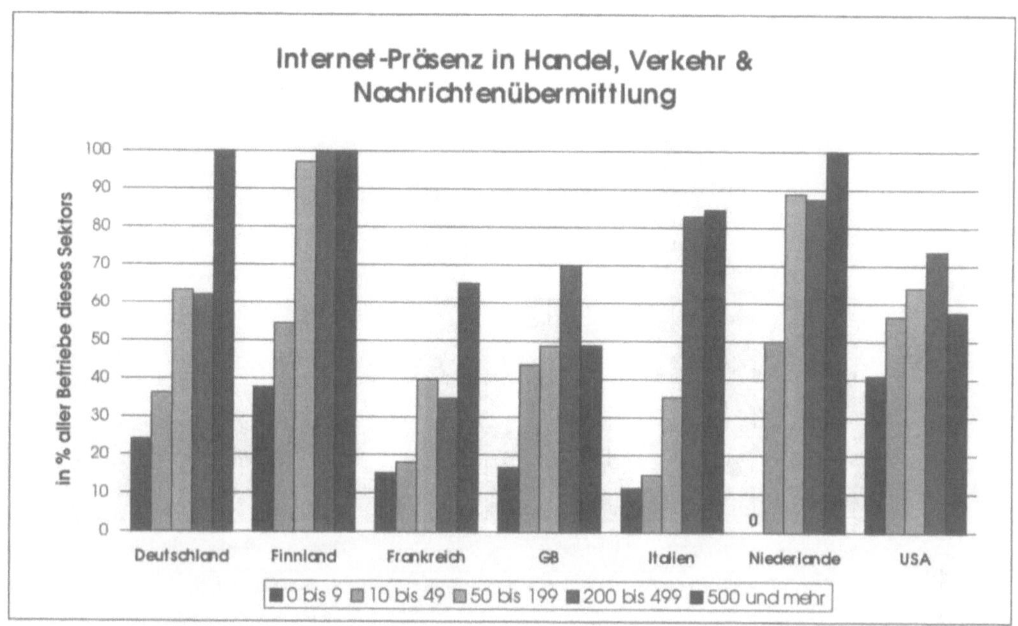

ABB. 41: PRÄSENZ IM INTERNET IN HANDEL, VERKEHR & NACHRICHTENÜBERMITTLUNG NACH BETRIEBSGRÖßE IN EUROPA UND DEN USA (QUELLE: EMPIRICA, BETRIEBSBEFRAGUNG 1999)

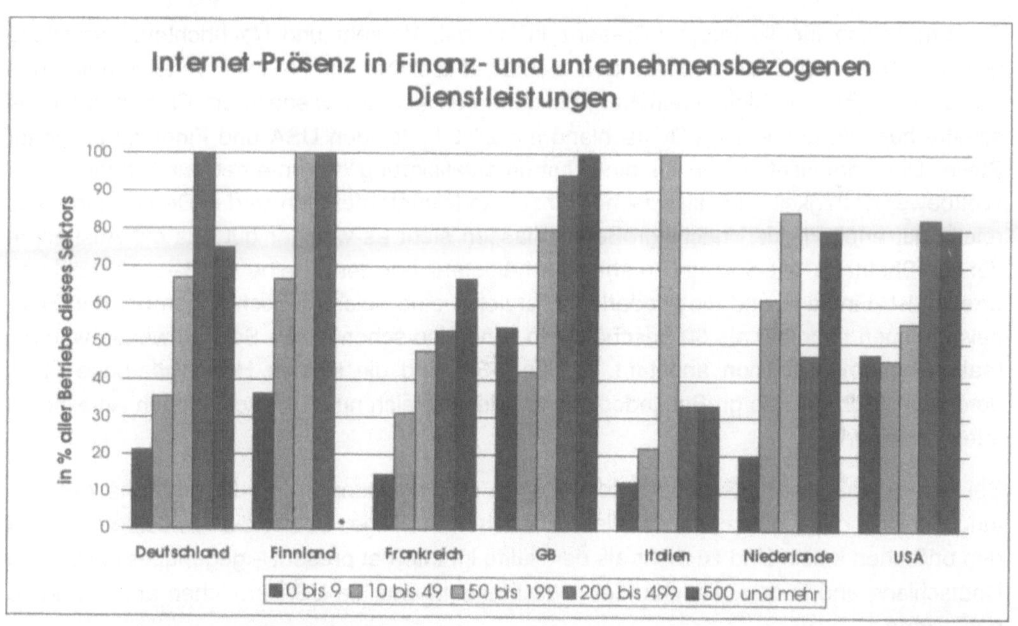

ABB. 42: PRÄSENZ IM INTERNET IN FINANZ- UND UNTERNEHMENSBEZOGENEN DIENSTLEISTUNGEN NACH BETRIEBSGRÖßE IN EUROPA UND DEN USA (* = GRÖßENKLASSE NICHT BESETZT)(QUELLE: EMPIRICA, BETRIEBSBEFRAGUNG 1999)

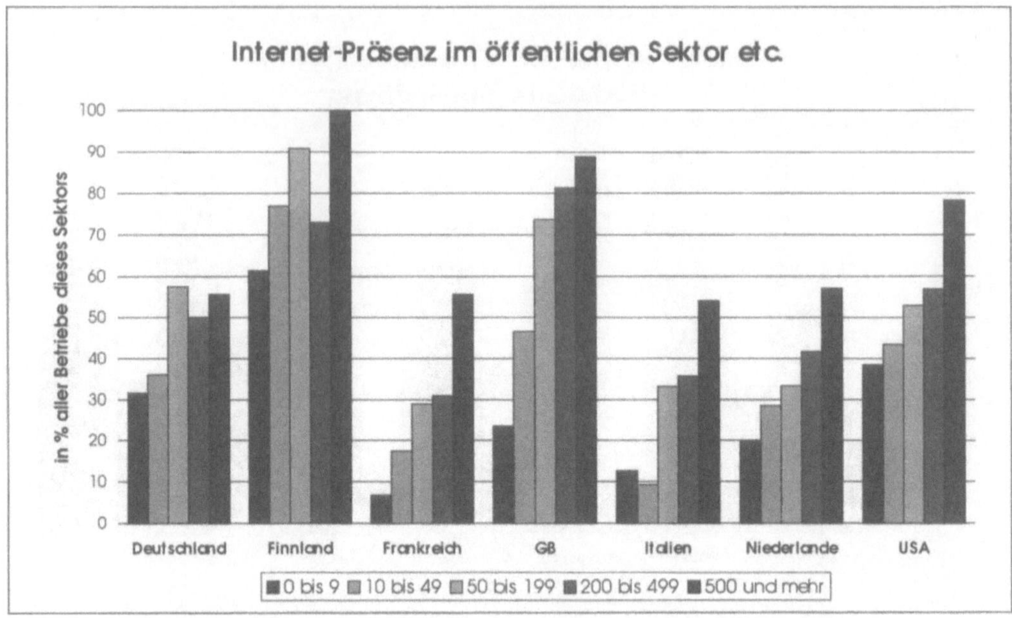

ABB. 43: PRÄSENZ IM INTERNET IM ÖFFENTLICHEN SEKTOR NACH BETRIEBSGRÖßE IN EUROPA UND DEN USA (QUELLE: EMPIRICA, BETRIEBSBEFRAGUNG 1999)

Die Ergebnisse für die Internet-Präsenz in Handel, Verkehr und Nachrichtenübermittlung lassen wegen der Heterogenität des Wirtschaftssektors nur schwer verallgemeinernde Schlüsse zu: Bei den Kleinstbetrieben, bei denen es sich überwiegend um Einzelhandelsgeschäfte handeln dürfte, liegt Deutschland mit 24% hinter den USA und Finnland an dritter Stelle. Die Voraussetzungen für eine Instrumentalisierung des Internet zur Erhöhung der Wettbewerbsfähigkeit auch klassischer Einzelhandelsunternehmen sind in Deutschland also relativ gut erfüllt. In den nächstgrößeren Klassen sieht es weniger gut aus mit Ausnahme der Großbetriebe mit 500 und mehr Beschäftigten, bei denen eine 100%ige Abdeckung erreicht ist. Finnland und die Niederlande erzielen eine solche jedoch schon bei den Handelsbetrieben mit mehr als 50 Beschäftigten, sind also schon einige Schritte weiter, was die brancheninterne Diffusion anbetrifft. In den USA sind die kleinen Handelsbetriebe überdurchschnittlich gut, die großen jedoch im Ländervergleich nur zu bescheidenen Anteilen im Internet präsent.

Bei den Finanz- und unternehmensbezogenen Dienstleistungen tritt die deutliche Ausrichtung der britischen Wirtschaft auf diese Branchen zu Tage: Selbst die Kleinstbetriebe auf den britischen Inseln sind zu mehr als der Hälfte im Internet präsent – gegenüber um 20% in Deutschland und in den Niederlanden. Nur Finnland und die USA erreichen annähernd so gute Werte.

Im öffentlichen Sektor schließlich unterscheiden sich in Deutschland die Durchdringungsraten nur wenig zwischen den Betriebsgrößenklassen – ganz anders als in Großbritannien und in Frankreich. Offensichtlich liegt die Entscheidung über eine Präsenz im Internet bei diesen Betrieben nicht in ihrer eigenen Hand, sondern wird ihnen von übergeordneten Stellen (Mutterunternehmen oder zugeordnete Behörde) abgenommen.

                                                           Gareis / Korte / Deutsch

6.2.4 Betriebsgrößenabhängigkeit der Nutzung bei unterschiedlichen Betriebstypen

Die Entscheidung darüber, ob ein Betrieb im Internet präsent wird und sich dort in Online-Vertrieb oder Business-to-Business-Kooperation mit Partnerunternehmen engagiert, hängt entscheidend von dem Betriebstyp ab: Einbetriebsunternehmen sind sehr viel seltenerer online präsent, als dies für Betriebe der gleichen Größenklasse, aber mit Einbindung in ein Mehrbetriebsunternehmen der Fall ist. In Deutschland liegen die Diffusionsraten für letztere besonders bei den kleineren Betrieben mit unter 200 Mitarbeitern um ca. 20-30 Prozentpunkte höher.

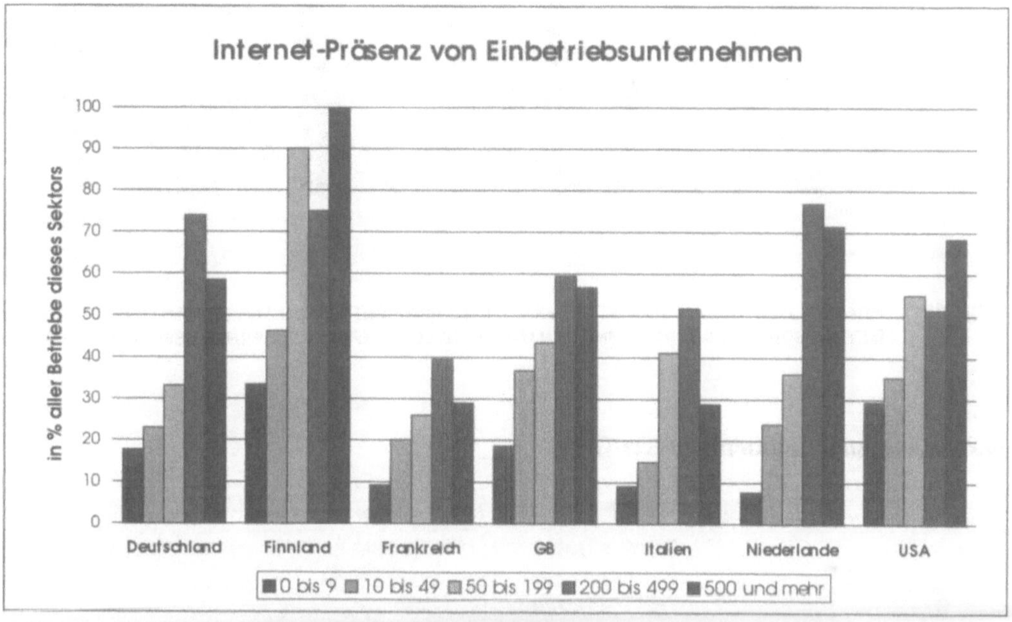

ABB. 44: PRÄSENZ IM INTERNET VON EINBETRIEBSUNTERNEHMEN NACH BETRIEBSGRÖßE IN EUROPA UND DEN USA (QUELLE: EMPIRICA, BETRIEBSBEFRAGUNG 1999)

Im Vergleich mit einfacheren Anwendungen wie der Existenz eines Zugangs zum Internet (vgl. Kapitel 6.1.4) sind die Differenzen zwischen den beiden Betriebstypen deutlich stärker. Ein großer Teil der im Internet präsenten Betriebe hat diesem Ergebnis zu Folge einen wesentlichen Teil ihres Antriebs zur Einrichtung z.B. einer Website aus der Einbindung in ein Mehrbetriebsunternehmen bezogen. Alleinstehenden Betrieben steht dieser „Diffusionskanal", über den die Innovation „eigene Website" die einzelnen Teile eines Mehrbetriebsunternehmens erreicht, nicht zur Verfügung.

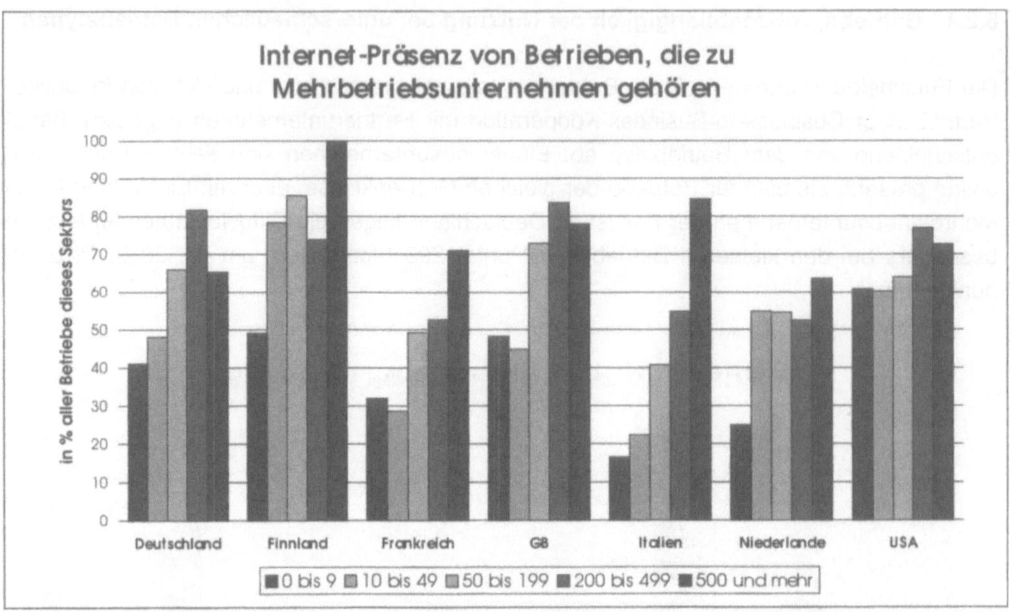

ABB. 45: PRÄSENZ IM INTERNET VON BETRIEBEN, DIE ZU MEHRBETRIEBSUNTERNEHMEN GEHÖREN, NACH BETRIEBSGRÖßE IN EUROPA UND DEN USA (QUELLE: EMPIRICA, BETRIEBSBEFRAGUNG 1999)

6.2.5 Vergleich Deutschland-Ost/West

Nutzung von Electronic Commerce durch Betriebe in Ost- und Westdeutschland						
	heutige Nutzer		Einführung konkret geplant		Einführung unsicher	
	West	Ost (ohne Berlin)	West	Ost (ohne Berlin)	West	Ost (ohne Berlin)
Präsenz im Internet	47,4%	39,9%	22,9%	13,6%	3,1%	3,8%
Vertrieb über das Internet	13,3%	7,9%	13,1%	3,7%	7,6%	5,3%
Online-Datenaustausch mit Zulieferern	22,1%	14,6%	22,2%	18,4%	4,8%	3,8%
Online-Einkauf/ Beschaffung	26,4%	9,8%	19,4%	26,5%	5,2%	3,1%

TAB. 10: NUTZUNG VON ELECTRONIC COMMERCE DURCH BETRIEBE IN OST- UND WESTDEUTSCHLAND (QUELLE: EMPIRICA, BETRIEBSBEFRAGUNG 1999)

Der Vergleich der neuen mit den alten Bundesländern zeigt: Ein merklich geringerer Anteil der ostdeutschen Betriebe praktiziert Electronic Commerce. Die Nutzungsraten klaffen besonders weit auseinander beim Online-Einkauf. Die Betriebe in den neuen Ländern müssen die Kosteneinsparungspotenziale, die sich aus der Beschaffung über das Internet ergeben, dringend in stärkerem Maße ausnutzen, um im harten Wettbewerb mit den (insbesondere) westdeutschen Konkurrenten bestehen zu können. Ein entsprechender Erkenntnisprozess

Gareis / Korte / Deutsch

hat allerdings offensichtlich schon eingesetzt, denn zusätzlich zu den heutigen 10% planen 27% aller ostdeutschen Betriebe, mit dem Einkauf über das Internet in den nächsten 1 bis 2 Jahren zu beginnen. Anders dagegen beim Online-Vertrieb: Die (auf der Grundlage der heutigen Pläne zu erwartenden) Wachstumsraten im Westen (knapp 100%) werden im Osten bei weitem nicht erreicht – und das, obwohl die heutigen Nutzeranteile dort sehr viel niedriger liegen (8% gegenüber 13% in den alten Ländern). Die Zahl der online vertreibenden Betriebe in Ostdeutschland wird sich in den nächsten 1-2 Jahren nur um voraussichtlich knapp 50% erhöhen. Sollte diese Vorhersage eintreffen und sich als Trend in die Zukunft fortsetzen, muss mit einem erheblichen Verlust an Wettbewerbsfähigkeit der Wirtschaft Ostdeutschlands gerechnet werden.

6.3 Fazit der Betriebsbefragung

Die deutsche Wirtschaft nutzt Electronic Commerce und die in diesem Zusammenhang notwendigen IuK-Techniken bereits in erheblichem Maße. Zwei Drittel aller Betriebe besitzen einen Zugang zum Internet, fast die Hälfte ist mit einer eigenen Website oder auf andere Weise im Internet präsent, ein gutes Viertel kauft online ein, 22% tauschen Daten mit Zulieferern bzw. Abnehmern aus, 14% vertreiben Produkte online.

Jedoch kann die heutige Situation im Vergleich mit den anderen Ländern Europas sowie den USA – auch bei Berücksichtigung der betrieblichen Investitionspläne für die nächsten 1 bis 2 Jahre – noch nicht befriedigen. Bei Betrachtung der aggregierten Ebene – alle Betriebsgrößen zusammen – liegt Deutschland hinter dem weltweiten Spitzenreiter Finnland, den USA, Großbritannien und den Niederlanden zurück. Nur gegenüber Frankreich und Italien konnte ein Vorsprung analysiert werden, wobei das schlechte Abschneiden der italienischen Wirtschaft sehr wesentlich eine Folge deren im Ländervergleich ungünstigen Betriebsgrößenstruktur ist (der Anteil der Bevölkerung, der in Kleinstbetrieben beschäftigt ist, ist dort vergleichsweise sehr hoch).

Eine Untersuchung der Nutzung von IuK-Techniken in Abhängigkeit von der Betriebsgröße, gemessen an der Mitarbeiterzahl, verdeutlicht die problematische Situation der deutschen Wirtschaft: **Es sind insbesondere Betriebe der kleinen und mittleren Größenklassen, die gegenüber den entsprechenden Betrieben aus den Vergleichsländern zurückliegen**, während die größeren Einheiten durchaus mit den europäischen Vorreitern mithalten können. In den Größenklassen bis zu 9 sowie 10 bis 49 Beschäftigte stellt Deutschland zusammen mit Frankreich das Schlusslicht dar hinsichtlich der Nutzung von E-Mail und Internet. Zwar sind auch relativ viele kleinere Betriebe bereits im Internet präsent, d.h. verfügen über eine eigene Website oder sind auf andere Weise vertreten, jedoch betreiben nur 12% der Kleinstbetriebe und 23% der Betriebe mit 10-49 Mitarbeitern Electronic Commerce im engeren Sinne (online Verkauf oder Datenaustausch mit Zulieferern/ Geschäftskunden) – gegenüber Werten von 23% bzw. 42% in Finnland.

Die Betriebsgrößenabhängigkeit der Nutzung, statistisch ermittelt anhand eines geeigneten Korrelationsmaßes, ist für diese Techniken in Deutschland überdurchschnittlich hoch: Eine geringe Betriebsgröße stellt in unserem Land ein größeres Handicap für eine Teilnahme am

Electronic Commerce dar als in der Mehrzahl der anderen Länder. Besonders ausgeprägt ist dieser Befund im produzierenden Gewerbe. Aber auch kleinere Betriebe des Sektors Finanz- und unternehmensbezogene Dienstleistungen, die nicht Teil eines der marktführenden Player sind, nutzen das Internet weit weniger, als angesichts ihrer bedeutenden Rolle als Katalysatoren des Wirtschaftsgeschehens zu verlangen ist.

Einbetriebsunternehmen tun sich schwerer dabei, die Innovation Electronic Commerce zu adaptieren, als solche Betriebe, die sich bei der Ausrüstung mit IuK-Technik auf die Hilfe anderer Unternehmensteile stützen können.

Kleinstbetriebe weisen allerdings auch durchaus Wettbewerbsvorteile auf: So ist – unter den Betrieben mit Internet-Zugang – die Wahrscheinlichkeit, dass ein Mitarbeiter an seinem Arbeitsplatz freien Zugriff auf das Internet hat, bei Kleinstbetrieben deutlich höher als bei Betrieben mit höherer Beschäftigtenzahl. Deutsche Betriebe verhalten sich jedoch allgemein sehr restriktiv, wenn es darum geht, den Mitarbeitern Zugang zu E-Mail und Internet zu verschaffen. Angesichts der Bedeutung, welche die tägliche Auseinandersetzung mit diesen Medien für die Vermittlung von Medienkompetenz und das Schaffen von Vertrauen in die neuartigen Kommunikationsmittel hat, ist dieser Befund sehr zu bedauern.

Finnland, die USA und teilweise auch Großbritannien und die Niederlande sind Länder, in denen die Diffusion von Internet und Electronic Commerce auch die kleineren Betriebsgrößenklassen schon umfassend erreicht hat und die Betriebsgröße als wesentliche Determinante der Nutzungsmuster graduell an Einfluss verliert. Da Electronic Commerce – wie in anderen Kapitel dieses Bandes bereits ausführlich dargelegt wurde – gerade kleineren Unternehmen große Wettbewerbsvorteile verschaffen kann bzw. zur Verteidigung der derzeitigen Marktposition dringend erforderlich ist, muss dafür gesorgt werden, dass die Größenabhängigkeit der Nutzung auch in Deutschland rapide zurückgeht. Dazu ist es notwendig, die konkreten Barrieren, die kleine Betriebe in Deutschland mehr als in anderen Ländern von einer Nutzung von Electronic Commerce abhalten, zu identifizieren und entsprechend Maßnahmen zu entwickeln. In Kapitel 9 wird hierzu eine erste Zusammenstellung der verfügbaren Praxisbefunde präsentiert.

Zwischen West- und Ostdeutschland bestehen deutliche Unterschiede in der Nutzung bestimmter IuK-Techniken. Insbesondere finden sich in den neuen Ländern sehr viel weniger Betriebe, die über ein Intranet verfügen bzw. dies in der nahen Zukunft implementieren wollen. Dieses Ergebnis deutet an, dass die interne Informationsweitergabe und damit die Qualifizierung des Personals in Ostdeutschland einen geringeren Stellenwert hat als im Westen. Einer solche Entwicklung sollte im Interesse des Aufholprozesses der ostdeutschen Wirtschaft unbedingt vermieden werden. Ostdeutsche Betriebe weisen auch deutlich niedrigere Zuwachsraten bzgl. Online-Vertrieb, aber auch Online-Präsenz auf, als ihre westdeutschen Pendants. Hier besteht Handlungsbedarf.

6.4 Zugangsmöglichkeiten der Privatpersonen zu Electronic-Commerce

6.4.1 Nutzung in Europa im Überblick

Im Folgenden wird ein Überblick über die Nutzungsmuster der Gesamtbevölkerung (ab 15 Jahre) in 6 ausgewählten Ländern Europas hinsichtlich des privaten und beruflichen Einsatzes von IuK-Technik gegeben. Dabei wird auf solche Techniken fokussiert, die für Electronic Commerce heute und in der absehbaren Zukunft von besonderem Belang sind.

Der **PC** ist heute das primäre Endgerät für den Zugriff auf das Internet. Die Diffusion der PC-Technologie hat in den Betrieben ihren Anfang genommen, weshalb heute noch viele Personen hauptsächlich oder ausschließlich an ihrem Arbeitsplatz einen PC nutzen. Der Computer am Arbeitsplatz steht jedoch nicht oder nur sehr begrenzt für private Zwecke zur Verfügung, weshalb auch bei der Erhebung eine Unterscheidung zwischen beruflicher und häuslicher Nutzung gemacht wurde. Schließlich ist der häusliche **Zugang zu einem PC** mit Online-Anschluss von Bedeutung, auch wenn dieser (noch) nicht selbst genutzt wird – denn bei Interesse könnte ohne größeren Aufwand auf Electronic-Commerce-Angebote zugegriffen werden.

Auch mit **E-Mail** werden die meisten Personen – soweit sie erwerbstätig sind und in einem größeren Unternehmen arbeiten – zuerst im Beruf konfrontiert. E-Mail spielt zwar für viele Electronic-Commerce-Anwendungen nur eine untergeordnete Rolle (der Bestellvorgang erfolgt in der Regel formularbasiert), jedoch vermittelt die Beschäftigung mit E-Mail Fähigkeiten in der Benutzung asynchroner elektronischer Kommunikationsmedien, die für jede Form der Internet-Nutzung enorm wichtig sind. Die **Intensität der E-Mail-Nutzung** (gemessen an der Zahl der bearbeiteten elektronischen Briefe) ist ein Indikator für die Vertrautheit mit dem Medium.

Bezüglich der Nutzung von **Online-Diensten** werden grundsätzlich nicht nur das **Internet**, sondern auch andere Online-Dienste berücksichtigt, da Funktionsweise und Zweck sich aus Nutzersicht häufig sehr stark ähneln. In Deutschland zählt **BTX** (später Datex-J, heute T-Online), das bereits in den frühen 1980er Jahren auf den Markt gebracht wurde, zu den alternativen Angeboten. Heute ist BTX allerdings sehr weitgehend mit dem Internet verschmolzen, so dass eine separate Betrachtung keinen Sinn mehr machen würde. In anderen Ländern gibt es BTX-ähnliche Systeme wie das französische Minitel sowie Online-Dienste, die ausschließlich der sicheren Abwicklung von Tele-Banking dienen. Bei allen diesen Systemen wird jedoch eine mehr oder weniger starke Integration mit dem Internet angestrebt, so dass verallgemeinernd und mit Blick auf die Zukunft bei praktisch allen Online-Diensten von Internet-Anwendungen gesprochen werden kann.

Bei den Online-Diensten wird unterschieden zwischen einer regelmäßigen, d.h. mindestens monatlichen Nutzung, und einer gelegentlichen Nutzung, die unserer Arbeitsdefinition zu Folge bereits gegeben ist, wenn die betreffende Person bereits einmal einen solchen Dienst genutzt hat. Da die Bereitschaft und Fähigkeit, als Nachfrager am Electronic Commerce teilzunehmen, eine gewisse Vertrautheit mit dem Medium voraussetzt, sind es vorrangig die regelmäßigen Nutzer, die maßgeblich für die Bewertung der Internet-Nutzungsintensität sind.

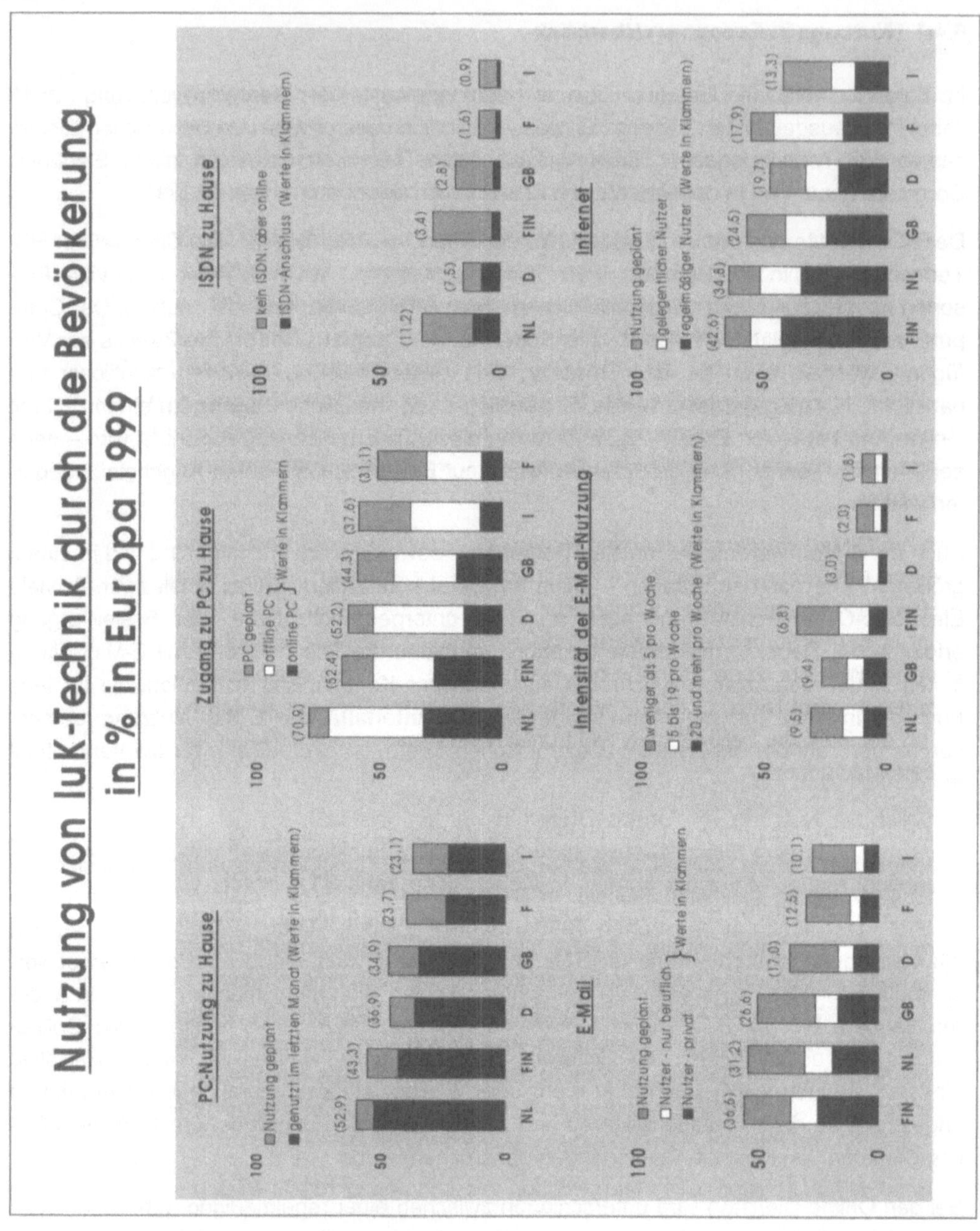

ABB. 46: NUTZUNG VON IUK-TECHNIK DURCH DIE BEVÖLKERUNG IN AUSGEWÄHLTEN LÄNDERN EUROPAS (QUELLE: EMPIRICA, BEVÖLKERUNGSBEFRAGUNG 1999)

Da dem mobilen Zugang zu Electronic-Commerce-Angeboten in Zukunft eine größere Bedeutung zukommen wird, soll schließlich ein Blick auf die Nutzung von **Mobile Computing** geworfen werden, d.h. die berufliche Nutzung eines mobilen Rechners (Laptop bzw. Notebook) unterwegs. Als Nutzer von Mobile Computing werden solche Erwerbstätigen bezeichnet, die mehr als 10 Stunden ihrer Arbeitszeit pro Monat unterwegs (auf Geschäftsreisen, im Außendienst) sind und dabei in der Regel einen mobilen Rechner mit sich führen und nutzen. Diese Beschränkung auf Personen, die tatsächlich mit einer gewissen Häufigkeit beruflich reisen, erschien notwendig, da ein Großteil der verkauften Notebooks stationär verwendet wird und damit das Kriterium der mobilen Nutzung nicht erfüllt.

Hinsichtlich der **häuslichen Nutzung und Verfügbarkeit von PCs** schneidet Deutschland überdurchschnittlich gut ab (siehe Abb. 46). 37% der deutschen Bevölkerung[18] nutzen monatlich einen PC zu Hause und damit weniger als in den Niederlanden (53%) und Finnland (43%), aber immerhin noch mehr als in Großbritannien (35%). 52% der Deutschen verfügen zu Hause über einen Zugang zum PC, ebensoviel wie im Musterland Finnland. Nur die Niederlande setzt sich in dieser Kategorie vom Feld ab mit 71% der Bevölkerung, die zu Hause auf einen PC zugreifen können. In Frankreich sind es hingegen nur 31%. Nutzer-Know-how sowie Verfügbarkeit eines PC sind demnach Variablen, die auf eine gute Ausgangssituation für Electronic-Commerce hinweisen, insofern die Fähigkeit, mit einem PC umgehen zu können, heute und auch noch in den kommenden Jahren eine Grundvoraussetzung für den Online-Einkauf darstellt.

Zugang zu PC und Online-PC zu Hause				
	(1) Zugang zu einem PC zu Hause	**(2) Zugang zu einem Online-PC zu Hause**	**Anteil (2) von (1) in %**	**Anteil ISDN-Anschluss von (2) in %**
Deutschland	52,2%	15,7%	30,1%	47,8%
Finnland	52,4%	28,0%	53,4%	12,1%
Frankreich	31,1%	8,8%	28,3%	18,2%
GB	44,3%	19,0%	42,9%	14,7%
Italien	37,6%	9,1%	24,2%	9,9%
Niederlande	70,9%	32,7%	46,1%	34,3%

TAB. 11: ZUGANG ZU PC UND ONLINE-PC ZU HAUSE IN AUSGEWÄHLTEN LÄNDERN EUROPAS (QUELLE: EMPIRICA, BEVÖLKERUNGSBEFRAGUNG 1999)

Das Bild trübt sich allerdings etwas, sobald die Versorgung mit Online-Anschlüssen in die Betrachtung einbezogen wird. Während 52% der Deutschen einen PC zur Verfügung haben, können nur 16% auf einen PC mit Online-Anschluss zugreifen, also weniger als ein Drittel! In Großbritannien sind PCs in den privaten Haushalten seltener, aber ein deutlich höherer Anteil hiervon ist online vernetzt und damit direkt Electronic-Commerce-fähig. In Deutschland gilt es also, Maßnahmen zu ergreifen, um das in den Haushalten schlummernde Electronic-Commerce-Potenzial zu wecken, indem noch bestehende Barrieren für die Implementierung eines Online-Anschlusses gezielt angegangen werden (siehe Kapitel 9).

---

[18] Alle Prozentangaben beziehen sich, wenn nicht anders angegeben, auf die **gesamte Bevölkerung im Alter von 15 oder mehr Jahren.**

Knapp die Hälfte der Nutzer, die mit ihrem PC online gehen, tun dies in Deutschland mittels ISDN (siehe Tab. 11) – der mit Abstand höchste Wert und ein Hinweis darauf, dass Deutschland über hervorragende infrastrukturelle Voraussetzungen für die Nutzung von Online-Medien verfügt. Nur in den Niederlanden spielt ISDN eine annähernd vergleichbare Rolle – hier sind es etwa ein Drittel der Online-Nutzer, die über ISDN verfügen.

Etwa 17% der deutschen Bevölkerung über 14 Jahren nutzen derzeit regelmäßig E-Mail (siehe Abb. 46). Als intensive Nutzer mit mehr als 20 Mails pro Woche sind hiervon 3% zu betrachten, immerhin noch 10% kommen wöchentlich auf 5 elektronische Briefe oder mehr. In den nächsten 1 bis 2 Jahren wollen weitere 20% der Bevölkerung mit der E-Mail-Nutzung beginnen. So beachtlich diese Werte angesichts des kurzen Zeitraums, der seit Einführung von E-Mail vergangen ist, für sich selbst betrachtet sind, so enttäuschend muten sie im europäischen Vergleich an: In Finnland, Großbritannien und den Niederlanden werden erheblich höhere Nutzungsraten von bis zu 37% erzielt, und auch in diesen Ländern ist das Wachstum der Nutzerzahlen ungebremst. Bereits 2001 werden voraussichtlich über 50% der finnischen Bevölkerung per E-Mail kommunizieren können. Die eifrigsten E-Mailer sind die Briten mit einem besonders hohen Anteil an intensiven Nutzern, während die finnischen E-Mail-Nutzer im Durchschnitt weniger elektronische Briefe bearbeiten.

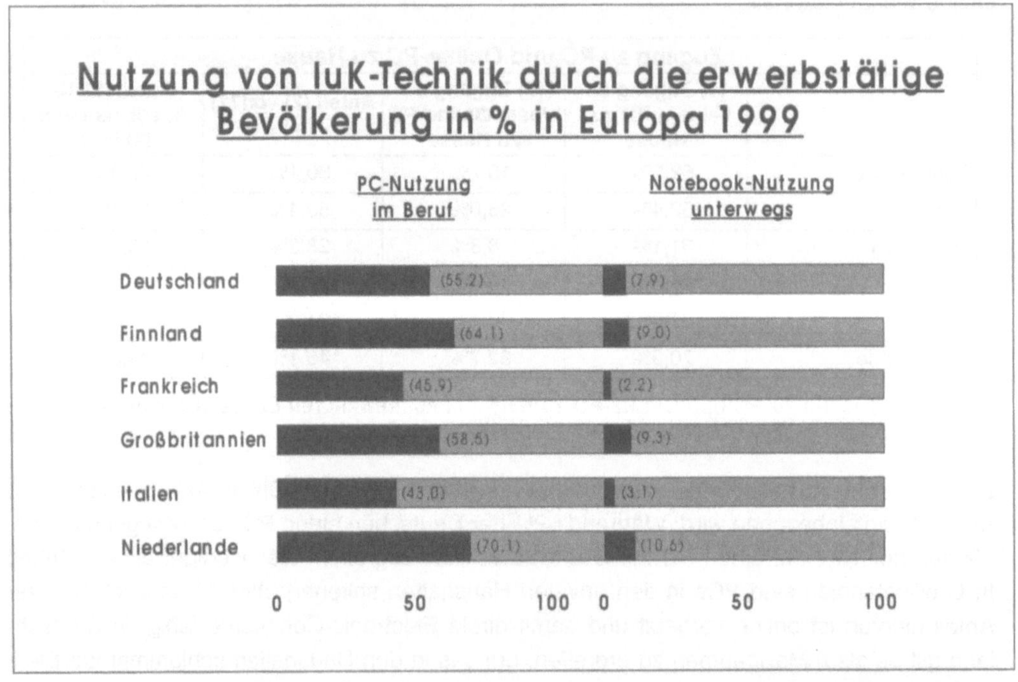

ABB. 47: NUTZUNG VON IUK-TECHNIK DURCH DIE ERWERBSTÄTIGE BEVÖLKERUNG IN AUSGEWÄHLTEN LÄNDERN EUROPAS (QUELLE: EMPIRICA, BEVÖLKERUNGSBEFRAGUNG 1999)

Ein Drittel der Deutschen hat bereits Erfahrungen im Internet bzw. einem anderen Online-Dienst (in Deutschland z.B. BTX, in Frankreich Minitel) gemacht. Auch diesbezüglich ist der Rückstand gegenüber den Finnen und den Niederländern beträchtlich. Auch die Franzosen

                                                                 Gareis / Korte / Deutsch

weisen einen hohen Nutzungswert auf (46%), der allerdings im Wesentlichen von gelegentlichen Nutzern gebildet wird, während nur 18% pro Monat regelmäßig das Internet oder einen anderen Online-Dienst nutzen (gegenüber 20% in Deutschland).

An der relativen Position Deutschlands wird sich in den kommenden Monaten nur allmählich etwas ändern – trotz einer hohen Wachstumsrate von mehr als 40%. In Finnland werden – zieht man die heutigen Planungen der Akteure heran – bis 2001 bereits knapp 2/3 der Bevölkerung zumindest gelegentlich das Internet nutzen.

Im Hinblick auf die zunehmende Bedeutung, die der mobile Zugang zu Electronic-Commerce-Angeboten in der Fachdiskussion spielt, sind Erfahrungen mit dem mobilen Umgang mit PC-Technik von Interesse (siehe Abb. 47). Der Anteil der Personen, die in nennenswertem Umfang mobil von einem tragbaren Rechner Gebrauch machen, an der Gesamtbevölkerung ist allerdings in allen Ländern noch recht gering. Er liegt zwischen 8% und 11% an der erwerbstätigen Bevölkerung mit Ausnahme Italiens und Frankreichs, wo nur 2-3% als mobile Notebook-Nutzer einzustufen sind.

6.4.2 Abhängigkeit der Nutzung vom Geschlecht

Nutzung des Internet nach Geschlecht				
		regelmäßige Nutzer	Nutzungsrate der Frauen in % der Nutzungsrate der Männer	Nutzung geplant
Deutschland	Männer	25,7%	55,3%	15,0%
	Frauen	14,2%		13,4%
Finnland	Männer	46,1%	84,8%	9,4%
	Frauen	39,1%		10,8%
Frankreich	Männer	21,5%	67,9%	11,0%
	Frauen	14,6%		7,8%
Großbritannien	Männer	30,4%	65,5%	14,6%
	Frauen	19,9%		16,3%
Italien	Männer	19,6%	36,7%	17,5%
	Frauen	7,2%		20,6%
Niederlande	Männer	43,1%	61,5%	10,7%
	Frauen	26,5%		13,3%

TAB. 12: NUTZUNG DES INTERNET ODER EINES ANDEREN ONLINE-DIENSTES NACH GESCHLECHT IN AUSGEWÄHLTEN LÄNDERN EUROPAS (QUELLE: EMPIRICA, BEVÖLKERUNGSBEFRAGUNG 1999)

Das Internet ist heute noch eine männliche Domäne. Während in Deutschland 26% der Männer regelmäßige Nutzer von Internet oder einem anderen Online-Dienst sind, liegt der Anteil bei den Frauen bei nur 14% (siehe Tab. 12). Damit sind die geschlechtsspezifischen Differenzen in Deutschland nach Italien am größten: Der Nutzeranteil unter den Frauen hat erst 55% der Diffusionsrate unter den Männern erreicht. Viel ausgeglichener ist die Situation im Vorreiterland Finnland, aber auch in Frankreich.

Ein Blick auf die voraussichtlichen Zuwächse bzgl. Internetnutzung legt den Schluss nah, dass sich die noch bestehende Lücke zwischen männlichen und weiblichen Nutzerzahlen mittelfristig schließen wird. Die Zahl der weiblichen Nutzer wird sich nach den Planungen der Befragten in den nächsten zwei Jahren fast verdoppeln, während das Wachstum bei den Männern nur drei Fünftel betragen wird. Bis zu einem Ausgleich der geschlechtsspezifischen Differenzen sind jedoch noch gezielte Maßnahmen zu treffen, um insbesondere in den Ländern mit großer „Geschlechterlücke" für mehr Interesse bei den Frauen zu sorgen.

Die Ursache für die männliche Dominanz unter den Internet-Nutzern liegt auf der Hand: Das heute dominierende Zugangsgerät, der PC, wird privat von einem deutlich größeren Anteil der Männer genutzt – in Deutschland nutzen 45% der Männer zu Hause einen Computer, während der Anteil unter den Frauen nur 29% beträgt (siehe Tab. 13). Interessant ist diesbezüglich ein Gegenüberstellung der Nutzungsraten nach Geschlecht für Internet und häuslichen PC: Während die relativen Nutzungsraten der Frauen in Deutschland, den Niederlanden und insbesondere Italien für das Internet deutlich niedriger liegen als für den PC, trifft das Gegenteil in Frankreich und Finnland zu. In diesen Ländern interessieren sich die PC-nutzenden Frauen also besonders stark für das Internet.

PC-Nutzung zu Hause nach Geschlecht				
		regelmäßige Nutzer	Nutzungsrate der Frauen in % der Nutzungsrate der Männer	Nutzung geplant
Deutschland	Männer	45,4%	63,9%	10,3%
	Frauen	29,0%		8,4%
Finnland	Männer	48,8%	77,0%	10,8%
	Frauen	37,6%		13,2%
Frankreich	Männer	29,8%	61,1%	14,0%
	Frauen	18,2%		18,4%
Großbritannien	Männer	43,0%	66,7%	12,5%
	Frauen	28,7%		11,4%
Italien	Männer	28,6%	62,2%	15,2%
	Frauen	17,8%		13,5%
Niederlande	Männer	62,2%	70,1%	6,1%
	Frauen	43,6%		7,2%

TAB. 13: NUTZUNG EINES PC ZU HAUSE NACH GESCHLECHT IN AUSGEWÄHLTEN LÄNDERN EUROPAS (QUELLE: EMPIRICA, BEVÖLKERUNGSBEFRAGUNG 1999)

6.4.3 Abhängigkeit der Nutzung vom Alter

Wenig überraschend ist die Tatsache, dass das Internet überproportional in den jungen Altersklassen genutzt wird und die Nutzungsraten oberhalb einer gewissen Schwelle mit zunehmendem Alter kontinuierlich abnehmen. Während in Deutschland 22% der 15- bis 17-Jährigen und 35% der 18 bis unter 30-Jährigen regelmäßig das Internet nutzen, liegt der Anteil bei den Senioren ab 65 Jahren bei nur 4%. Im europäischen Vorreiterland Finnland sind in den jungen Altersgruppen bereits fast drei Viertel aller Personen regelmäßig online, über Internet-Erfahrungen verfügen praktisch alle 15- bis 17-Jährigen.

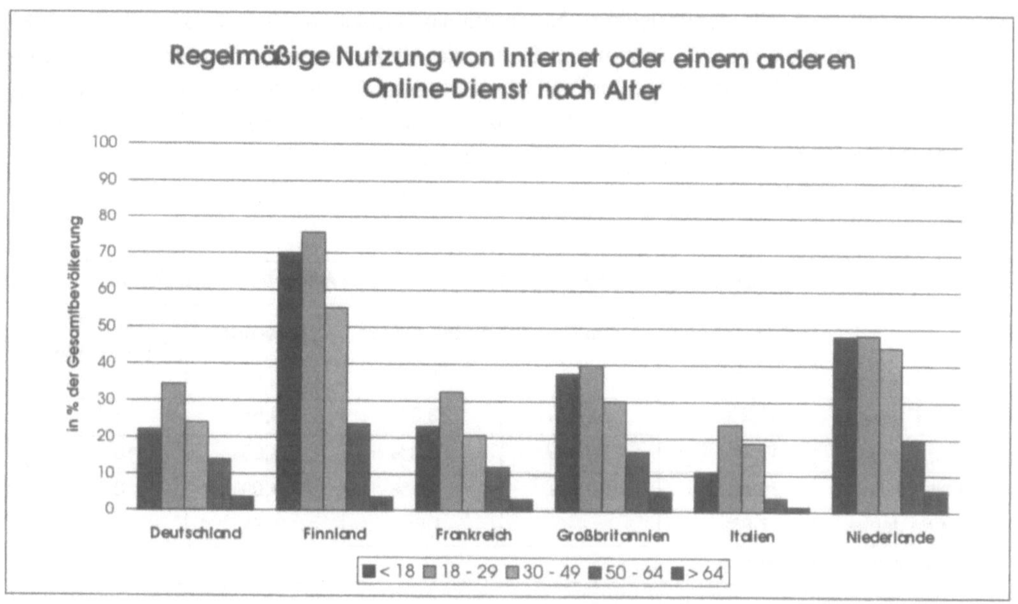

ABB. 48: REGELMÄßIGE NUTZUNG VON INTERNET ODER EINEM ANDEREN ONLINE-DIENST NACH ALTER IN AUSGEWÄHLTEN LÄNDERN EUROPAS (QUELLE: EMPIRICA, BEVÖLKERUNGSBEFRAGUNG 1999)

Nutzung von Internet oder einem anderen Online-Dienst (regelmäßig oder gelegentlich) unter den Senioren			
	Bevölkerung >64 (in Tausend)	Nutzer von Internet oder anderem Online-Dienst (in % der Bev. >64)	Nutzer >64 von Internet oder anderem Online-Dienst (in Tausend)
Deutschland	12.857	6,0%	771
Finnland	743	8,5%	63
Frankreich	9.012	17,2%	1.550
Großbritannien	9.260	9,9%	917
Italien	9.840	1,9%	187
Niederlande	2.084	10,7%	223

TAB. 14: NUTZUNG VON INTERNET ODER EINEM ANDEREN ONLINE-DIENST (REGELMÄßIG ODER GELEGENTLICH) UNTER DEN SENIOREN AUSGEWÄHLTER LÄNDER EUROPAS (QUELLE: EMPIRICA, BEVÖLKERUNGSBEFRAGUNG 1999)

Von den knapp 13 Mio. deutschen Bürgern, die 65 oder älter sind, haben bisher 0,8 Mio. das Internet oder einen anderen Online-Dienst genutzt. Mag dies auch relativ gesehen ein geringer Anteil sein, so bedeutet er für sich selbst betrachtet doch immerhin, dass es unter den älteren Bürgern eine Online-Community gibt, die eine beträchtliche Größenordnung hat. Im Vergleich mit den anderen Ländern Europas kann dieses Ergebnis jedoch keinesfalls überzeugen. Zusätzliche Anstrengungen, um auch die älteren Bevölkerungsschichten an die Online-Nutzung heranzuführen, sind vonnöten.

Der Vergleich der altersspezifischen Nutzeranteile zwischen den verschiedenen IuK-Techniken zeigt, dass die PC-Nutzung im Beruf alle Altersgruppen in ähnlicher Weise tangiert – die höchsten Anteile weisen hier die 30- bis unter 50-Jährigen auf – während bei der Nutzung von PC zu Hause, dem Internet und ganz besonders der privaten E-Mail ein deutlicher Abfall der Nutzungsraten mit dem Alter zu beobachten ist. Die E-Mail-Diffusion unter den 50 bis 64-Jährigen beträgt mit 5% weniger als ein Viertel des Wertes für die 18- bis 29-Jährigen.

Regelmäßige Nutzung von IuK-Technik nach dem Alter in Deutschland					
	PC (zu Hause)	PC (im Beruf)*	E-Mail (privat)	Internet	Mobile Computing*
15 - 17 Jahre	58,5%	-	7,3%	22,1%	-
18 - 29 Jahre	53,2%	52,5%	23,5%	34,5%	3,9%
30 - 49 Jahre	48,4%	58,4%	12,3%	24,0%	10,8%
50 bis 64 Jahre	25,1%	50,3%	5,1%	14,0%	3,7%
über 64 Jahre	7,8%	-	1,8%	3,6%	-
Basis: Alle Erwerbstätigen					

TAB. 15: REGELMÄßIGE NUTZUNG VON IUK-TECHNIK NACH DEM ALTER IN DEUTSCHLAND (QUELLE: EMPIRICA, BEVÖLKERUNGSBEFRAGUNG 1999)

6.4.4 Abhängigkeit der Nutzung vom Ausbildungsstand

Je höher eine Person qualifiziert ist (gemessen an seinem Ausbildungsstand), desto größer ist die Wahrscheinlichkeit, dass sie oder er IuK-Techniken nutzt und online ist. Dies trifft auf alle untersuchten Länder gleichermaßen zu. Sehr ausgeprägt ist der sehr hohe Anteil derer mit niedrigen Qualifikationen, die dennoch Online-Dienste nutzen, in Finnland und Großbritannien.

Regelmäßige Nutzung von IuK-Technik nach dem Ausbildungsstand in Deutschland					
	PC (zu Hause)	PC (im Beruf)*	E-Mail (privat)	Internet	Mobile Computing*
Hauptschule oder ohne Abschluss	18,0%	32,1%	1,5%	4,5%	1,8%
Mittlere Reife, Abitur	45,2%	60,4%	14,2%	26,0%	4,3%
(Fach-) Hochschulabschluss	51,9%	71,6%	17,7%	32,4%	7,7%
Basis: Alle Erwerbstätigen					

TAB. 16: REGELMÄßIGE NUTZUNG VON IUK-TECHNIK NACH DEM AUSBILDUNGSSTAND IN DEUTSCHLAND (QUELLE: EMPIRICA, BEVÖLKERUNGSBEFRAGUNG 1999)

Gareis / Korte / Deutsch

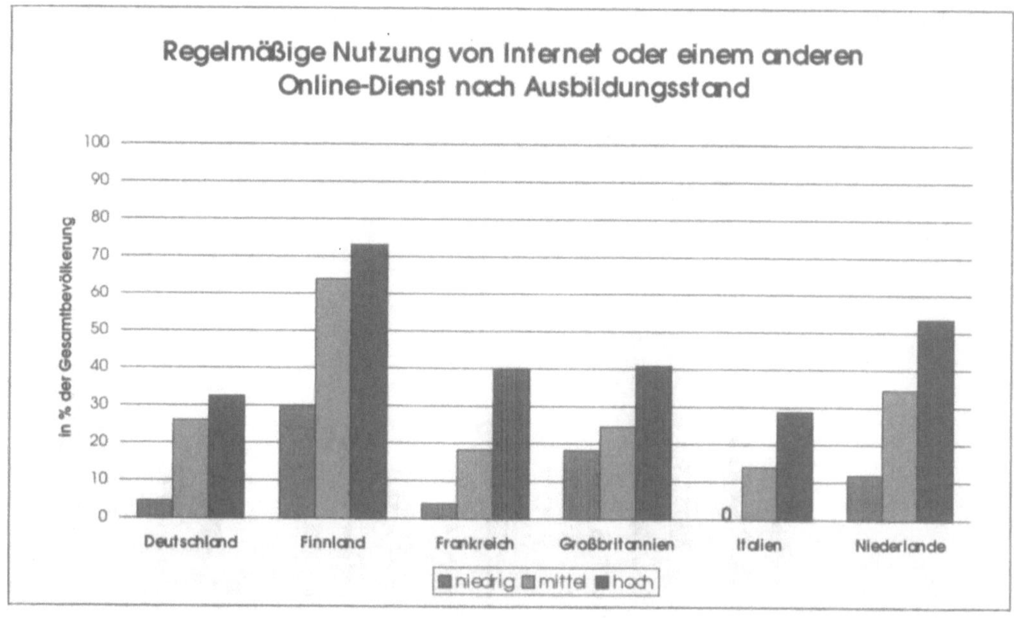

ABB. 49: REGELMÄßIGE NUTZUNG VON INTERNET ODER EINEM ANDEREN ONLINE-DIENST NACH AUS-BILDUNGSSTAND IN AUSGEWÄHLTEN LÄNDERN EUROPAS (QUELLE: EMPIRICA, BEVÖLKE-RUNGSBEFRAGUNG 1999)

In Deutschland liegen die Nutzungsraten vor allem zwischen den Personen ohne Abschluss bzw. mit Hauptschul-Abschluss und denjenigen mit mittlerer Reife, Abitur oder Hochschulabschluss eklatant auseinander. Die deutsche Politik muss es sich zur Aufgabe machen, diese Disparitäten mit geeigneten Mitteln anzugehen. Hierzu ist unter anderem auch die Erforschung der wesentlichen Barrieren erforderlich, die eine stärkere Internet-Nutzung unter der Bevölkerung mit geringem Ausbildungsstand (und meistens auch geringem Haushaltseinkommen) verhindern.

6.4.5 Abhängigkeit der Nutzung von der Größe des Arbeitgebers

Die bisherigen Darstellungen der Erhebungsergebnisse haben deutlich werden lassen, dass die Nutzung von IuK-Techniken in vielen Fällen nur oder zumindest zunächst im Beruf stattfindet. Nur bei den Jüngeren ist der Anteil der privaten PC-Nutzer höher als der Anteil derjenigen, die am Arbeitsplatz regelmäßig an einem PC tätig sind (siehe Tab. 15). Auch E-Mail wird immer noch von einem beträchtlichen Teil der Bevölkerung nur für geschäftliche Zwecke genutzt: In Deutschland nutzen von 17%, die E-Mail überhaupt nutzen, 7% das Medium ausschließlich im Beruf (siehe Abb. 46 auf Seite 122).

Aus diesem Grund wird an dieser Stelle auf die Frage eingegangen, inwieweit Eigenschaften des Arbeitgebers einen Einfluss auf die IuK-Technik-Nutzungsmuster der Erwerbstätigen haben. Als Hauptunterscheidungsmerkmal zwischen Unternehmen bezüglich der Diffusion von IuK-Techniken wurde in Kapitel 6.1 die Organisationsgröße, gemessen anhand der

Mitarbeiterzahl, ausgemacht. Nach dieser wird nun eine Differenzierung der Nutzungsanalyse vorgenommen.

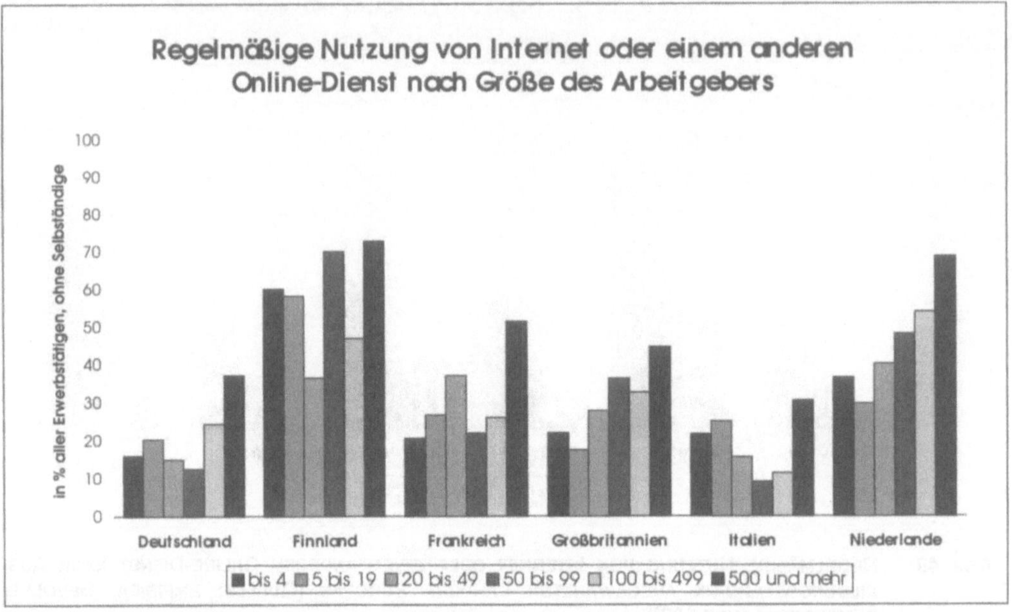

Das Ergebnis ist nur hinsichtlich der Arbeitnehmer von Großunternehmen eindeutig: Sie verfügen aufgrund der Größe ihres Arbeitgebers über bessere Voraussetzungen, um an der Internet-Ökonomie zu partizipieren: Ein gutes Fünftel der Beschäftigten in deutschen Unternehmen mit 500 und mehr Mitarbeitern nutzt privat E-Mail gegenüber zwischen 10% und 14% der Arbeitnehmer von Unternehmen mit 5 bis unter 500 Beschäftigten und nur 2% der Beschäftigten in Mikrounternehmen (siehe Tab. 17). Sicherlich spielt diesbezüglich die Möglichkeit, für die private E-Mail-Korrespondenz auf den beruflichen Mail-Account zurückgreifen zu können, eine große Rolle. Auch die Wahrscheinlichkeit, dass ein Erwerbstätiger das Internet nutzt, steigt in Deutschland ab einer Unternehmensgröße von etwa 100 Mitarbeitern spürbar an. Nur bei der PC-Nutzung zu Hause lässt sich kein eindeutiger Zusammenhang ausmachen.

Zu folgern ist, dass das technische Umfeld am Arbeitsplatz durchaus einen merklichen Einfluss auf das Nutzungsverhalten von Erwerbstätigen ausübt: Die Diffusion Electronic-Commerce-relevanter Techniken in den Privatbereich erfolgt offensichtlich häufig über den Erstkontakt mit diesen Techniken am Arbeitsplatz. In Großbetrieben Beschäftigte weisen hierbei einen Vorteil gegenüber Mitarbeitern kleinerer Betriebe auf. Maßnahmen, die auf eine Verbesserung der Ausstattung vor allem in den kleinen Betrieben abzielen, betreffen somit nicht nur Electronic-Commerce-Angebot und -Nachfrage im Unternehmensbereich, sondern sorgen gleichzeitig auch für eine Beschleunigung der Diffusion für die private Nutzung.

Gareis / Korte / Deutsch

Regelmäßige Nutzung von IuK-Technik nach Größe des beschäftigenden Unternehmens in Deutschland (in % aller Erwerbstätigen, ohne Selbständige)					
Mitarbeiterzahl des beschäftigenden Unternehmens ⇩	PC (zu Hause)	PC (im Beruf)	E-Mail (privat)	Internet	Mobile Computing
bis 4	51,7%	56,5%	1,7%	16,0%	7,0%
5 bis 19	41,5%	42,2%	11,5%	20,3%	2,5%
20 bis 49	49,3%	56,2%	14,0%	15,0%	3,4%
50 bis 99	53,8%	52,2%	9,8%	12,6%	9,3%
100 bis 499	41,4%	62,3%	13,8%	24,4%	8,6%
500 und mehr	48,9%	64,2%	21,0%	37,1%	12,8%

TAB. 17: REGELMÄßIGE NUTZUNG VON IUK-TECHNIK NACH GRÖßE DES BESCHÄFTIGENDEN UNTERNEHMENS IN DEUTSCHLAND (QUELLE: EMPIRICA, BEVÖLKERUNGSBEFRAGUNG 1999)

6.4.6 Vergleich Deutschland-Ost/West

Im Vergleich mit den alten Bundesländern schneidet die Bevölkerung in Ostdeutschland (exklusive Berlin) nur geringfügig schlechter ab. Hinweise auf eine grundlegend andere Diffusionsgeschwindigkeit liefert das Ergebnis der Erhebung nicht. Nutzer von Mobile Computing im Beruf sind sogar in den neuen Bundesländern häufiger anzutreffen als in Westdeutschland.

Regelmäßige Nutzung von IuK-Techniken durch die Bevölkerung in Ost- und Westdeutschland				
	heutige Nutzer		Einführung konkret geplant	
	West	Ost (ohne Berlin)	West	Ost (ohne Berlin)
PC (zu Hause)	38,3%	31,1%	9,6%	7,3%
PC (im Beruf)*	56,0%	51,0%	-	-
E-Mail (privat)	10,2%	8,3%	20,7%	18,3%
Internet	19,4%	17,5%	13,8%	15,6%
Mobile Computing*	3,9%	5,7%	-	-
* Basis: Alle Erwerbstätigen				

TAB. 18: REGELMÄßIGE NUTZUNG VON IUK-TECHNIK DURCH DIE BEVÖLKERUNG IN OST- UND WESTDEUTSCHLAND (QUELLE: EMPIRICA, BEVÖLKERUNGSBEFRAGUNG 1999)

6.5 Nutzung von Electronic Commerce durch Privatpersonen

6.5.1 Nutzung in Europa im Überblick

Die mit Abstand gefragtesten Electronic-Commerce-bezogenen Aktivitäten im Internet bzw. anderen Online-Diensten sind die **Suche nach Informationen über Anbieter und deren**

Preise sowie die **Verfügbarkeit von Reiseangeboten** (Hotelzimmer, Bahn- und Flugtikkets, etc.). In Deutschland suchen monatlich immerhin weit über 10% der Bevölkerung (über 14 Jahren) in Online-Diensten nach Informationen dieser Art.

Im Vergleich hierzu spielen kommerzielle Transaktionen, also Electronic Commerce im engeren Sinne, noch eine sehr untergeordnete Rolle. 5% aller Deutschen haben bereits einmal **Computerprodukte** (Software oder Hardware) **online bestellt**, 4% **Bücher, Videos oder CDs**. Monatlich liegen die Anteile hierfür bei 2% bzw. 1% – eine kleine Minderheit. Anders als bei online Bestellungen, bei denen die Auslieferung und in der Regel auch die Bezahlung über herkömmliche Wege erfolgt, wird das Produkt bei **kostenpflichtigen Downloads** von Dateien (Software, Bilder) selbst online übertragen. Eine solche Dienstleistung nehmen 5% der deutschen Bevölkerung gelegentlich in Anspruch, 2% tun dies mindestens einmal im Monat.

Für die weitere Untersuchung wird **Online-Banking** definiert als die **Tätigung von Geldüberweisungen und/oder der Informationsabruf bei einer Bank** über einen Online-Dienst. „Regelmäßige Nutzer" sind wiederum alle Personen, die mindestens ein mal im Monat Online-Banking nutzen, „gelegentliche Nutzer" all diejenigen, die dies nicht monatlich tun, aber schon einmal getan haben.

Online-Banking gilt in Deutschland als eine „**Killer-Application**" für Electronic Commerce, d.h. eine Anwendung, die aus Sicht der Konsumenten soviel Nutzen schafft, dass sie ausschlaggebend für die Einrichtung eines Internet-Zugangs wird. Insgesamt nutzen in Deutschland 8% der Bevölkerung das Internet und andere Online Services für die Erledigung von Bankgeschäften, davon 7% regelmäßig. Sollte den heutigen Erwartungen entsprochen werden, wird sich bis zum Jahre 2001 der Anteil auf 20% erhöht haben, d.h. die Nutzerzahl wird sich mehr als verdoppeln.

Bei generell hohen Wachstumszahlen gibt es dennoch erhebliche Unterschiede zwischen den europäischen Ländern. Während in Finnland bereits mehr als ein Viertel der Bevölkerung Online-Banking betreibt, liegen die Werte beispielsweise in Italien bei 2%. Selbst in Großbritannien werden nur 5% erreicht, davon sind nur 3% regelmäßige Nutzer. Frankreich erreicht einen hohen Wert, weil Minitel schon seit vielen Jahren für Banktransaktionen eingesetzt wird. Die Zahl der über das Internet geführten Konten ist dort jedoch sehr gering.

Online-Shopping, also die Bestellung von Waren bzw. Dienstleistungen über das Internet oder einen anderen Online-Dienst, haben bereits 14% der Deutschen einmal praktiziert. Weitere 13% planen, dies in den nächsten 2 Jahren zu tun. Das bedeutet, dass in Deutschland fast ein Drittel der Bevölkerung im Jahre 2001 voraussichtlich zu den Online-Shoppern gehören wird. Aber auch hier gibt es große Unterschiede zwischen den Ländern. Beispielsweise gehen heute bereits 22% der Niederländer online einkaufen, in zwei Jahren werden es über 40% sein. Dagegen werden in Italien im Jahr 2001 nicht einmal 1/5 der Bevölkerung zu den Online-Shoppern gehören. Deutschland liegt im europäischen Mittelfeld.

Bis heute hat erst ein Bruchteil der Bevölkerung im Rahmen von Online-Shopping Aktivitäten auch tatsächlich Online-Dienste für die **Bezahlung** genutzt, also im Netz etwa per Kreditkarte bezahlt. Dies sind gerade einmal zwischen 2% und 3% in Deutschland. Es ist davon auszugehen, dass dieser Anteil sich in den nächsten zwei Jahren mehr als verdreifachen

                                                               Gareis / Korte / Deutsch

und dann bei etwa 9% liegen wird. Die deutschen Konsumenten verhalten sich diesem Ergebnis zufolge deutlich vorsichtiger als alle anderen Europäer mit Ausnahme der Italiener.

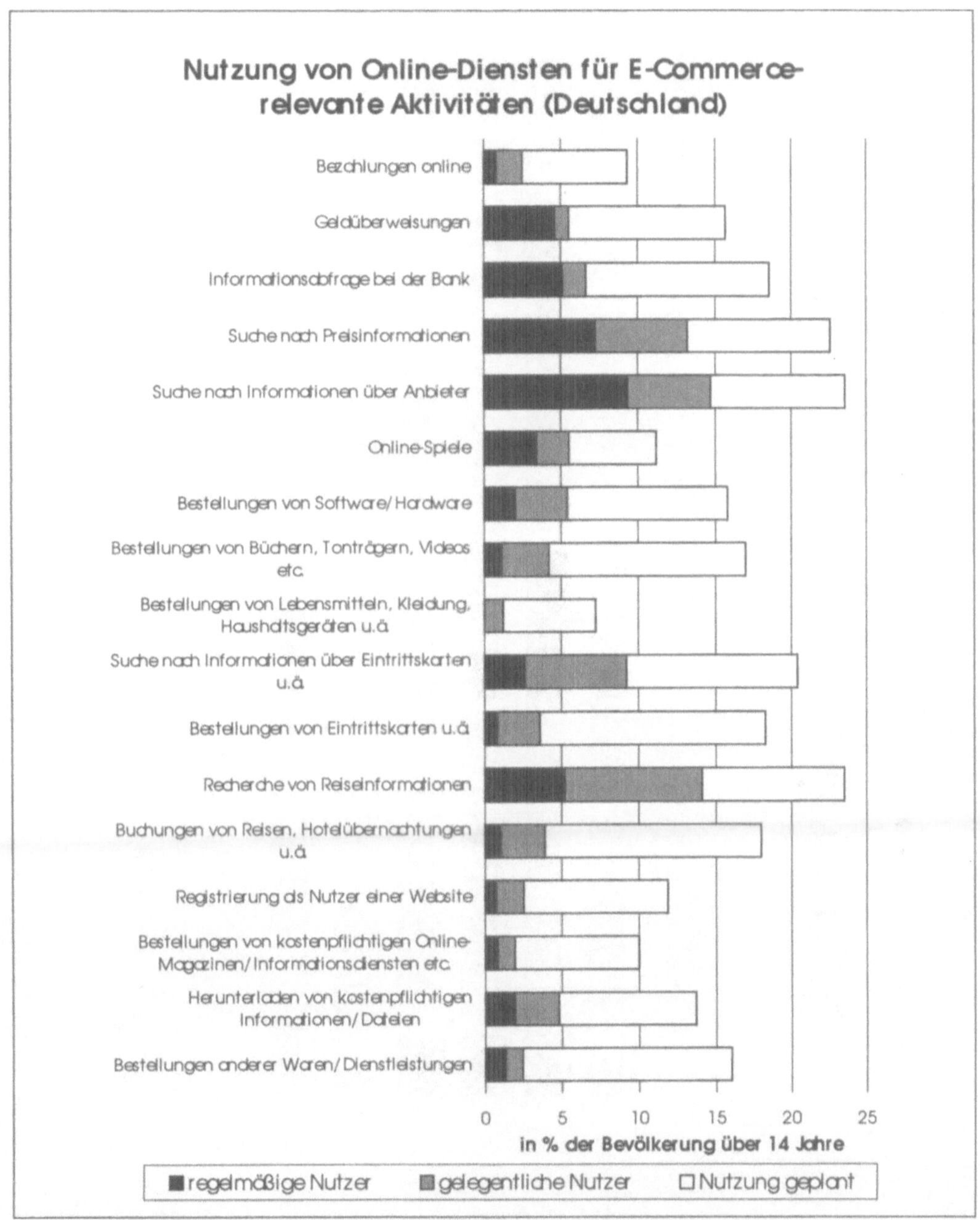

ABB. 51: NUTZUNG VON ONLINE-DIENSTEN FÜR ELECTRONIC-COMMERCE-RELEVANTE AKTIVITÄTEN (QUELLE: EMPIRICA, BEVÖLKERUNGSBEFRAGUNG 1999)

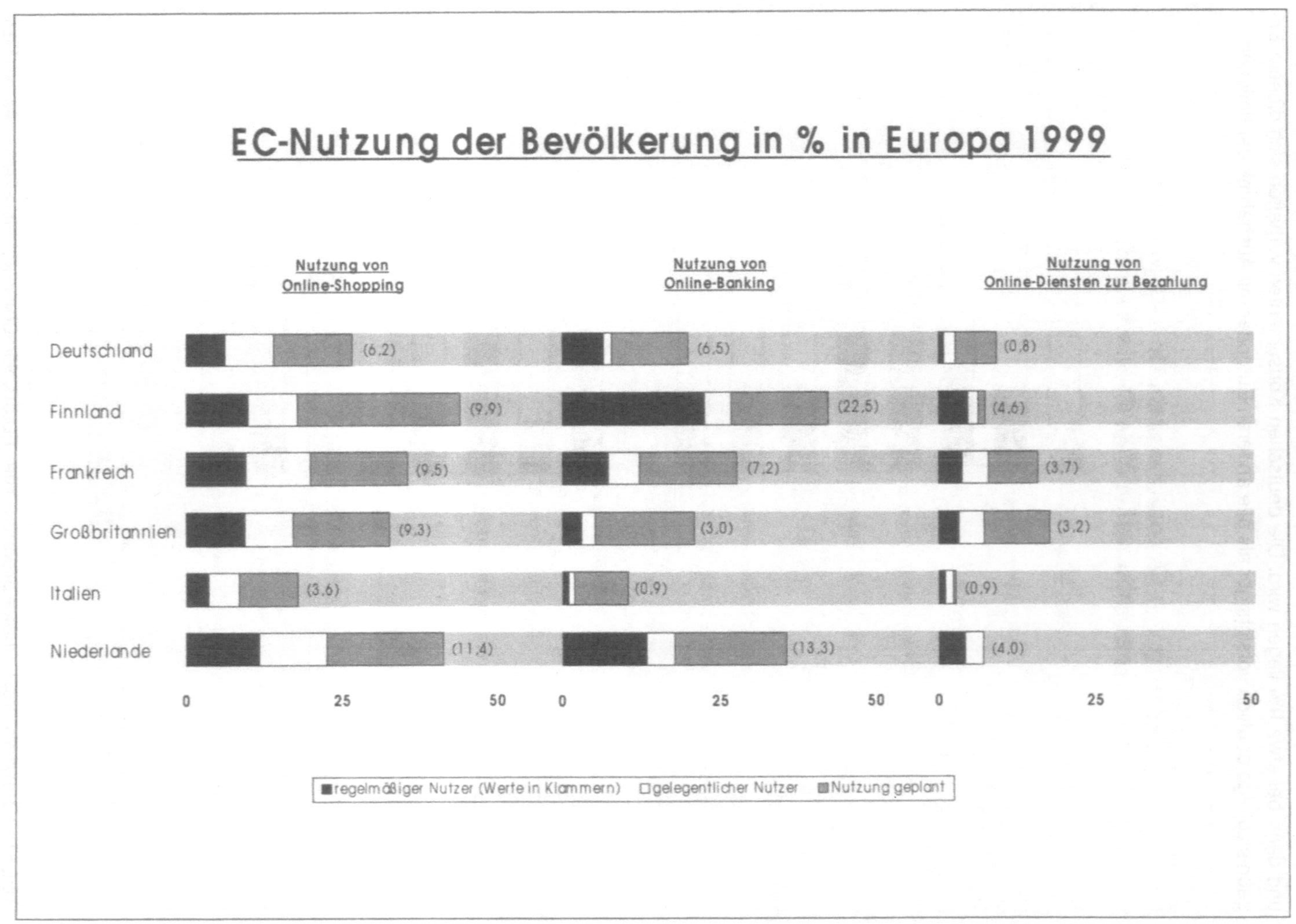

ABB. 52: NUTZUNG VON ELECTRONIC COMMERCE DURCH DIE BEVÖLKERUNG IN AUSGEWÄHLTEN LÄNDERN EUROPAS (QUELLE: EMPIRICA, BEVÖLKERUNGSBEFRAGUNG 1999)

Gareis / Korte / Deutsch

Entsprechend dem Vorgehen bei den Betrieben (siehe Kapitel 6.2.1) lässt sich auch jede Privatperson einer bestimmten Entwicklungsstufe bzgl. ihrer Nutzung von Electronic Commerce zuordnen. Wir unterscheiden hierbei zunächst die PC-Nichtnutzer sowie diejenigen, die einen nicht an das Internet angeschlossenen PC nutzen, sowie drei Stufen der Online-Nutzung: Nutzer, die „passiv online" sind, also zwar das Internet oder E-Mail nutzen, jedoch weder online einkaufen noch Bankgeschäfte tätigen; Nutzer, die gelegentlich online einkaufen oder Bankgeschäfte tätigen („gelegentlich aktiv online") sowie, als höchste Stufe, Nutzer, die regelmäßig online einkaufen oder Bankgeschäfte tätigen („regelmäßig aktiv online").

Die Stufen müssen nicht zwangsweise in dieser Reihenfolge durchlaufen werden; ein PC-Nichtnutzer kann auch direkt zu einem regelmäßig online aktiven Nutzer werden, indem er oder sie sich die entsprechenden technischen Voraussetzungen schafft und „loslegt". Dies dürfte jedoch die große Ausnahme darstellen.

Stufe	Bezeichnung	Kriterien
(0)	"PC-Nicht-Nutzer"	keine Nutzung eines PC im letzten Monat
(1)	"Offline-PC-Nutzer"	Nutzung eines PCs im letzten Monat, jedoch nicht online
(2)	"passiv online"	Nutzung von E-Mail oder Internet, aber kein Online-Shopping bzw. Online-Banking
(3)	"gelegentlich aktiv online"	Online-Shopping bzw. Online-Banking, jedoch nicht im letzten Monat
(4)	"regelmäßig aktiv online"	Online-Shopping bzw. Online-Banking im letzten Monat

In Deutschland sind noch knapp 47% als PC-Nichtnutzer zu bezeichnen, 21% beschränken sich auf die Offline-Nutzung eines PCs und haben damit ebenfalls keinen direkten Zugang zu Electronic-Commerce-Angeboten. Immerhin 11% sind regelmäßig aktive Online-Nutzer, weitere 6% nutzen zumindest gelegentlich einen Online-Dienst für Einkäufe oder Bankgeschäfte. 17% sind zwar online, befinden sich aber noch in der Orientierungsphase bzw. haben sich bewusst gegen Online-Shopping und Online-Banking entschieden.

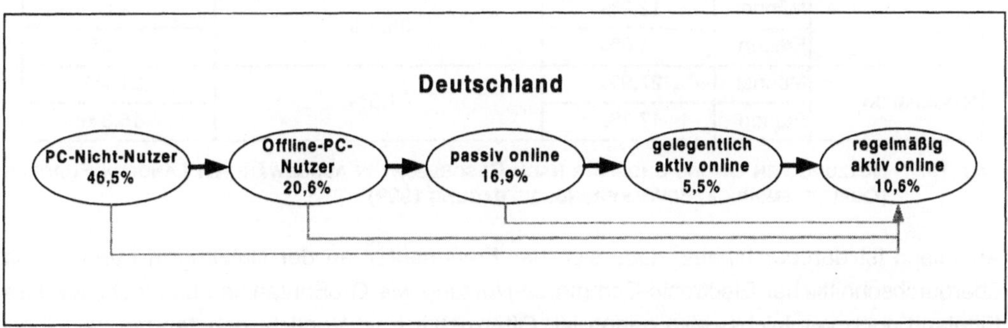

 VERTEILUNG DER DEUTSCHEN BEVÖLKERUNG AUF VERSCHIEDENE ELECTRONIC-COMMERCE TYPEN (QUELLE: EMPIRICA, BEVÖLKERUNGSBEFRAGUNG 1999)

6.5.2 Abhängigkeit der Nutzung vom Geschlecht

Der Anteil der Frauen unter den deutschen Online-Shoppern ist höher als derjenige hinsichtlich der Nutzung von PC, E-Mail und Internet. Der Grund für den im Vergleich zu den Männern noch geringeren Nutzungsgrad (12% gegenüber 16%) ist angesichts dieses Befundes nicht in einem geringeren Interesse an der Anwendung selbst zu suchen, sondern in einem Rückstand bei der Verwendung der Zugangsmedien für Electronic Commerce (also PC und Internet). In Frankreich, wo mit Minitel schon seit vielen Jahren eine weitverbreitete Möglichkeit zur Online-Aufgabe von Bestellungen besteht, nutzen Frauen Online-Shopping bereits in dem gleichen Maße wie Männer, obwohl ihre Nutzungsraten für Online-Dienste allgemein nur bei zwei Drittel des männlichen Werts liegen. Diese Ergebnisse deuten an, dass Online-Shopping – wie schon der traditionelle Versandhandel – eine im Geschlechtervergleich überdurchschnittlich hohe Attraktivität für Frauen besitzt. Wenn die Zugangswege weiter verbreitet sein und die Internet-Nutzung kein technisches Expertentum mehr verlangen wird, wird Electronic Commerce als Vermarktungsweg für frauenspezifische Produkte uneingeschränkt zur Verfügung stehen.

Nutzung von Online Shopping nach Geschlecht				
		alle Nutzer	Nutzungsrate der Frauen in % der Nutzungsrate der Männer	Nutzung geplant
Deutschland	Männer	16,2%	71,0%	16,6%
	Frauen	11,5%		9,0%
Finnland	Männer	22,9%	55,0%	25,4%
	Frauen	12,6%		26,6%
Frankreich	Männer	20,6%	93,7%	17,3%
	Frauen	19,3%		13,4%
Großbritannien	Männer	24,3%	46,5%	16,5%
	Frauen	11,3%		14,6%
Italien	Männer	12,2%	36,9%	12,0%
	Frauen	4,5%		6,9%
Niederlande	Männer	27,9%	61,3%	21,4%
	Frauen	17,1%		16,3%

TAB. 19: NUTZUNG VON ONLINE SHOPPING NACH GESCHLECHT IN AUSGEWÄHLTEN LÄNDERN EUROPAS (QUELLE: EMPIRICA, BEVÖLKERUNGSBEFRAGUNG 1999)

Auffallend ist darüber hinaus, dass sich der Frauenanteil an der Nutzung in Ländern mit überdurchschnittlicher Electronic-Commerce-Nutzung wie Großbritannien und insbesondere Finnland noch vergleichsweise gering ist. Offensichtlich ist Vorsicht geboten bei der Übertragung von geschlechtsspezifischen Erkenntnissen von einem Land auf ein anderes: Es scheinen deutliche Länderdifferenzen in der Neigung und der Fähigkeit von Frauen, an der Online-Wirtschaft teilzunehmen, zu existieren.

6.5.3 Abhängigkeit der Nutzung vom Alter

Wie die Internet-Nutzung allgemein, so existieren auch bezüglich der Nutzung von Electronic Commerce starke Unterschiede nach dem Alter. 89% der deutschen Senioren (65 oder
älter) sind PC-Nicht-Nutzer und daher von einer Nutzung von Electronic-Commerce-
Angeboten unter den heutigen technischen Bedingungen von vornherein ausgeschlossen.
In Großbritannien und Frankreich ist der Anteil der älteren Personen, die gelegentlich online
einkaufen, deutlich höher; er befindet sich aber im Vergleich mit den anderen Altersklassen
auch dort immer noch auf einem sehr niedrigen Niveau.

ABB. 54: NUTZUNG VON ONLINE-SHOPPING NACH ALTER IN AUSGEWÄHLTEN LÄNDERN EUROPAS
(QUELLE: EMPIRICA, BEVÖLKERUNGSBEFRAGUNG 1999)

Electronic-Commerce-Typisierung nach dem Alter in Deutschland (in %)					
	regelmäßig aktiv online	gelegentlich aktiv online	passiv online	offline-PC-Nutzer	PC-Nicht-Nutzer
15 - 17 Jahre	10,9%	8,9%	42,3%	18,4%	19,4%
18 - 29 Jahre	19,8%	11,9%	21,5%	18,4%	28,3%
30 - 49 Jahre	11,7%	6,3%	21,7%	28,5%	31,8%
50 bis 64 Jahre	8,0%	2,8%	11,6%	22,1%	55,5%
über 64 Jahre	2,6%	0,0%	3,4%	5,1%	88,9%

TAB. 20: ELECTRONIC-COMMERCE-TYPISIERUNG NACH DEM ALTER IN DEUTSCHLAND (QUELLE: EM-
PIRICA, BEVÖLKERUNGSBEFRAGUNG 1999)

6.5.4 Abhängigkeit der Nutzung vom Ausbildungsstand

Online-Shopping Angebote werden heute in allen untersuchten Ländern Europas vorwiegend von Personen wahrgenommen, die über einen höheren Ausbildungsstand verfügen (in Deutschland mindestens mittlere Reife). In Italien ist der Unterschied in der Nutzung besonders auffällig: In unserem italienischen Sample befindet sich keine einzige Person mit niedrigem Ausbildungsstand, die Online-Dienste für den Einkauf nutzt. Im Unterschied dazu beträgt die Nutzungsrate in Großbritannien, den Niederlanden und Finnland auch in der Bevölkerungsgruppe mit niedrigem Ausbildungsstand über 10% (inkl. gelegentlicher Nutzung).

ABB. 55: NUTZUNG VON ONLINE-SHOPPING NACH DEM AUSBILDUNGSSTAND IN AUSGEWÄHLTEN LÄNDERN EUROPAS (QUELLE: EMPIRICA, BEVÖLKERUNGSBEFRAGUNG 1999)

Der Hauptteil der Personen, die über einen niedrigen Ausbildungsstand verfügen, sind als PC-Nichtnutzer zu qualifizieren und dementsprechend in unserem Stufenmodell noch sehr weit von einer Teilnahme am Electronic Commerce entfernt. In Deutschland sind nur 3% derjenigen, die nur einen Hauptschul- oder gar keinen Schulabschluss besitzen, regelmäßig aktiv online, d.h. nutzen Online-Shopping oder Online-Banking mindestens einmal im Monat. Der entsprechende Anteil unter den Personen mit (Fach-)Hochschulabschluss beträgt 20%! Obwohl die Schiefe der heutigen Electronic-Commerce-Nutzung bestimmten Anbietern (deren Zielgruppe die finanziell Bessergestellten sind) durchaus zugute kommt, kann die Online-Wirtschaft auf die Bevölkerungsgruppen mit niedrigerem Bildungsstand nicht verzichten, wenn die Zahl der Nutzer in allen wichtigen Branchen auch in Deutschland eine kritische Masse erreichen soll.

Gareis / Korte / Deutsch

Electronic-Commerce-Typisierung nach dem Ausbildungsstand in Deutschland					
	regelmäßig aktiv online	Gelegentlich aktiv online	passiv online	offline-PC-Nutzer	PC-Nicht-Nutzer
Hauptschule oder ohne Abschluss	2,8%	1,6%	7,0%	18,2%	70,5%
Mittlere Reife, Abitur	12,8%	8,7%	23,0%	20,7%	34,8%
(Fach-) Hochschulab-schluss	19,5%	5,2%	19,9%	26,5%	28,8%

TAB. 21: ELECTRONIC-COMMERCE-TYPISIERUNG NACH DEM AUSILDUNGSSTAND IN DEUTSCHLAND (QUELLE: EMPIRICA, BEVÖLKERUNGSBEFRAGUNG 1999)

6.5.5 Vergleich Deutschland-Ost/West

Obwohl die westdeutsche Bevölkerung gemäß Stufenmodell auf dem Weg zur umfassenden Electronic-Commerce-Partizpation schon weiter fortgeschritten ist als die ostdeutsche, ist die Differenz deutlich geringer als auf der Betriebsseite. Am weitesten klaffen die Diffusionsraten bei der regelmäßigen Nutzung von Online-Shopping und Online-Banking auseinander: Unter den ostdeutschen Electronic-Commerce-Nutzern überwiegen die gelegentlichen Nutzer, während in Westdeutschland die regelmäßige Nutzung dominiert.

Electronic-Commerce-Typisierung in West- und Ostdeutschland					
	regelmäßig aktiv online	Gelegentlich aktiv online	passiv online	offline-PC-Nutzer	PC-Nicht-Nutzer
West-Deutschland	10,2%	5,0%	17,8%	21,6%	45,4%
Ost-Deutschland (ohne Berlin)	6,0%	8,0%	15,6%	17,6%	52,8%

TAB. 22: ELECTRONIC-COMMERCE-TYPISIERUNG IN WEST- UND OSTDEUTSCHLAND (QUELLE: EMPIRICA, BEVÖLKERUNGSBEFRAGUNG 1999)

Maßnahmen zur Beseitigung der noch bestehenden Nutzungslücke in den fünf neuen Ländern sollten demnach bei den Betrieben ansetzen.

6.6 Fazit der Bevölkerungsbefragung

Die deutsche Bevölkerung ist im Ländervergleich überdurchschnittlich gut mit häuslichen PCs ausgestattet, wobei der Anteil der PCs, die mit einem Online-Anschluss versehen sind und damit direkt zu Electronic-Commerce-Aktivitäten befähigen, vergleichsweise gering ist: Nur 30% aller Deutschen, die zu Hause einen PC zur Verfügung haben, können auch von zu Hause online gehen – gegenüber 53% in Finnland und 43% in Großbritannien. Auch bezüglich der Nutzung von E-Mail ist ein Rückstand gegenüber diesen Ländern sowie den Niederlanden wett zu machen.

Ein Drittel der deutschen Bevölkerung hat schon einmal Erfahrungen mit dem Internet gemacht, 20% sind als regelmäßige Nutzer zu bezeichnen. In den Vorreiterländern ist insbesondere die Diffusion des Internet in den Alltag weiter fortgeschritten: Auf einen gelegentlichen Nutzer kommen in Finnland zwischen 3 und 4 regelmäßige Nutzer, während die gelegentlichen Nutzer in Deutschland noch überwiegen.

Die Diskrepanz zwischen den Vorreiterländern und Deutschland ist zum Teil begründet in überproportional hohen Nicht-Nutzer-Quoten unter den Bevölkerungsgruppen, die traditionell zu den späten Adoptoren technischer Innovationen gehören: Frauen, ältere Menschen sowie Personen mit niedrigem Ausbildungsstand.

Die Nutzungsraten bezüglich häuslichem PC, privater E-Mail und Internet liegen bei den deutschen Frauen erst bei 64%, 48% bzw. 55% der männlichen Werte. In Finnland z.B. hat sich die "Geschlechterlücke" bereits sehr viel weiter geschlossen (77%, 96%, 85%). Auch in Deutschland wird die noch bestehende Lücke allmählich abgebaut, wenn man die Pläne der Befragten als Grundlage für eine Prognose heranzieht.

Internet-Gebrauch und Electronic Commerce finden keineswegs unter Ausschluss der Senioren statt (immerhin 700.000 deutsche Bürger ab 65 sind gelegentlich online), aber die Diffusionsraten fallen bei den Volljährigen mit ansteigendem Alter stark ab. 20% der 30- bis 49-Jährigen kaufen regelmäßig im Internet ein bzw. wickeln ihre Bankgeschäfte dort ab, im Vergleich zu 8% bei den 50- bis unter 65-Jährigen.

Personen mit niedrigem Ausbildungsstand, also Hauptschul- oder fehlendem Schulabschluss, weisen Nutzungsquoten bezüglich Internet und Electronic Commerce auf, die dramatisch unter den der anderen Bevölkerungsgruppen liegen. 71% von ihnen sind PC-Nichtnutzer und damit noch denkbar weit von einer Teilnahme an Electronic-Commerce-Angeboten entfernt gegenüber zwischen 35% und 30% bei den Personen mit mittlerer Reife/Abitur bzw. (Fach-)Hochschulabschluss. Angesichts dieses Ergebnisses erscheint es (wie in den USA) angebracht, auch in Deutschland von einer "Digital Divide" zu sprechen, also einer Zweiteilung der Bevölkerung in diejenigen, die an der Online-Entwicklung partizipieren bzw. zumindest kurz davor stehen und solche, die aufgrund ihrer sozio-ökonomischer Situation auch in Zukunft von einer Teilnahme ausgeschlossen zu sein drohen.

Bei der Bevölkerung sind die Disparitäten zwischen Ost- und West-Deutschland sehr viel geringer ausgeprägt als bei den Betrieben. Der Fokus von spezifischen Fördermaßnahmen für die neuen Länder sollte daher auf den letzeren liegen.

7 Bedingungen für die Diffusion von Electronic Commerce

In den vorherigen Kapiteln wurde die heutige Verbreitung von Electronic Commerce in Deutschland, ausgewählten europäischen Ländern und den USA beschrieben, wobei Ergebnisse unserer Repräsentativbefragungen von Betrieben und Bevölkerung dargestellt wurden. Auf ihrer Grundlage sowie unter Hinzuziehung von Daten aus der amtlichen Statistik und sekundärstatistischen Quellen wurden für jedes Land je ein Electronic-Commerce-Nutzungs-Index sowie ein Potenzial-Index berechnet (siehe Anhang A). Ein Vergleich der beiden Indizes macht deutlich, dass Deutschland sein heutiges Electronic-Commerce-Potenzial im Vergleich mit anderen Ländern noch nicht in ausreichender Weise ausschöpft.

Um die Gründe für die Diskrepanz zwischen hohem Potenzial und der derzeitigen, hinter anderen europäischen Ländern sowie den USA zurückbleibenden Nutzung aufzudecken, erfolgt nun die Entwicklung und Darstellung eines theoretischen Rahmens, der den darauf folgenden Analyseschritten die erforderliche theoretische Fundierung gibt. Für die Analyse und Erklärung der Verbreitung und Nutzung von Electronic Commerce stellt sich – wie gezeigt werden wird – als theoretische Grundlage die Diffusionstheorie als geeigneter Rahmen heraus.

7.1 Theoretische Herleitung

Als Voraussetzung einer Analyse soll eine begriffliche Klärung und theoretische Fundierung der verwendeten Begriffe stattfinden.

Erst seit Mitte dieses Jahrhunderts hat die theoretische Debatte mit den Ideen der Neoklassiker den technischen Fortschritt als wachstumsrelevant erkannt. Dabei wird Wachstum immer wieder auch mit Wohlstandssteigerung und der Schaffung von Arbeitsplätzen verknüpft, letzteres wiederum eine Fähigkeit, die besonders kleinen und mittelständischen Unternehmen zugesprochen wird. Für die Analyse der Verbreitung von Electronic Commerce muss als theoretische Grundlage ein Teilgebiet der Innovationstheorie gewählt werden: Die Diffusionstheorie.

Unter Diffusion versteht man die Phase, in der sich eine Innovation in ihrem potenziellen Anwendungsfeld ausbreitet, vom potenziellen zum realisierten Fortschritt wird. Damit ist Diffusion Teil des gesamten Lebenszyklus' eines Produktes. Das besondere Merkmal der Diffusion ist der Zeitaspekt. Diffusion liegt dann vor, wenn potenzielle Adoptoren nicht alle zugleich, sondern nacheinander eine Innovation übernehmen.

7.1.1 Diffusionskurven

Die Ausbreitung einer Innovation über die Zeit wird meist anhand der s-Kurve der Diffusion als idealtypische Wahrscheinlichkeitsverteilung im Koordinatensystem dargestellt:

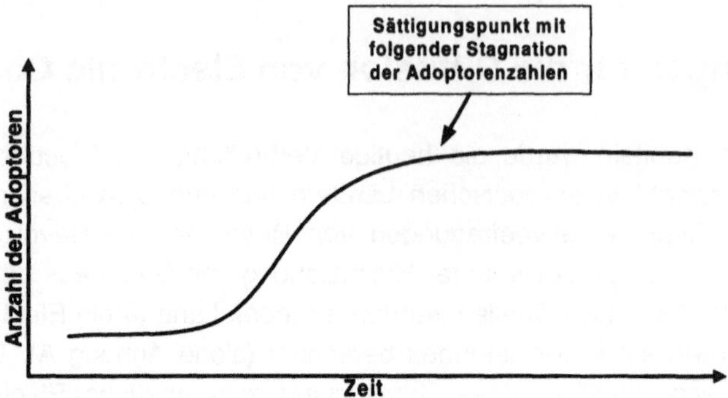

ABB. 56:   **TYPISCHER VERLAUF DER DIFFUSION**

Dieses Modell geht davon aus, dass die Adoptoren die Diffusion nacheinander übernehmen und enthält gleichzeitig die Vorstellung eine Sättigungsgrenze, über die die Verbreitung der Innovation nicht hinausgeht. Die Werte der Adoptoren werden kumuliert dargestellt. Wenn der angenommene Sättigungspunkt in der Zukunft liegt, so enthält diese Annahme des Diffusionsverlaufes auch eine implizite Prognosefunktion.

7.1.2   Klassifikation der Adoptoren

Dieser Diffusionsverlauf erlaubt eine phasenabhängige Klassifikation der Anwender. Die *Anwendungspioniere* (Innovators) bilden die erste Gruppe, die eine Innovation übernimmt. Dies geschieht zu einem Zeitpunkt, da noch kaum Erfahrungen vorliegen. Daher sind sie als grundsätzlich risikobereit und Neuerungen gegenüber aufgeschlossen zu charakterisieren. Sie haben geringe Probleme mit der Einführung der Innovation oder empfinden das durch diese zu lösende Problem als besonders dringlich. Diese Pioniere üben einen starken Demonstrationseffekt auf die nachfolgende Gruppe der *frühen Übernehmer* (Early Adopters) aus. Deren ausgeprägte soziale Kontakte im lokalen Umfeld machen sie zu dortigen Meinungsführern. Wie die Pioniere verfügen sie zudem typischerweise über ein höheres Ausbildungsniveau, höheren Status, überdurchschnittliches Sozialprestige und Kontakt zu Massenmedien. Rogers (1995) teilt ihnen das Attribut „Respect" zu, da sie von ihrem Umfeld respektiert und als maßgebende Instanz um Rat gefragt werden. Damit haben sie einen großen Einfluss auf die Diffusion einer Innovation und werden von den „change agents" (Personen, die eine Innovation unterstützen oder sogar promoten) als lokale Ansprechpartner eingesetzt.

Die *frühe Mehrheit* (Early Majority) ist meist durch Nachahmungsdrang motiviert, eine Innovation zu übernehmen. Dahinter steckt die Hoffnung, den sozialen Status der frühen Übernehmer zu erlangen. Allerdings sind sie weniger risikobereit, Entscheidungen werden wohlüberlegt getroffen und – bei grundsätzlicher Innovationsbereitschaft – Vor- und Nachteile sorgfältig abgewogen. Diese Gruppe entscheidet letztendlich, ob sich eine Innovation durchsetzen kann. Sie wirkt mit der „normativen Macht der Majorität" (Conzelmann 1995, S. 41) auf die nun folgende *späte Mehrheit* (Late Majority). Diese setzt sich aus den Mitläufern zusammen, den Skeptikern, die erst durch gesellschaftlichen Druck, späte Einsicht oder einfaches Nachmachen eine Innovation annehmen. Sie warten ab, bis sich das Risiko einer Neuerung durch zahlreiche Erfahrungen anderer reduziert hat. Die *Nachzügler* (Laggards), die letzte Gruppe, werden, vorausgesetzt es liegen nicht spezifische Übernahmehemmnisse vor, als Traditionalisten eingestuft, die eher geringe Außenkontakte mit einem gewissen Konservatismus verbinden. Ihre erste Kenntnisnahme der Innovation erfolgt später als die der Pioniere und stößt auf eine eindeutig ablehnende Haltung.

Die Gruppierung der Adoptoren bezieht Rogers zwar in erster Linie auf Individuen, sie gilt jedoch, unter Berücksichtigung der entsprechenden Gruppenprozesse, auch für Unternehmen.

7.1.3 Diffusion und Electronic Commerce

Bezüglich Electronic Commerce ist bei der Betrachtung der Diffusion mit Hilfe der s-Kurve zu beachten, dass es sich hier um eine Innovation handelt, die sich im Internet abspielt. Damit greifen die gängigen Marktmodelle zu kurz, da sich die ökonomischen Funktionsmechanismen in Netzwerken von denen in anderen Umgebungen unterscheiden.

Im Internet treten die so genannten „Netzeffekte" auf, auch „Netzwerkexternalitäten" genannt (für die folgenden Ausführungen vgl. Zerdick et al. 1999, S. 155ff.). Externalitäten bezeichnen generell eine Situation, in der das Verhalten eines Einzelnen sich auf das Wohlergehen einer (oder mehrerer) anderer Personen auswirkt. Umweltverschmutzungen sind ein Beispiel für negative Externalitäten. Im ökonomischen Sinne versteht man darunter Nebenwirkungen individueller Konsum- und Produktionsakte auf Dritte, die nicht über den Markt entgolten oder auf andere Weise als einzelwirtschaftliche Kosten angelastet werden. Im Netzwerk beschreibt dies die Auswirkung der Teilnahme einer Person an dem Netzwerk auf seine anderen Teilnehmer.

Märkte, auf denen Netzeffekte auftreten, weisen eigene ökonomische Gesetzmäßigkeiten auf, die den klassischen Annahmen teilweise entgegenstehen. In der klassischen Ökonomie führt die Verbreitung eines Gutes zu sinkendem Wert des einzelnen Gutes (Einzelstücke versus Massenproduktion). Dies beruht auf der Wirkung von negativen Feedbacks. In der Netzwerkökonomie läuft der Mechanismus aber genau umgekehrt ab: Je verbreiteter ein Gut ist, desto höher sein Wert, da mit der größeren Verbreitung der direkte und indirekte Nutzen des Netzwerkes steigt. Positive Feedbacks, im Englischen als „increasing returns" bezeichnet, dominieren die neuen Marktmodelle.

Aufgrund dieser Netzeffekte steigt mit zunehmender Größe von Netzwerken ihre Attraktivität für neue Nutzer. Statt einen Stagnationspunkt zu erreichen, führt das Wachstum zu weiterem Wachstum. Der Kreislauf des positiven Feedbacks kann auch von Erwartungen in Gang gebracht werden – eine Aufgabe des Marketings der Netzwerkökonomie.

Die Spirale dreht sich aber genauso gut auch nach unten: Mit jedem Verlust eines Teilnehmers schwindet für die übrigen Teilnehmer der potenzielle Nutzen eines Netzes.

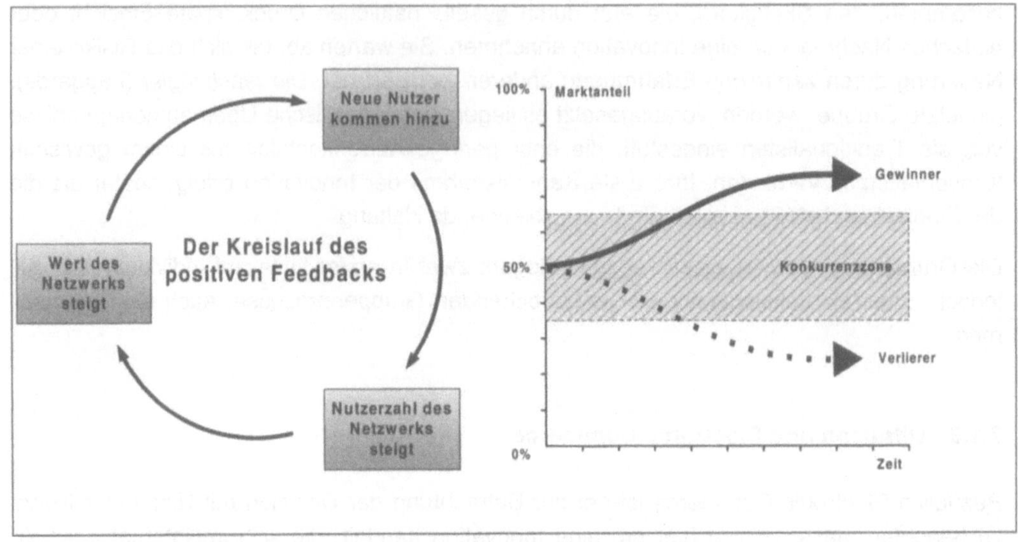

ABB. 57: DER KREISLAUF DES POSITIVEN FEEDBACKS UND AUSWIRKUNGEN AUF DEN MARKTWETT-BEWERB (QUELLE: ZERDICK ET AL. 1999, S. 158)

Telekommunikationsgüter sind als Güter mit dieser Art von Netzeffekten zu betrachten. Erst wenn eine bestimmte, kritische Masse erreicht ist, steigt die Nachfrage getrieben von den positiven Netzwerkexternalitäten an. Diese Annahme stärkt auch das kybernetische Paradigma der positiven Rückkopplung: Jeder neue Teilnehmer erhöht den Nutzen aller, daher nimmt mit jedem neuen Teilnehmer auch der Anreiz teilzunehmen zu.

Dies steht im Gegensatz zu Annahmen der Diffusionstheorie, die davon ausgeht, dass bei steigender Adoptorenzahl die Zahl der potenziellen Teilnehmer sinkt. Berücksichtigt man die Effekte der Netzwerkökonomie, dann hängt die Diffusionsdynamik in erster Linie von der Zahl der tatsächlich Teilnehmenden ab, da sie den Reiz für potenzielle Teilnehmer verstärken oder mindern. Zudem gibt es hier keine der Diffusionsdynamik entgegen wirkende Kraft, da die Population der noch übrigen potenziellen Adoptoren bis zur Sättigungsgrenze (= 100%) als unbegrenzt angesehen wird. Die s-Kurve der Diffusion in der Netzwerk-Ökonomie hat keinen zweiten Wendepunkt mehr, sondern wächst exponentiell bis zur Sättigungsgrenze.

Dieser Mechanismus des positiven Feedbacks muss berücksichtigt werden, wenn es um die Diffusion von Netzwerkgütern wie Electronic Commerce geht. Für einen neuen Telekommunikationsdienst muss demnach eine kritische Masse von Nutzern erreicht werden, damit er durch Eigendynamik wächst. Die These des wachsenden Nutzens bei steigender Teilnehmerzahl wird dabei als plausibel angenommen. Rogers (1995) schätzt die kritische Masse auf einen Prozentsatz von 10-25% einer Population. Über dieser Punkt sorgt die Dynamik der positiven Netzwerkexternalitäten für eine quasi automatische Ausbreitung bis zur Sättigungsgrenze.

Aus der Existenz dieser Netzwerkeffekte folgt für Zerdick „die überragende Bedeutung von Standards in der Internet-Ökonomie" (Zerdick 1999, S. 159). Kaufentscheidungen sind mit

                                                    Gareis / Korte / Deutsch

großer Unsicherheit behaftet, wenn der Konsument sich der Realisierung der direkten oder indirekten Netzwerkeffekte nicht sicher sein kann, also wenn er oder sie z.B. nicht im voraus weiß, ob ein Softwareprodukt mit der bestehenden Hardware kompatibel ist.

7.1.4 Determinanten der Diffusion

In seiner Monografie „Innovation durch kleine Unternehmen" bemerken Acs & Audretsch (1992, S. 52): „In der wirtschaftswissenschaftlichen Literatur ist überraschend wenig über die Bedingungen und Formen des Marktumfeldes zu finden, die die Innovationsaktivität fördern oder behindern." Die Diffusion eines Produktes oder Prozesses (oder eines Dienstes) kann als Teil der Innovationsaktivität eines Unternehmens oder einer Volkswirtschaft angesehen werden. Dies gilt insofern, als bei der Diffusion einer Neuerung im einzelnen Unternehmen dies wieder zu einer Innovation in diesem Unternehmen wird. Daher gilt obige Feststellung auch für den Bereich der Diffusion von Innovationen.

Die theoretische Diskussion ist denn auch vorwiegend von der deskriptiven Perspektive des Diffusionsprozesses dominiert (vgl. Kuhlmann 1997, Rohrbach 1997). Doch besonders die empirischen Fallstudien bemühen sich um eine Klärung der Erfolgsfaktoren von Diffusion[19].

Die drei Grundparameter *Anfangszeitpunkt, Diffusionsgeschwindigkeit* und *Sättigungsniveau* der Diffusion werden von Conzelmann wie folgt determiniert:

- Der Anfangspunkt wird durch den Anbieter der Innovation im Rahmen des Innovationsprozesses bestimmt.

- Die Diffusionsgeschwindigkeit bestimmt die Nachfrage, wobei Conzelmann betont, dass der Anbieter diese durch entsprechendes Marketing beeinflussen kann.

- Das Niveau der Sättigung ergibt sich aus den Anwendungsmöglichkeiten der Innovation und den Bedingungen auf dem Absatzmarkt.

Der Markteintritt wird vom Anbieter bestimmt und ist insofern endogen determiniert. Daher sind hier vor allem die Punkte 2 und 3, also Diffusionsgeschwindigkeit und Niveau der Sättigung interessant.

Zunächst werden die Einflussfaktoren dargestellt, die die Diffusionsgeschwindigkeit erhöhen – Conzelmann zufolge sind dies die Merkmale der Innovation selbst, die des Anbieters und des Nachfragers. Dazu kommen die regulativen Determinanten, die das Umfeld der Innovation bestimmen. Die angesprochenen Merkmale gelten ebenfalls meist sowohl für die *Innovation* als auch für die *Diffusion*, da die Adoption einer Innovation in der Regel im Verhalten des Abnehmers gleichzeitig eine Innovation darstellt.

---

[19] zu den folgenden Ausführungen vgl. vor allem Conzelmann 1995, des weiteren DIW 1999, ifo1993

Liste der Diffusionsdeterminanten nach Conzelmann

A. Merkmale der Innovation – Angebotsseite

    A.1 relative Vorteilhaftigkeit – subjektiv erwarteter/wahrgenommener Nutzen

    A.2 geringe technische Komplexität – leichte Verständlichkeit

    A.3 positives Produktimage

    A.4 ansprechende Verpackung bei Konsumgütern

    A.5 vielseitige Verwendbarkeit

    A.6 leichte Imitierbarkeit

B Merkmale des Marktes

    B.1 Größe und Potenzial des Absatzmarktes

    B.2 Marktwachstumsraten

    B.3 Struktur des Marktes

    B.4 (Preis-)Strukturen vor- und nachgelagerter Märkte

    B.5 Offenheit der notwendigen Kommunikationskanäle

    B.6 Wettbewerbssituation

    B.7 Angebot an qualifizierten Arbeitskräften

    B.8 Offenheit der notwendigen Kommunikationskanäle

C Regulative Determinanten

    C.1 Nachfrage des Staates

    C.2 Investitionsförderung, staatl. Förderprogramme

    C.3 Politische Durchsetzbarkeit

D Merkmale der Adoptoren – Nachfrageseite

    D.1 persönliche Merkmale der Anwender:

        D.1.1 Zahlungsbereitschaft (Preis der Innovation ist entscheidend)

        D.1 2 Flexibilität Neuerungen gegenüber

        D.1.3 Lern- und Erfahrungsseffekte

        D.1.4 Selbsteinschätzung

        D.1.5 Kommunikative Kompetenz

        D.1.6 Beeinflussbarkeit (Persuabilität)

        D.1.7 Langfristige Motivation/Interessen

    D.2 institutionelle Merkmale der Unternehmen

        D.2.1 wirtschaftliche Lage – Eigenfinanzierungsmöglichkeit

        D.2.2 Organisationsstruktur (hierarchisch oder dezentral)

        D.2.3 Angebot an qualifizierten Arbeitskräften im Unternehmen

        D.2.4 Informationsverhalten des Innovators

Zur Analyse von Electronic Commerce muss diese Liste modifiziert werden, was nachfolgend geschieht.

7.2 Anpassung auf die Analyse der Innovation „Electronic Commerce"

7.2.1 Merkmale der Innovation

Die Gliederung von Conzelmann erscheint im Bereich der Merkmale der Innovation für die Analyse eines Systemguts wie Electronic-Commerce zu wenig strukturiert. Aus diesem Grund ist eine Heranziehung anderer Konzepte notwendig, die insbesondere stärker auf die Gegenüberstellung von Nutzen und Aufwand abzielen (siehe Abb. 58). Auf der Nutzenseite sind insbesondere der erwartete praktische Nutzen der Innovation selbst (Schnelligkeit, Bequemlichkeit, Verfügbarkeit, Planbarkeit, Zuverlässigkeit etc. des Electronic Commerce im Vergleich mit anderen Transaktionsformen) sowie mit ihr in Zusammenhang stehender Anwendungen und Dienstleistungen zu betrachten.

Wesentlich für die Diffusion technischer Innovationen ist aber auch – nicht nur bei Produkten, die auf Privatkunden abzielen – ihr Image. Das Image der Technik in der gesellschaftlichen Diskussion (bzgl. Nutzen und Nachteilen/ Gefahren des Online-Handels) wird über die Massenmedien sowie z.B. über relevante Fachkreise vermittelt.

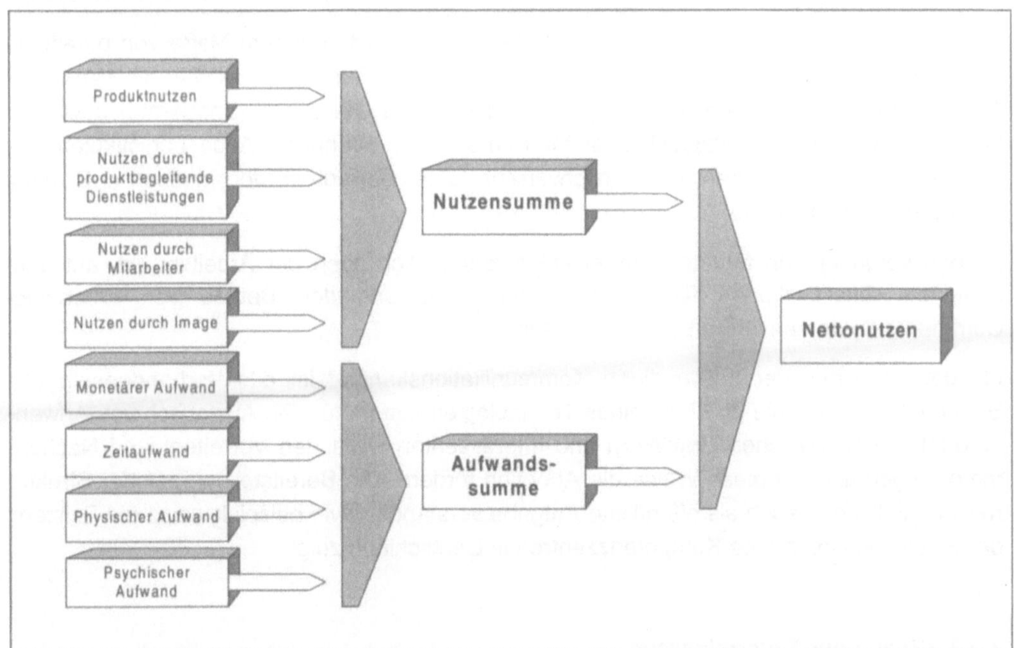

Dem Nutzen ist der Aufwand für den Gebrauch der Innovation gegenüber zu stellen. Die Aufwandssumme resultiert aus dem Preis und dem erwarteten zeitlichen bzw. personellen Aufwand für die Nutzung – beides Faktoren von zentraler Bedeutung für die Diffusion von Electronic Commerce. Solange breitbandige Internet-Anschlüsse bis zum Endkunden (Privathaushalten und kleineren Betrieben) die Ausnahme darstellen, leidet die Bequemlichkeit des Einkaufs und damit ihre Akzeptanz unter dem langsamen Datendurchsatz. Der Aspekt Zeitaufwand stellt vor diesem Hintergrund im Wesentlichen ein Infrastrukturproblem dar.

7.2.2 Merkmale des Marktes

Größe, Potenzial und Wachstum des potenziellen Absatzmarktes sind auf der Nachfrageseite des Electronic Commerce abhängig von der Verbreitung der Zugangsmedien für Electronic Commerce (also heute vorrangig des PCs) in Privathaushalten und Betrieben und auf der Angebotsseite von der grundsätzlichen Eignung der Innovation für die Vermarktung der Produkte der einzelnen Branchen. Eine Abschätzung kann nur auf der Basis der heutigen technisch-regulatorischen Rahmenbedingungen erfolgen, da die Weiterentwicklung der Internet-Technologie in einem Tempo vonstatten geht, dass längerfristige Aussagen über das Potenzial unmöglich macht.

Bei der Struktur des Marktes sind insbesondere Marktzugangsbarrieren, also die Höhe der Zugangsschwelle für Neueinsteiger und Quereinsteiger aus anderen Branchen, zu berücksichtigen.

Die Entwicklung des elektronischen Geschäftsverkehrs wird in hohem Maße von parallelen Entwicklungen auf vor- und nachgelagerten Märkten beeinflusst. Zentral sind die Märkte für Telekommunikationsdienste, für Computer-Software und -Hardware (Endgeräte) sowie für Investitionskapital (z.B. Wagniskapital für Firmenneugründungen). Auch Logistikdienstleistungen sind zu betrachten, insofern physische Güter bewegt werden müssen (z.B. beim Internet-Versandhandel).

Zu den vorgelagerten Märkten gehört selbstverständlich auch der Arbeitsmarkt, auf dem geeignete Qualifikationen für die Implementierung und den Betrieb von Electronic-Commerce-Systemen verfügbar sein müssen.

Mit der „Offenheit der notwendigen Kommunikationskanäle" ist das Vorhandensein von Strukturen gemeint, die im Sinne eines Technologietransfers für den Austausch von Anwendererfahrungen zwischen Praktikern und Interessenten, zwischen Vorreitern und Nachahmern sorgen und auf diese Weise die Adoption fördern. Die Bereitstellung solcher Strukturen wird in Europa auch als öffentliche Aufgabe verstanden, wie beispielsweise die Existenz der Electronic-Commerce-Kompetenzzentren in Deutschland zeigt.

7.2.3 Regulative Determinanten

Die Rolle des Staates für die Diffusion besteht in:

- der allgemeinen Schaffung von Rahmenbedingungen, die einer Verbreitung des Electronic Commerce zuträglich sind, durch Förderung von Maßnahmen zur Bereitstellung z.B. der erforderlichen qualifikatorischen Infrastruktur;

- direkten regulativen Maßnahmen, insbesondere die Bereitstellung eines rechtlichen Rahmens, innerhalb dessen Electronic Commerce gedeihen kann, sowie direkte Eingriffe in den Markt in Form von Fördermaßnahmen, von denen Adoptoren der Innovation profitieren können;

- der Teilnahme auf dem Electronic-Commerce-Markt als Anbieter und Nachfrager.

Mit dieser Aufteilung sind die wichtigsten Faktoren der staatlichen Teilnahme am Diffusionsprozess abgedeckt: Der Staat greift als rahmensetzende Macht ein, ist aber auch Teil des Prozesses, indem er als Marktteilnehmer agiert. Conzelmann spricht darüber hinaus die „politische Durchsetzbarkeit" an, die aber ihrerseits wieder determiniert wird durch eine Reihe von politisch beeinflussbaren oder externen Faktoren, die sich einer empirischen Analyse weitgehend entziehen. Daher wird dieser Aspekt hier ausgeklammert.

7.2.4 Merkmale der Adaptoren

Die Merkmale der Adaptoren müssen ebenfalls darauf untersucht werden, inwiefern sie zu operationalisieren sind. Aus der Liste der persönlichen Merkmale der Anwender sind die Flexibilität Neuerungen gegenüber (Akzeptanz von technisch-organisatorischen Innovationen durch Privathaushalte sowie Betriebe), die Zahlungsbereitschaft sowie Lern- und Erfahrungseffekte (Ausmaß der Erfahrungen mit Electronic-Commerce-Techniken sowie verwandten Anwendungen) relevant. Selbsteinschätzung, kommunikative Kompetenz, Beeinflussbarkeit und langfristige Motivation werden nicht betrachtet.

Unter den institutionellen Merkmalen der Unternehmen sind ebenfalls die Lern- und Erfahrungseffekte (auf der organisatorischen Ebene) von Bedeutung sowie die (subjektive und objektive) wirtschaftliche Lage, die über freie finanzielle, personelle und sonstige Kapazitäten zur Entwicklung und Betrieb von Electronic-Commerce-Systemen entscheidet.

7.3 Ergebnis: Determinanten der Diffusion von Electronic Commerce

Es ergibt sich also für diese Arbeit folgende Tabelle der relevanten Determinanten von Diffusion:

Ableitung der kritischen Determinanten für die Diffusion von Electronic Commerce	
Determinante	**Relevante Aspekte**
M e r k m a l e d e r I n n o v a t i o n	
Nutzen	
- **praktischer Nutzen**	Schnelligkeit, Bequemlichkeit, Verfügbarkeit, Planbarkeit, Zuverlässigkeit etc. des Online-Einkaufs im Vergleich zu anderen Einkaufsformen

- **Nutzen durch Image**	In der gesellschaftlichen Diskussion, den Massenmedien sowie relevanten Fachkreisen vermitteltes Bild bzgl. Nutzen und Nachteilen/ Gefahren des Online-Einkaufs; Möglichkeiten zur unmittelbaren Beobachtung der Funktionsweise von Electronic Commerce, z.B. im Beruf
Aufwand	
- **Monetärer Aufwand**	Fixe und variable Kosten für Infrastruktur und Dienste auf Anwender- wie auf Anbieterseite
- **Physischer und psychischer Aufwand: Bedienungsfreundlichkeit/ Technische Komplexität**	Vorhandensein des subjektiv als nötig befundenen Anwender-Know-hows auf individueller oder betrieblicher Ebene; subjektiv geschätzter Aufwand für die Beschaffung des notwendigen Know-hows
Möglichkeit, die Innovation zu beobachten (Observability) und auszuprobieren (Trialability)	Können die Vorteile des Electronic Commerce persönlich bzw. im eigenen Unternehmen erfahren werden, ohne dass hiermit bereits eine Investitionsbindung bzw. höhere, nicht rückgängig machbare Ausgaben verbunden sind? Öffentliche Internet-Zugänge etc.
Leichte Imitierbarkeit	Möglichkeit, innovative Electronic-Commerce-Anwendungen anderer Anbieter zu übernehmen
M e r k m a l e d e s M a r k t e s	
Größe und Potenzial des Absatzmarktes	Umfang des potenziellen Anwenderkreises auf der Basis der heutigen technisch-regulatorischen Rahmenbedingungen
Struktur des Marktes	Marktzugangsbarrieren, Höhe der Zugangsschwelle für Neueinsteiger und Quereinsteiger aus anderen Branchen
Struktur vor- und nachgelagerter Märkte	Märkte für Telekommunikationsdienste, Computer-Software und –Hardware (Endgeräte), Logistikdienstleistungen, Investitionskapital (z.B. Wagniskapital für Firmenneugründungen)
Angebot an qualifizierten Arbeitskräften	Verfügbarkeit geeigneter Fachkräfte für die Implementierung und den Betrieb von Electronic-Commerce-Systemen
Offenheit der notwendigen Kommunikationskanäle	In welchem Maße ist der Transfer der benötigten Technologien zwischen Vorreitern und Nachahmern gewährleistet? Welche Strukturen bestehen zu diesem Zweck?
R e g u l a t i v e D e t e r m i n a n t e n	
Indirekte regulative Maßnahmen	
- **Bildungspolitik**	Arbeitsmarktadäquate Bildungspolitik im Hinblick auf die Ausbildung von Know-how für die Entwicklung, den Betrieb sowie die Anwendung von Electronic-Commerce-Systemen
Direkte regulative Maßnahmen	
- **Investitionsförderung**	Umfang und Vergabebedingungen staatlicher Mittel zur Förderung von Electronic-Commerce-Investitionen in Betrieben
- **Gesetzliche Regelungen und andere Formen der Marktregulation**	
- **Steuerrecht**	Steuerrechtliche Regelungen mit Relevanz für Electronic Commerce sowie Ansätze zur Selbstregulierung durch nichtstaatliche Institutionen

- Zoll- und Handelsbestimmungen	Zoll- und handelsrechtliche Regelungen mit Relevanz für Electronic Commerce sowie Ansätze zur Selbstregulierung durch nicht-staatliche Institutionen
- Urheberrecht	Urheberrechtliche Regelungen mit Relevanz für Electronic Commerce sowie Ansätze zur Selbstregulierung durch nicht-staatliche Institutionen
- Datensicherheit und Vertragsrecht	Datensicherheits- und vertragsrechtliche Regelungen mit Relevanz für Electronic Commerce sowie Ansätze zur Selbstregulierung durch nicht-staatliche Institutionen
- Verbraucher- und Datenschutz	Verbraucher- und Datenschutz-Regelungen mit Relevanz für Electronic Commerce sowie Ansätze zur Selbstregulierung durch nicht-staatliche Institutionen
- Wettbewerbsrecht	Wettbewerbsrechtliche Regelungen mit Relevanz für Electronic Commerce sowie Ansätze zur Selbstregulierung durch nicht-staatliche Institutionen
- Anwendbares Recht und Gerichtszuständigkeit	Anwendbares Recht und Gerichtszuständigkeit für Gesetze und Bestimmungen mit Relevanz für Electronic Commerce sowie Ansätze zur Selbstregulierung durch nicht-staatliche Institutionen
Staat als Marktteilnehmer	Praxis und Umfang des Einsatzes von Electronic Commerce durch staatliche Behörden
Merkmale der Adoptoren	
persönliche Merkmale der Anwender	
- Zahlungsbereitschaft	Bereitschaft der Privathaushalte sowie der Betriebe, den Preis der Innovation zu bezahlen
- Flexibilität Neuerungen gegenüber	Akzeptanz von technisch-organisatorischen Innovationen durch Privathaushalte sowie Betriebe
- Lern- und Erfahrungsseffekte (auf einzelpersönlicher Ebene)	Ausmaß der Erfahrungen mit Electronic-Commerce-Techniken (PC, Internet, E-Mail) sowie verwandten Anwendungen (Versandhandel) in der Bevölkerung
institutionelle Merkmale der Unternehmen	
- Wirtschaftliche Lage – Eigenfinanzierungsmöglichkeit und Kapazitäten	Freie finanzielle, personelle und sonstige Kapazitäten in der Betrieben zur Entwicklung und Betrieb von Electronic-Commerce-Systemen
- Lern- und Erfahrungseffekte (auf Unternehmensebene)	Ausmaß der Erfahrungen mit Electronic-Commerce-Techniken (PC, Internet, Intranet, E-Mail) sowie verwandten Funktionen (Versandlogistik) in den Betrieben

TAB. 23: LISTE DER KRITISCHEN DETERMINANTEN FÜR DIE DIFFUSION VON ELECTRONIC COMMERCE (QUELLE: EMPIRICA)

8 Rahmenbedingungen für Electronic Commerce: Status Quo und Handlungsbedarf

8.1 Einleitung

Nachstehend wird der in Kapitel 7.3 entwickelte theoretische Rahmen als Grundlage genutzt, um (angepasst auf die Besonderheiten der Innovation Electronic Commerce):

- die Determinanten der Diffusion von Electronic Commerce näher zu analysieren;

- entlang dieser Determinanten den gegenwärtigen Status Quo und die Rahmenbedingungen darzustellen, die eine Diffusion fördern, sowie deren Erfüllungsgrad zu beschreiben und Defizite zu identifizieren;

8.2 Merkmale der Innovation

Thema dieses Abschnitts sind nicht die objektiven Potenziale der Innovation „elektronischer Geschäftsverkehr" – siehe hierzu Kapitel 3 und 5. Für die Diffusion ist es jedoch von entscheidender Bedeutung, inwieweit die objektiven Merkmale der Innovation von den potenziellen Adoptoren auch tatsächlich wahrgenommen werden. Ein positives Merkmal einer Innovation ist aus Sicht der Diffusionsforschung irrelevant, wenn es sich nicht in der subjektiven Wahrnehmung der potenziellen Adoptoren widerspiegelt; entsprechend gilt dies für nachteilige Eigenschaften.

8.2.1 Praktischer Nutzen

Nutzen aus Sicht der Nachfrager

Aus der Sicht vieler Konsumenten liegt der grundsätzliche Nutzen von Electronic Commerce auf der Hand, insofern eine neue Möglichkeit des Einkaufens zu den traditionellen Formen (die ja weiterhin genutzt werden können) hinzukommt und für bestimmte Aufgaben objektive Vorteile aufweist – z.B. das prinzipiell unendliche Angebot. Gleichzeitig sieht jedoch ein erheblicher Anteil der Bevölkerung überhaupt keinen relevanten Nutzen im Electronic Commerce, offensichtlich weil ihm der Mehrwert gegenüber herkömmlichen Einkaufsmethoden nicht plausibel ist.

In einem Land mit im internationalen Vergleich immer noch recht stark reglementierten Ladenöffnungszeiten wie Deutschland (siehe Tab. 24) und der entsprechenden öffentlichen Debatte darum, sollte die Attraktivität eines 24-Stunden-Shops nicht unterschätzt werden. Die gängigen Arbeitszeiten liegen meist parallel zu den Ladenöffnungszeiten, so dass zu ausgiebigem Einkaufen wenig Zeit verbleibt. Aus diesem Grund dürfte selbst für Produkte, die sich wegen ihrer geringen Haltbarkeit wenig für den Versandhandel eignen, ein Online-Markt existieren (z.B. Lebensmittel).

Ladenöffnungszeiten in Europa und den USA			
Belgien	5:00-20:00 Uhr	Italien	9:00-21:00 Uhr
Dänemark	5:00-17:30 Uhr	Luxemburg	6:00-20:00 Uhr
Deutschland	6:00-20:00 Uhr	Niederlande	6:00-22:00 Uhr
Finnland	7:00-21:00 Uhr	Österreich	7:00-19:30 Uhr
Frankreich	keine Beschränkungen	Portugal	keine Beschränkungen
Griechenland	8:00-20:30 Uhr	Schweden	keine Beschränkungen
Großbritannien	9:00-21:00 Uhr	Spanien	8:00-21:00/22:00 Uhr[20]
Irland	keine Beschränkungen	USA	keine Beschränkungen

TAB. 24: LADENÖFFNUNGSZEITEN IN EUROPA UND DEN USA (QUELLE: HTTP://WWW. EUROEINKAUF.DE)

Das Interesse an Online-Shopping unter denjenigen, die heute noch ohne Internet-Zugang sind und auch woanders noch nie einen Online-Dienst genutzt haben, liegt in Deutschland bei 15%, der Rest (85%) ist nicht interessiert. Diese Werte entsprechen dem europäischen Durchschnitt.

Um eine Aussage über die Nützlichkeit von Electronic Commerce nach Ansicht der Konsumenten zu erhalten, bietet sich auch ein Blick auf die in der Befragung angegebenen Gründe für die Nichtnutzung bzw. begrenzte Nutzung an. Danach sind die zentrale Gründe für die Mehrheit der Europäer, den Online-Einkauf zu meiden, der fehlende Nutzen bzw. die geringe Nachfrage nach Online-Einkaufsmöglichkeiten. Insgesamt sind heute noch zwischen 32% und 45% der europäischen Bevölkerung dieser Ansicht.

Unter den konkreten Barrieren für eine Nutzung wird die mangelnde technische Ausstattung in den Haushalten, die erforderlich ist, um überhaupt online gehen zu können, am häufigsten genannt: von 21% der Befragten in Europa. Als weitere wichtige Barriere werden von etwa 15% Produktmerkmale genannt, d.h. die Tatsache, dass man Produkte, die im Internet zum Kauf angeboten werden, nicht anfassen, anprobieren usw. kann. Gefahren von Betrug und Datenschutzgesichtspunkte folgen als Hinderungsgründe bei deutlich unter 10% der Befragten. Gerade hier gibt es zwischen den Ländern große Unterschiede. Insbesondere in den Internet- und Online-Shopping Vorreiterländern werden sehr viel höhere Werte bis zu etwa 18% erreicht.

Dies ist ein Indiz dafür, dass derartige Gefahren mit zunehmender Nutzererfahrung verstärkt ins Bewusstsein treten, sei es wegen konkreter negativer Erfahrungen, sei es aufgrund von allgemeinen Befürchtungen. Es entsteht der Eindruck, dass ein wichtiger Schritt auf dem Weg zum Electronic Commerce eine gewisse Vertrautheit im Umgang mit PC und Internet ist, die es in Deutschland sicherlich noch weiter zu forcieren gilt. Folglich macht es Sinn, mit

---

[20] Kaufhäuser, Supermärkte

gezielten Maßnahmen dafür zu sorgen, dass in Deutschland sehr zügig eine hohe Nutzungsdichte im Bereich PC und Internet erreicht wird.

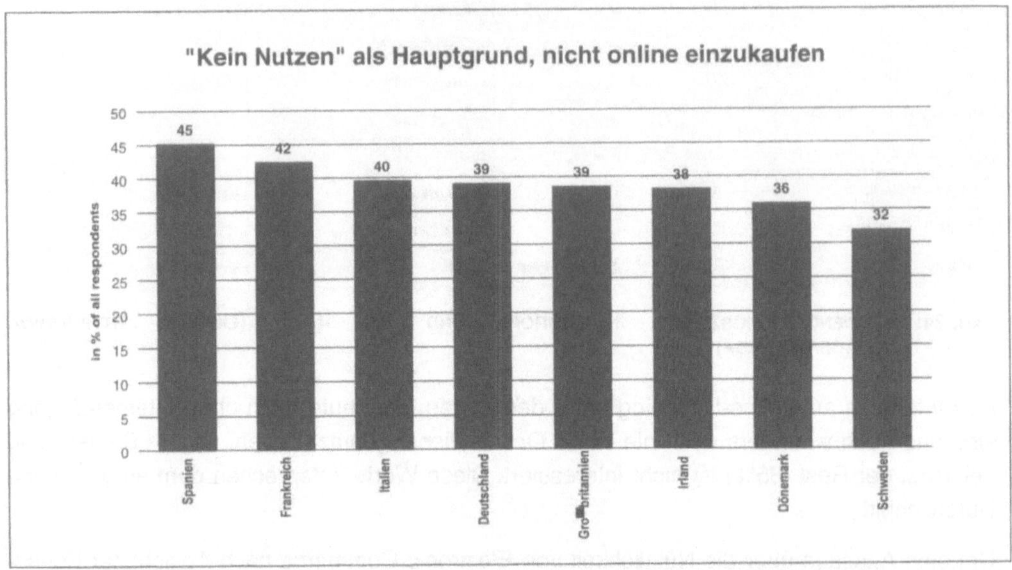

ABB. 59: ANZAHL DER NENNUNGEN „KEIN NUTZEN" ALS HAUPTGRUND, NICHT ONLINE EINZUKAUFEN (QUELLE: EIGENE ERHEBUNG, BEVÖLKERUNGSBEFRAGUNG; DATEN FÜR FINNLAND UND DIE NIEDERLANDE LIEGEN NICHT VOR)

Nutzen aus Sicht der Anbieter

Unter den Betrieben zeigt sich ein ähnliches Bild wie auf der Nachfrageseite: Eine immer noch große Zahl von ihnen lehnt eine Auseinandersetzung mit dem Thema Electronic Commerce ab, wenn es um Online-Verkauf geht. 43% der heutigen Nicht-Nutzer in Deutschland, d.h. Betriebe, die weder heute **Online-Verkauf** praktizieren, noch dies für die nächsten zwei Jahre planen, sehen keine Notwendigkeit bzw. keinen Nutzen darin (siehe Abb. 60). Damit befindet sich Deutschland in „guter Gesellschaft" mit anderen großen europäischen Länder und auch der USA. In Finnland und den Niederlanden hingegen ist die Aufgeschlossenheit auch bei den Nichtnutzern größer.

Die hohen Werte für die USA mögen überraschen; sie machen erneut deutlich, dass die US-amerikanische Wirtschaft bezüglich ihrer Einstellung zum elektronischen Geschäftsverkehr und Internet polarisiert ist. Neben amazon.com, DELL und Cisco, die den Online-Shopping-Mythos USA begründet haben, existiert weiterhin ein beträchtlicher Teil der Betriebe, die kein Interesse an Electronic Commerce haben. Der durchschnittliche US-amerikanische Betrieb unterscheidet sich diesbezüglich nicht oder nur wenig von dem europäischen.

    Gareis / Korte / Deutsch

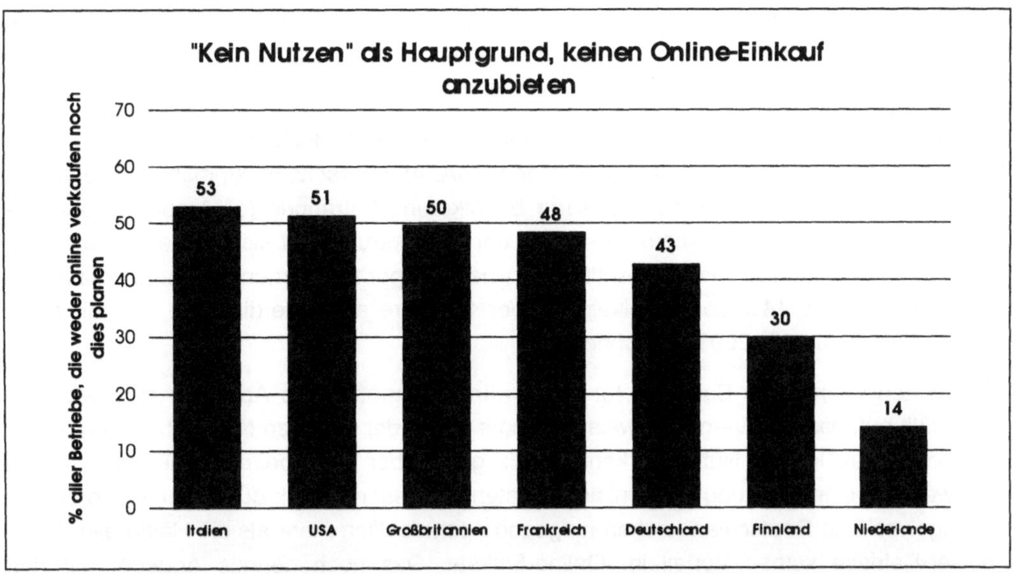

ABB. 60: ANZAHL DER NENNUNGEN „KEIN NUTZEN" ALS HAUPTGRUND, KEINEN ONLINE-EINKAUF ANZUBIETEN (QUELLE: EIGENE ERHEBUNG, BETRIEBSBEFRAGUNG)

Wichtigste Barrieren für Online-Verkauf in den Betrieben Europas und der USA 1999 (in % der Betriebe, die Online-Verkauf weder praktizieren noch planen)								
	Fehlende Nachfrage	Kosten	Fehlendes Know-how	Datensicherheitsbedenken	Betrugsgefahr	Produkteigenschaften	Rahmenbedingungen	Andere Gründe
Deutschland	26,6%	7,6%	4,9%	0,6%	0,3%	35,0%	3,0%	0,0%
Finnland	15,1%	2,3%	0,0%	1,9%	0,7%	42,3%	0,0%	4,9%
Frankreich	15,6%	5,7%	9,5%	1,4%	0,4%	26,7%	1,5%	0,7%
Großbritannien	18,1%	5,3%	6,6%	1,3%	0,4%	26,0%	0,5%	3,5%
Italien	13,7%	2,0%	4,3%	1,1%	0,4%	24,2%	0,0%	1,0%
Niederlande	16,5%	3,7%	4,1%	3,7%	2,8%	53,7%	5,5%	4,1%
USA	6,9%	1,6%	2,6%	0,6%	0,3%	9,5%	0,0%	14,1%

TAB. 25: DIE WICHTIGSTEN BARRIEREN FÜR ONLINE-VERKAUF IN DEN BETRIEBEN EUROPAS UND DER USA (QUELLE: EMPIRICA, BETRIEBSBEFRAGUNG 1999)

Unter allen konkreten Barrieren für eine Implementierung von Electronic-Commerce-Systemen für den Online-Verkauf (siehe Tab. 25) nennen die Betriebe am häufigsten den Grund, die eigenen Produkte seien für Electronic Commerce ungeeignet: Etwa ein Drittel der Entscheidungsträger in deutschen Betrieben ist der Meinung, dass sich ihre Produkte nicht für einen Online-Verkauf eignen, mehr als ein Viertel glaubt, dass es für den Online-Verkauf eine noch zu geringe Nachfrage im Markt gibt. Da die Praxis der letzten Monate immer deutlicher gezeigt hat, dass es praktisch keine Produkte gibt, die sich nicht auf die eine oder andere Art und Weise über das Internet vermarkten lassen, kann diese Aussage eigentlich nur als ein Indikator für die Unkenntnis der Möglichkeiten des Internet für den elektronischen Geschäftsverkehr angesehen werden.

Bei der Antwortkategorie „fehlende Nachfrage" liegen die Deutschen an der Spitze weit vor allen anderen europäischen Ländern und den USA. Andererseits muss man den deutschen Betrieben nach den Ergebnissen unserer Bevölkerungsbefragung (s.u.) auch in gewisser Weise Recht geben: Die Nachfrage seitens der Bevölkerung hält sich derzeit noch sehr in Grenzen. Regelmäßige und gelegentliche Online-Shopper zusammengenommen machen in Deutschland etwa 14% der Bevölkerung über 14 Jahre aus. Allerdings ist hier mit einem starken Wachstum bis 2001 zu rechnen.

Betrachten wir nun die Barrieren für den **Online-Einkauf** (siehe Abb. 61). Bezüglich den USA fällt auf, dass ein vergleichsweise geringer Anteil der heutigen Nichtnutzer-Betriebe im Online-Einkauf keinen Nutzen erkennt (35% gegenüber 51% beim Online-Verkauf). Die Schwelle zu einer Nutzung von Online-Diensten für diesen Zweck dürfte dementsprechend geringer sein. In Deutschland sehen hingegen noch deutlich mehr als die Hälfte aller Nicht-nutzer-Betriebe keinen Vorteil im Online-Einkauf. Das noch geringe Angebot auf dem deutschsprachigen Markt und die Persistenz bestehender Strukturen im Einkauf (Bindung an traditionelle Zulieferer) sind mögliche Ursachen für diesen Befund.

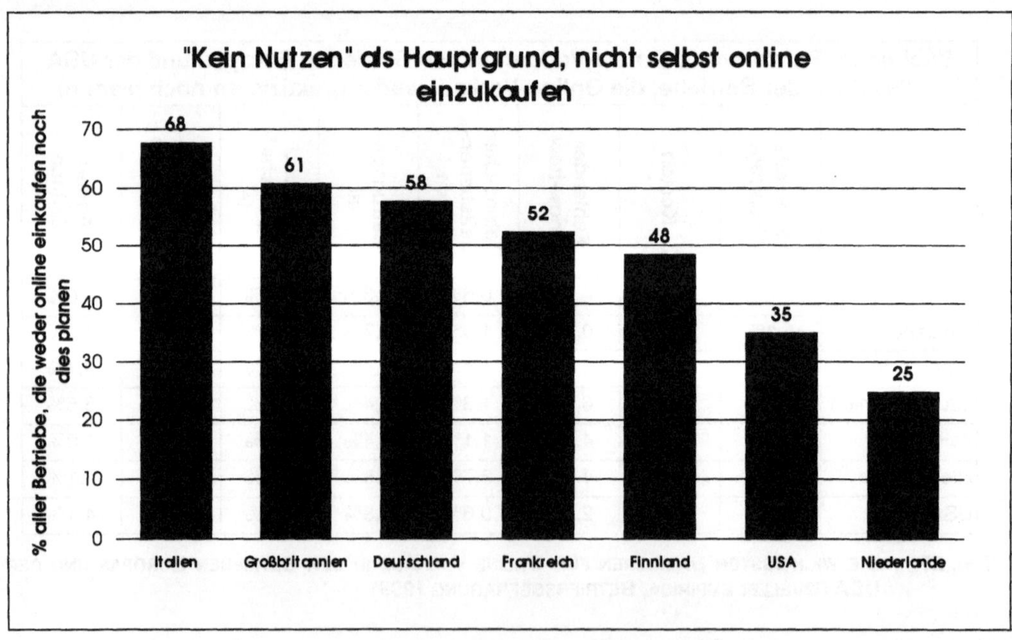

Unter den konkreten Barrieren für den Online-Einkauf wird als wesentlicher Hemmfaktor die Meinung genannt, dass noch zu wenig (bzw. nicht die richtigen) Betriebe ihre Angebote online verfügbar machten. Überproportional in Deutschland wird als wichtigste Barriere für die Online-Beschaffung ein fehlendes Angebot der vertrauten Lieferanten im Internet ge-

                                                                 Gareis / Korte / Deutsch

nannt. Diese machen ihre Angebote noch nicht bzw. nicht in geeigneter Weise online verfügbar oder der Online-Markt für die nachgefragten Produkte ist allgemein noch nicht sehr ausgeprägt bzw. auch nicht transparent genug. Die US-amerikanischen Betriebe nennen diesen Grund nach den Niederländern am seltensten.

Wichtigste Barrieren für Online-Einkauf in den Betrieben Europas und der USA 1999 (in % der Betriebe, die Online-Einkauf weder praktizieren noch planen)								
	Fehlendes Angebot	Kosten	Fehlendes Know-how	Datensicherheitsbedenken	Betrugsgefahr	Produkteigenschaften	Rahmenbedingungen	Andere Gründe
Deutschland	19,0%	6,0%	6,7%	1,3%	1,5%	14,3%	2,5%	0,6%
Finnland	14,7%	1,6%	0,4%	2,8%	2,8%	9,2%	0,2%	2,9%
Frankreich	9,3%	7,6%	13,3%	5,2%	6,4%	10,6%	3,4%	1,8%
Großbritannien	10,8%	5,3%	9,0%	6,9%	3,1%	8,3%	1,0%	3,2%
Italien	10,4%	2,1%	4,5%	1,7%	1,1%	9,0%	0,4%	0,0%
Niederlande	5,6%	2,8%	5,6%	4,5%	1,1%	26,0%	4,5%	18,6%
USA	7,5%	2,0%	10,5%	1,7%	0,7%	2,0%	0,0%	12,4%

TAB. 26: DIE WICHTIGSTEN BARRIEREN FÜR ONLINE-EINKAUF IN DEN BETRIEBEN EUROPAS UND DER USA (QUELLE: EMPIRICA, BETRIEBSBEFRAGUNG 1999)

8.2.2 Nutzen durch Image

Für Unternehmen muss nicht nur ein ausreichend großer praktischer Nutzen erkennbar sein, um Electronic Commerce attraktiv zu machen. Ebenso wichtig erscheint, dass der Innovation ein positives Image anhaftet, damit Electronic Commerce im Rahmen einer (Business-to-Business- oder Business-to-Consumer-) Marketingstrategie erfolgreich eingesetzt werden kann. Das Image, das eine soziale Gemeinschaft von einem Produkt hat, wird über die Massenmedien sowie die gängigen Multiplikatoren vermittelt und beeinflusst auf diese Weise die einzelnen Mitglieder der Gesellschaft.

Electronic Commerce ist heute in aller Munde; es gilt als zukunftsorientiert und innovativ. Die Berichterstattung in den Medien ist sehr umfassend, es gibt kein Wirtschaftsmagazin, kein Computermagazin und kein Wirtschaftsteil in den überregionalen oder regionalen Zeitungen mehr, wo nicht regelmäßig über das Thema geschrieben wird. Die Berichterstattung ist in der Regel positiv, teilweise sogar euphorisch.

Kritische Darstellungen fokussieren meistens auf den schlechten Möglichkeiten, Eigentumsrechte und Datenschutzaspekte im elektronischen Geschäftsverkehr durchzusetzen. Sowohl die Problematik des illegalen Zugriffs auf Daten durch Hacker als auch die Forderung des Staates, jederzeit Zugang auch zu verschlüsselten Daten zu haben, verunsichern potenzielle Kunden – unabhängig davon, ob sie von den Risiken direkt betroffen sind oder nicht.

Trotzdem rangieren **Datensicherheitsbedenken** und **Betrugsgefahren** unter den heute schon aktiven privaten Internetnutzern bei den Barrieren für den Online-Einkauf nicht an oberster Stelle. Die möglichen Probleme und Gefahren bzgl. Datenschutz und Betrug werden nur von einer sehr kleinen Minderheit (in Deutschland unter 1%) als wichtigste Hinderungsgründe eingestuft. Wenn man dieses Ergebnis auch keineswegs so interpretieren darf, als würden potenzielle Probleme in den genannten Bereichen überhaupt nicht zur Kenntnis genommen, so bestätigt es doch die Ansicht, dass Sicherheitsprobleme zwar die konkrete Umsetzung erschweren können bzw. die Überzeugung von Teilen der Kundschaft erschweren, jedoch zurzeit auf Seite der Anbieter nicht ausschlaggebend für eine Entscheidung pro oder contra Internet-Verkauf sind. In diesem Punkt gibt es kaum Unterschiede zwischen den Ländern, Deutschland und USA weisen exakt die selben Werte auf. Einzig in den Niederlanden werden etwas höhere Werte erzielt, die aber auch noch deutlich unter der 5%-Marke liegen.

Wird jedoch allgemein gefragt, ob Sicherheitsbedenken als Barriere für eine Nutzung von Electronic Commerce eine Rolle spielen, so antworten verschiedenen Betriebsbefragungen zufolge zwischen einem und zwei Drittel zustimmend (siehe Abb. 62).

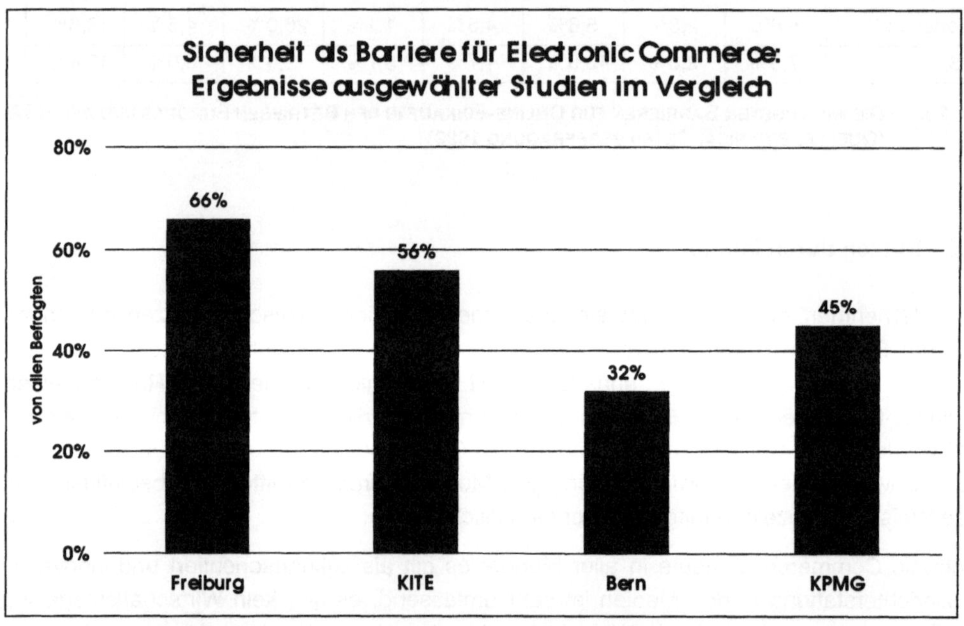

ABB. 62: SICHERHEIT ALS BARRIERE FÜR ELECTRONIC COMMERCE: ERGEBNISSE AUSGEWÄHLTER STUDIEN IM VERGLEICH (QUELLE: EMPIRICA; DATENGRUNDLAGE: SCHODER 1998; CHAPPELL & FEINDT 1999; SIEBER & HUNZIKER 1999; KPMG 1999)

Das Ausmaß der Sicherheitsbedenken ist also nicht ausschlaggebend für oder gegen die Einführung von Electronic Commerce in einem Unternehmen, es beeinflusst jedoch die Entscheidung und das Ausmaß der Nutzung.

Um daher auch weiterhin bestehende Sicherheitsbedenken anzugehen, wurden unterschiedliche Rahmensetzungen seitens der Bundesregierung vorgenommen, beispielsweise

                                                        Gareis / Korte / Deutsch

mit dem Digitale Signaturgesetz. Die Digitale Signatur beruht jedoch noch auf dem Prinzip „Besitz und Wissen" (Karte und PIN) und stellt damit objektiv betrachtet aus Nutzersicht kein Optimum dar: Wenn die PIN erspäht wird und es daraufhin zu einem Kartenmissbrauch kommt, liegt die Beweispflicht, dass die Unterschrift nicht von ihm selbst geleistet worden ist, beim Kunden. Eine größere Sicherheit würden biometrische Verfahren geben (vgl. Albrecht 1999), die allerdings ebenfalls mit grundsätzlichen Problemen behaftet sind: Bei fehlerhafter Zuordnung oder dem Diebstahl von Datensätzen kann die Nutzerkennung nicht mehr einfach (wie bei einer PIN) gelöscht und durch eine neue ersetzt werden (siehe Schneier 2000). An derartigen und weiteren Verfahren wird in einer Reihe von F&E-Projekten gearbeitet.

Zum gegenwärtigen Zeitpunkt erscheinen jedoch, u.a. auch angesichts des empirischen Ergebnisse bzgl. der Einstufung der Datensicherheit als einer Barriere für die Netznutzung (s.o.), die gegenwärtigen verfügbaren Sicherheitsmechanismen für die meisten Anwender auszureichen. Nun ist es an den einzelnen Website-Betreibern, von diesen Mechanismen umfassend und kundengerecht Gebrauch zu machen und so für mehr Vertrauen bei den Verbrauchern zu sorgen.

8.2.3 Aufwand

Monetärer Aufwand

Der Preis einer Innovation spielt bei ihrer Diffusion eine wichtige Rolle für die Adoptionsentscheidung der Nachfrager. Die wesentlichen Kosten, die dem Privatkunden durch die Nutzung von Electronic Commerce entstehen, setzen sich – abgesehen von den Ausgaben für die Inhalte – zusammen aus dem Anschaffungs- bzw. Nutzungspreis der Zugangsgeräte (z.B. PC und ISDN-Anschluss), den laufenden Gebühren für den Internetzugang sowie eventuell anfallenden Versandkosten. Handelt es sich bei den Verbrauchern um gewerbliche Kunden, so ist darüber hinaus der personelle und Zeitaufwand der Nutzung (Opportunitätskosten) von Belang.

Im Mittelpunkt der Wahrnehmung stehen eindeutig die Zugangskosten, die sich aus Telefongebühren und Internet-Nutzungsgebühren zusammensetzen. Die Vielfalt des Angebots im Netz in Kombination mit den Schwierigkeiten, gesuchte Angebote zu lokalisieren, bedeuten, dass jeder zustande kommenden Transaktion im Internet längere Suchphasen vorausgehen. Ist die online verbrachte Zeit per se bereits mit Kosten verbunden, werden die Suchaktivitäten eingeschränkt (DIW 1998).

Hohe Zugangskosten beeinflussen drei Variablen:

- die Entscheidung, einen privaten Zugang zum Internet einzurichten;

- die Häufigkeit der Nutzung; sowie

- die Dauer der Nutzung pro Session.

Es gibt Hinweise darauf, dass es vor allem die letztere Größe ist, in der Unterschiede in den Zugangskosten einen großen Einfluss ausüben (Buckley 1999). Von den Gebührenstrukturen und der damit einher gehenden Nutzungsbereitschaft der User hängt ab, inwieweit das Internet als Einkaufsmedium akzeptiert wird oder nicht. In den USA, wo Ortsnetzgespräche (übrigens aus Gründen, die nichts mit der Anwendung für den Internet-Zugang zu tun haben, siehe Grover & Lebeau 1996) seit längerer Zeit kostenlos sind und damit auch die Gebühren für den Internet-Zugang in der Regel nutzungsunabhängig sind, sind die durchschnittlichen Nutzungszeiten daher erheblich höher als in Europa: Die durchschnittliche wöchentliche Nutzungsdauer bei den Internetnutzern betrug 1999 5,3 Stunden pro Woche, in Deutschland lag sie bei 2,6 Stunden. Bereits 1997 lag der Wert in den USA bei 4,2 Stunden pro Woche (Price Waterhouse Coopers 1999).

Herkömmlicherweise setzen sich die Internet-Nutzungsgebühren aus zwei Komponenten zusammen: Den an den ISP zu entrichtenden laufenden und/oder pauschalisierten Gebühren sowie den Telefongebühren (inkl. Grundgebühren) für die Einwahl in den nächstgelegenen Internet-Access-Point des Providers.

Heute sind die Telekommunikationspreise aufgrund sinkender Preise nicht mehr so sehr ein Zugangshindernis, wie das noch vor wenigen Monaten der Fall war. Allerdings wirken die unterschiedlichen Gebührenstrukturen der Anbieter noch hemmend.

Es dürfte aber nur noch eine Frage der Zeit sein, bis sich Flat-Rate-Nutzungstarife zu attraktiven Pauschalpreisen auch in Europa durchsetzen. In Großbritannien haben im Frühjahr 2000 bereits mehrere Provider ein ensprechendes Regelangebot angekündigt bzw. schon realisiert. In Folge solcher Tendenzen auf dem Markt wird die Nutzungsintensität sicherlich auch in Deutschland zunehmen. Insgesamt bewegen wir uns auf eine Situation zu, in der die Internetnutzung nutzungsunabhängig und zu einem sehr günstigen Preis möglich sein wird.

Für Betriebe kommen diese monetären Barrieren nur bedingt zur Geltung. In der Regel behandeln sie die zusätzlich entstehenden Nutzungskosten ähnlich wie die Telefongebühren, d.h. als notwendige Kommunikationskosten. Immer mehr Unternehmen gehen zudem dazu über, sich von ihren Internet Service Providern Standleitungen zu monatlichen Fixkosten anbieten zu lassen. Dadurch entstehen neben der monatlichen Gebühr keine weiteren Nutzungskosten, die Internetnutzung wird finanziell sehr viel besser kalkulierbar.

Wird der Internet-Zugang an allen oder einem Großteil der Arbeitsplätze verfügbar gemacht, so sind allerdings gegebenenfalls Opportunitätskosten (durch die private Nutzung des Zugangs während der Arbeitszeit) zu berücksichtigen. Die Ergebnisse unserer Betriebsbefragung haben ergeben, dass deutsche Betriebe mehr als die Betriebe anderer Länder Zurückhaltung üben: Sie ziehen es vor, der Mehrheit ihrer Bürobeschäftigten den Internet-Zugang am Arbeitsplatz zu verweigern, während z.B. die finnischen (aber auch andere europäische) Betriebe sehr viel großzügiger verfahren. Dieser Befund lässt vermuten, dass die deutsche Wirtschaft die kurzfristige Kostenkontrolle höher bewertet als die Vermittlung von Medienkompetenz. Dies ist zu bedauern gerade anlässlich der jüngsten Meldungen aus einer Reihe großer Unternehmen (Ford, Bertelsmann, Intel), die ihre Mitarbeiter (fast) kostenlos mit privaten PCs inklusive Internet-Zugang ausstatten wollen: Diese Unternehmen

　　　　　　　　　　　　　　　　　　　　　　　　　　Gareis / Korte / Deutsch

haben erkannt, dass sie längerfristig davon profitieren, wenn sich ihre Mitarbeiter im Zuge der privaten Beschäftigung mit dem Internet Medienkompetenz aneignen.

Auf Unternehmen, die selbst Electronic-Commerce-Systeme zum Angebot von Waren oder zur Kooperation mit Partnern in der Wertschöpfungskette implementieren wollen, kommen Investitionskosten zu, die – je nach Grad der Integration mit bestehenden Geschäftsprozessen – erhebliche Ausmaße annehmen können.

Bedienungsfreundlichkeit/ Technische Komplexität

Eine Innovation verbreitet sich umso eher und schneller, je größer die Vereinbarung mit bestehenden Verhaltensweisen der Adoptoren ist – d.h., je leichter verständlich ihre Funktionsweise und Bedienung aus Nutzersicht ist. Verständlichkeit und Handhabung von Electronic-Commerce-Systemen sind insbesondere abhängig von der Gestaltung der Benutzerschnittstellen (Interfaces), also z.B. der Web- und Intranet-Sites, die der Nutzer über einen Browser bedienen kann. Website-Betreiber haben ein Eigeninteresse daran, den Besuchern eine einfache Orientierung und klare Navigationsmöglichkeiten an die Hand zu geben. Trotzdem leiden viele Website-Entwicklungen unter zu geringen Kapazitäten, unklaren Zielstellungen, fehlendem technischem Know-how und unzureichendem Wissen über die Präferenzen der Nutzer. Das Ergebnis: Untersuchungen nicht nur von Online-Shops, sondern auch von Business-to-Business-Sites haben ergeben, dass diese zu einem großen Anteil nur eine eingeschränkte Nutzbarkeit aufweisen.

So hat die Boston Consulting Group[21] (2000) ermittelt, dass bei 80% der Befragten, die bereits einmal etwas im Internet gekauft haben, einzelne Kaufversuche gescheitert sind, weil der Seitenaufbau zulange dauerte oder die gewünschten Produkte auf der Bestellseite nicht gefunden werden konnten. Hiervon waren der Untersuchung zufolge 28% aller versuchten Kaufvorgänge betroffen. Die Folge: Über ein Viertel (28%) der enttäuschten Käufer wollen in absehbarer Zeit keinen weiteren Versuch des Online-Shopping mehr starten.

Dieses Ergebnis zeigt, dass die Mehrheit der Internet-Nutzer (zumindest in den Vorreiterländern) durchaus auch heute schon bereit ist, online Einkäufe zu tätigen, aber dass dies häufig noch an funktionalen Mängeln der Websites scheitert.

Auch für den deutschen Markt liegen ähnliche Untersuchungen vor: Danach werden Einkaufskomfort, Verbraucherschutz und Sicherheit noch in viel zu vielen deutschen Online-Shops klein geschrieben. Die meisten deutschen Online-Shops bekamen bei einer Untersuchung durch eco e.V und Vivendo Internet AG die Note „mangelhaft" (ECO 1999). Auch ein Test von Business-to-Business-Sites durch Forrester (2000a) kam zu dem Ergebnis, dass diese noch sehr fehlerbehaftet sind, oftmals nicht funktionieren und eine insgesamt geringe Nutzbarkeit aufweisen.

Der Wettbewerb wird dafür sorgen, dass die Funktionalität des Angebots zügig besser wird, wodurch gleichzeitig auch die Zahl der zufriedenen Nutzer zunehmen und damit das in den

---

[21] Befragt wurden 12.000 Internet-Nutzer in den USA, Zeitpunkt: Anfang 2000.

Medien präsentierte Bild vom Nutzen des Online-Shoppings positiver werden wird. Heute liegt eine große Anzahl an **Leitfäden** vor, die auf typische Fehler hinweisen und Website-Betreiber für die Gefahren bei falschem Vorgehen sensibilisieren sollen. Auch einzelne Fachverbände haben Empfehlungen veröffentlicht, in denen diese bestimmte Vorgehensweisen empfehlen, z.B. der ZVEI.

Abgesehen von der Nutzerfreundlichkeit einzelner Websites weist das Internet als Informations- und Transaktionsmedium grundsätzliche Schwächen auf, die insbesondere durch seine Informationsfülle und die Schwierigkeit, aus dieser die gesuchte Information heraus zu filtern, bedingt sind. Um die Verkaufsangebote im Internet für Konsumenten und professionelle Nutzer zugänglich zu machen, sind leistungsfähige **Suchmaschinen** von großer Bedeutung (DIW 1998). Auf diesem Gebiet sind noch technische Fortschritte vonnöten, die jedoch angesichts des Wettbewerbs in der Internet-Wirtschaft nicht lange auf sich warten lassen werden.

Von größerer unmittelbarer Bedeutung sind Fragen der **Zahlungsabwicklung**. Techniken, die aus Sicht aller Beteiligten einfach, sicher und reibungslos funktionieren, werden noch nicht angeboten bzw. haben noch keine große Verbreitung erlangt. Da bisher Zahlung per Kreditkarte die Regel darstellt, weisen Länder einen Vorteil bzgl. der Verbreitung von Electronic Commerce auf, in denen sich die Kreditkarte als Zahlungsmethode einer großen Beliebtheit erfreut. Die USA stellen hier international das Vorreiterland dar.

8.2.4 Möglichkeit, die Innovation zu beobachten bzw. auszuprobieren

Die große Verbreitung von Internet-Zugängen in Privathaushalten sowie in der Wirtschaft eröffnet grundsätzlich sehr gute Möglichkeiten, um zunächst Nutzererfahrungen zu gewinnen, bevor Investitionen in die Beschaffung von Endgeräten (bei Privatpersonen) und Electronic-Commerce-Systemen (bei Betrieben) getätigt werden.

Trotzdem sind weitere Anstrengungen angezeigt, um den beträchtlichen Teil der Bevölkerung, der noch keine Internet- oder gar PC-Erfahrungen gesammelt hat, an die Technik heran zu führen und persönlich die Vorteile des elektronischen Geschäftsverkehrs erleben zu lassen. Der öffentliche Zugang zum Internet, entweder in staatlichen Einrichtungen wie Bibliotheken, Behörden etc., oder in privatwirtschaftlichen Einrichtungen wie Internet-Cafés und Kommunikations-Shops (z.B. Kinko's), ist in Europa vergleichsweise schwach ausgeprägt. Es werden nur wenig Anstrengungen unternommen, die heutigen Offline-Bürger auf diese Art und Weise an das Internet heran zu führen. Spätestens jedoch im Zuge der Diskussion um die Online- bzw. Tele-Demokratie (siehe Watson et al. 1999), die in den USA schon voll eingesetzt hat, wird deutlich, dass der öffentliche Internet-Zugang in Zukunft eine sehr viel wichtigere Rolle spielen muss.

Bei den Betrieben muss es vor allem darum gehen, die große Menge derjenigen anzusprechen, die heute noch davon ausgehen, Internet und Electronic Commerce hätten keine nennenswerte Bedeutung für ihr eigenes Marktsegment. Die Überwindung dieser Form von Lethargie ist für eine beträchtliche Zahl an kleinen und mittelständischen Unternehmen von mittelfristig lebenswichtiger Bedeutung.

                                                                                    Gareis / Korte / Deutsch

8.2.5 Imitierbarkeit

Die Frage der Imitierbarkeit ist trotz frei verfügbarer Protokolle auch im Bereich des Internet von Bedeutung. Während die Realisierung eines Webauftritts noch relativ leicht zu bewerkstelligen ist und als elektronische Visitenkarte auch oft genutzt wird, ist die Erstellung einer lauffähigen Back-Office-Struktur mit höheren Kosten und mehr Aufwand verbunden. Daher ist trotz der geringen Hardware-Voraussetzungen im Vergleich beispielsweise mit EDI die Imitierbarkeit durch das erwähnte hohe Entwicklungs- und Produktions-Know-how eingeschränkt.

Seit jüngstem gibt es Bemühungen der Marktführer, sich bestimmte Verfahren für die Abwicklung von Electronic Commerce an der Benutzerschnittstelle patentrechtlich schützen zu lassen und dadurch einen Innovationsvorsprung vor den zahlreichen Wettbewerbern zu erzielen. Diese Bemühungen sind aus Sicht der betroffenen Unternehmen durchaus verständlich, haben doch bisherige Bestrebungen zur Absetzung gegenüber der Konkurrenz durch eine funktionale Verbesserung des Angebots wegen der schnellen Imitierbarkeit nicht gefruchtet. Da sich der Markt für Electronic-Commerce jedoch noch in einer sehr frühen Phase seiner Entwicklung befindet, sind Patentierungsbestrebungen dieser Art wettbewerbsrechtlich als bedenklich einzustufen.

8.3　Merkmale des Marktes

8.3.1　Größe und Potenzial des Absatzmarktes

Das **betriebsseitige Potenzial** für Electronic Commerce wird bestimmt durch die Eignung der Produkte. Die Größe des Marktes für Electronic Commerce dürfte hier nur insofern beschränkt sein, als für viele Transaktionen der persönliche Face-to-Face-Kontakt präferiert wird.

Anders sieht es bei den **Privatabnehmern** aus: Sie müssen über die technischen Voraussetzungen verfügen, um das Angebot nutzen zu können, und die Fähigkeiten besitzen, die die Nutzung durch den Einzelnen erst ermöglichen (Umgang mit dem Computer und dem Internet).

Durch diesen Umstand ist das quantitative Marktwachstum (in Nutzerzahlen gemessen) also begrenzt, weil es auch in absehbarer Zukunft einen erheblichen Teil der Bevölkerung geben wird, der keinen PC nutzen will oder kann. In den USA macht sich dies bereits bemerkbar in Form von fallenden Zuwachsraten bei der Zahl der Internet-Nutzer. Unter den gegenwärtigen Bedingungen ist davon auszugehen, dass das Sättigungsniveau weit unter 100% der Bevölkerung liegt. Zum Jahresende 1999 nutzten nach Angaben von Harris Interactive 51% aller Erwachsenen in den USA einen PC zu Hause, wobei 90% davon über einen Online-Anschluss verfügen. Solange der PC das einzige Zugangsmedium zur Nutzung von Electronic Commerce bleibt, werden große Teile der Bevölkerung auch in Zukunft nicht online einkaufen.

Es kann also nicht davon ausgegangen werden, dass das heute feststellbare hohe Diffusionstempo bei der Internet-Nutzung so anhalten wird. Wir haben es bei den Internet-Nutzern nicht mit einer homogenen Gruppe zu tun, in der für alle die gleichen Rahmenbedingungen gelten. Die Kompetenzen für die Nutzung von und den Umgang mit dem Internet sind ungleich verteilt. Zunächst setzt eine Diffusion bei den Gruppen mit den höchsten Kompetenzen an und geht dann erst sukzessive auf die anderen Gruppen mit geringeren Kompetenzen über. Sie wird dort jedoch einen völlig anderen Verlauf und eine andere Geschwindigkeit haben als bei der erstgenannten Gruppe – es sei denn, es erfolgen Interventionsmaßnahmen beispielsweise seitens der Regierung, die sich positiv auf eine schnellere Verbreitung auswirken, d.h. kompetenzfördernd und -erhöhend wirken (Kubicek 2000).

In den USA besteht Einigkeit darüber, dass auch und gerade die Privatwirtschaft einen erheblichen Teil zur Förderung der Internet-Nutzung in allen Bevölkerungskreisen beitragen muss. Um privatwirtschaftliche Initiativen zu unterstützen, werden im Haushaltsjahr 2000 Mittel bereitgestellt, die in Form von Steuererleichterungen Unternehmen zufließen, die Sach- und Geldspenden zur Förderung des Internet-Zugangs tätigen.

Aufgrund der dargestellten Situation (mangelnde Bereitschaft einerseits und mangelnde Kompetenz zur Nutzung des Internet über einen PC andererseits in großen Teilen der Bevölkerung) ist die Industrie intensiv darum bemüht, zusätzlich zum PC neue Zugangswege zu erschließen. Drei Technologien erscheinen aus heutiger Sicht besonders aussichtsreich: Der mobile Zugang über das Mobiltelefon, der TV-gestützte Zugang über ein rückkanalfähiges Kabelnetz und eine Set-Top-Box sowie das so genannte Webphone (vgl. Kapitel 4.2).

Über **Mobile Electronic Commerce** würden teilweise auch solche Verbraucherkreise für Electronic Commerce zugänglich sein, die keinen PC nutzen, aber mobil telefonieren. In einigen Ländern ist das zusätzliche Potenzial für den elektronischen Geschäftsverkehr, dass sich aus einer Etablierung von M-Commerce ergäbe, gering, da die Nutzerkreise weitgehend deckungsgleich sind. In anderen jedoch (wie insbesondere Japan) würde erst der elektronische Geschäftsverkehr über das Mobiltelefon Electronic Commerce zum Durchbruch verhelfen (siehe Kunii 2000).

Die Zahl der Mobilfunknutzer in Deutschland wächst stark (siehe Abb. 63). Innerhalb von Europa verzeichnet man hierzulande vergleichsweise sehr hohe Wachstumsraten. Betrachtet man allerdings die relativen Zahlen, so wird deutlich, dass sich Deutschland allenfalls im unteren Mittelfeld befindet. Legt man die Zahlen aus 1999 zugrunde, dann sind lediglich etwas mehr als 20% der Bevölkerung Kunden in Mobilfunknetzen. In den skandinavischen Ländern liegen die Werte bei teilweise deutlich über 50%.

Die Durchdringung der Bevölkerung mit Mobiltelefonen wird in den kommenden Jahren allen erhältlichen Projektionen zur Folge weiter erheblich zunehmen. Sollte sich das Handy als Internet-Zugangsmedium durchsetzen, erweitert sich das Absatzpotenzial für Electronic-Commerce-Angebote mithin nicht unerheblich.

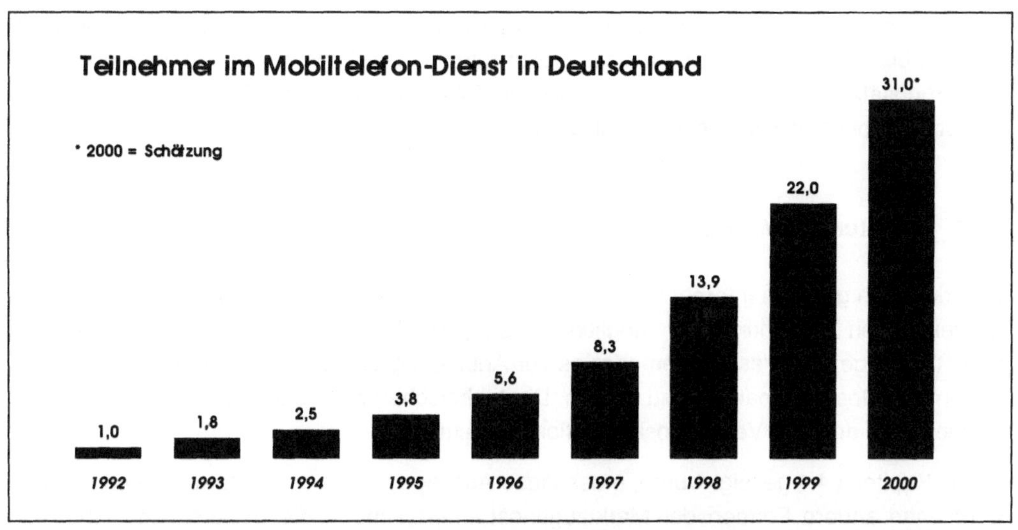

ABB. 63: ENTWICKLUNG DER TEILNEHMERZAHL IM MOBILTELEFON-DIENST IN DEUTSCHLAND (QUELLE: REGTP 2000)

Land	Anzahl der Mobilfunk-Kunden pro 100 Einwohner
Finnland	61,87
Norwegen	54,83
Schweden	51,90
Dänemark	43,97
Italien	41,40
Luxemburg	38,31
Österreich	36,54
Portugal	36,41
Schweiz	30,94
Niederlande	29,17
Großbritannien	27,57
Griechenland	26,89
Spanien	23,18
Frankreich	23,15
Belgien	21,21
Deutschland	20,18

TAB. 27: NUTZUNG VON MOBILFUNKTELEFONEN IN EUROPA – STAND: JULI 1999 (QUELLE: MOBILE COMMUNICATIONS, JULI 1999, S. 8-9)

Erst mit einer Integration von herkömmlichem Fernsehen und Internet-Browser (heute **Web-TV** genannt) würden fast alle Haushalte zu potenziellen Electronic-Commerce-Nutzern werden. 96% aller deutschen Haushalte verfügen über ein Fernsehgerät, 53% haben einen

Kabelanschluss und zusätzliche 29% eine Satellitenempfangsanlage (StBA 2000). Web-TV hat sich bisher jedoch noch in keinster Weise durchsetzen können. Es bestehen auch zum Teil grundsätzliche Zweifel, ob eine Zusammenführung der beiden Endgerättypen Fernsehen und PC bei den Konsumenten auf Gegenliebe stößt.

8.3.2 Struktur des Marktes

Grundsätzlich gilt: Das Internet ist ein offenes Netz, zu dem jeder Zugang hat. Es gibt keine Begrenzungen hinsichtlich der Möglichkeit, sich als Anbieter mit seinen Produkten und Dienstleistungen zu präsentieren oder es zur Anbindung von und Kommunikation mit Lieferanten und Geschäftspartnern zu nutzen. Die technischen Marktzugangsbarrieren sind – im Vergleich mit anderen Verfahrensinnovationen – extrem gering.

Wie in Kapitel 3.4.4 gezeigt wurde, muss diese Aussage jedoch erheblich modifziert werden, wenn man andere Formen der Marktzugangsbarrieren mit in die Betrachtung einbezieht. Angesichts des extrem großen Informationsangebots im Internet muss eine Website intensiv beworben werden, um überhaupt potenzielle Neukunden ansprechen und somit zusätzliche Umsätze erzielen sowie Kunden binden zu können. Soweit es den Marktführern gelingt, ihre heutigen Nutzer aufgrund ausgeprägter Netzwerkeffekte dauerhaft an sich zu binden, wird es Neueinsteigern zunehmend schwer fallen, eine kritische Zahl an Nutzern anzuwerben und das Stadium einer selbsttragenden Entwicklung zu erreichen.

In den letzten Monaten wurde diese Tendenz immer deutlicher: Immer weniger Websites vereinigen einen immer größeren Anteil der Internet-Nutzer auf sich, während die „zweite Riege" der Website-Betreiber einen Nutzerschwund zu verkraften hat (MMXI 2000).

Aus wettbewerbspolitischer Sicht ergibt sich aus diesen Entwicklungen allerdings noch kein Handlungsbedarf, da die Möglichkeiten der Marktführer, ihren Kunden einen Absprung zu einem Alternativanbieter zu erschweren, im Unterschied zu den Anbietern im Bereich von IT-Systemprodukten (z.B. Microsoft als Betriebssystem-Hersteller) begrenzt sind.

8.3.3 Struktur vor- und nachgelagerter Märkte

Die Bedingungen auf vor- und nachgelagerten Märkten spielen für die Verbreitung einer Diffusion eine Rolle, wenn für ihre Umsetzung zusätzliche Ressourcen notwendig sind. Die Preisbildung auf diesen Märkten kann die Diffusion beschleunigen oder bremsen. Dies ist dann der Fall, wenn die Nutzung der angebotenen Innovation an andere Resourcen gekoppelt ist (Conzelmann 1995, S. 106).

Diese Bedingung trifft auf die Innovation Electronic Commerce selbstverständlich in hohem Maße zu. Vorgelagerte Märkte sind hier die Märkte für Soft- und Hardware sowie Dienstleistungen, welche für die Entwicklung und den Betrieb von Electronic-Commerce-Systemen benötigt werden. Darüber hinaus ist der Wagniskapitalmarkt für die Finanzierung von Unternehmensneugründungen zu nennen, der viele Internet-Start-Ups mit Kapital versorgt. Als nachgelagert ist der Markt für Telekommunikationsdienstleistungen zu betrachten, der aus

Sicht der privaten und betrieblichen Kunden einen entscheidenden Einfluss auf die Kosten des elektronischen Geschäftsverkehrs hat. Ebenso zählt hierzu der Markt für Logistikdienstleistungen, die für die physische Distribution der Ware – soweit erforderlich – in Anspruch genommen wird. Schließlich wird auf den Markt für bargeldlose Zahlungsmethoden eingegangen.

Hardware, Software, Dienstleistungen

Die Märkte für Hard- und Software sowie hiermit im Zusammenhang stehende Dienstleistungen für die Implementierung von Electronic-Commerce-Systemen sind von einem sehr starken Wettbewerb geprägt und allgemein als sehr gut funktionierend und leistungsfähig zu bezeichnen. Entsprechend dem Bedarf nach einfach zu implementierenden, schlüsselfertigen Systemen werden zunehmend Gesamtlösungen angeboten, welche insbesondere aus Sicht der kleinen und mittelständischen Unternehmen erhebliche Vorteile bieten – nicht zuletzt, weil durch ein konsequentes Outsourcing vermieden werden kann, dass eigene Ressourcen über Gebühr in Anspruch genommen werden und dadurch das operative Geschäft vernachlässigt wird.

Die Kosten für Anbieter oder Betreiber von Online-Shops sinken. Es befinden sich bereits heute Online-Shop-Systeme aller Größen- und Komplexitätsstufen auf dem Markt, die es einem interessierten Unternehmen erlauben, sich das System seiner Wahl kostengünstig aufzubauen.

Venture-Capital-Markt

Für die Umsetzung innovativer Geschäftsideen in lebensfähige Unternehmen spielt der Markt für **Wagniskapital (Venture Capital)** eine überaus wichtige Rolle. Herkömmliche Strukturen der Kapitalbeschaffung für die Finanzierung von Investitionen sind für innovative Unternehmensgründungen im Bereich Electronic Commerce wenig geeignet, weil Gewinnaussichten und Rentabilität der Investition nicht in dem gleichen Maße voraus berechnet werden können, wie dies bei Investitionen in traditionellen Branchen üblich ist. Zudem verfügen die Ideenträger der Online-Wirtschaft schon allein aufgrund ihres Altersschnitts in keinster Weise über die Sicherheiten, welche die Voraussetzung für die Kreditwürdigkeit in den Augen der Geldgeber aus der Bankenwelt sind.

Venture-Capital-Anbieter beteiligen sich an solchen jungen und innovativen Unternehmen, insbesondere in der Gründungsphase, die häufig mit dem Ziel eines erfolgreichen Börsenganges abgeschlossen wird. Der Markt für Wagniskapital hat sich zuerst in den USA herausgebildet. In den letzten Jahren hat jedoch auch in Deutschland ein Boom stattgefunden, der sich in einer stürmischen Entwicklung der Neuinvestitionen der Beteiligungsfirmen niedergeschlagen hat (siehe Abb. 64).

In einer Studie über den Einfluss der Inanspruchnahme von Venture-Capital auf die Innovationsaktivität von Unternehmen haben Kortum & Lerner (1999) ermittelt, dass 1 $ Wagniskapital 3 bis 5 mal soviel Patente produziert wie 1 $, der in Forschung und Entwicklung investiert wird. Dieses Ergebnis weist auf die Effektivität eines funktionierenden Wagniskapital-Marktes aus volkswirtschaftlicher Sicht hin. Anders ausgedrückt: Sie leisten die Allokation knapper Ressourcen besser als alle alternativen Formen der Technologieförderung.

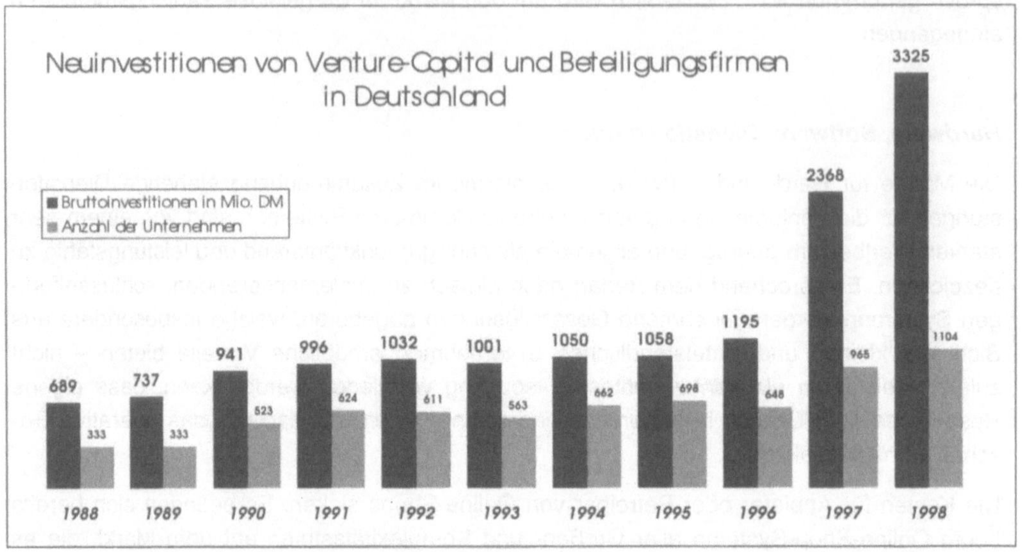

ABB. 64: NEUINVESTITIONEN VON VENTURE-CAPITAL UND BETEILIGUNGSFIRMEN IN DEUTSCHLAND (QUELLE: BVK 1999, S. 11)

Der Markt für Wagniskapital für Technologie-Unternehmen ist in Deutschland, wie Abb. 65 zeigt, im Ländervergleich noch eher schwach ausgeprägt. In Großbritannien und den USA ist das Angebot an Venture Capital für Technologie-Unternehmen mehr als vier mal so groß wie in Deutschland. Für Start-ups, die innovative Ideen in tragfähige Unternehmensmodelle überführen wollen, ergeben sich daraus in diesen Ländern nicht unerhebliche Wettbewerbsvorteile. Als alleiniger Erklärungsansatz für die bestehenden Unterschiede in der Nutzung von Electronic Commerce ist der Umfang des Venture-Capital-Marktes allerdings nicht ausreichend, wie das schwache Abschneiden von Finnland zeigt. In Finnland existieren offensichtlich andere Strukturen, über die innovative Start-ups mit Kapital ausgestattet werden.

Venture Capital für Internet Start-ups stammt immer öfter auch von Organisationen, die sich bisher noch überhaupt nicht als Geldgeber engagiert haben, sich aber nun ein Stück vom „Internetaktien-Kuchen" abschneiden wollen: So sind es zunehmend die großen, multinationalen Beratungsunternehmen (z.B. Andersen Consulting), die zukunftsträchtige Internet-Firmen nicht nur im Rahmen eines Beratungsvertrags unterstützen, sondern sich auch finanziell an ihnen beteiligen. Dies geschieht z.B. über einen Verzicht auf den Großteil der Beratungsgebühren zugunsten einer Option auf Aktien nach erfolgtem Börsengang (vgl. Eaglesham 1999).

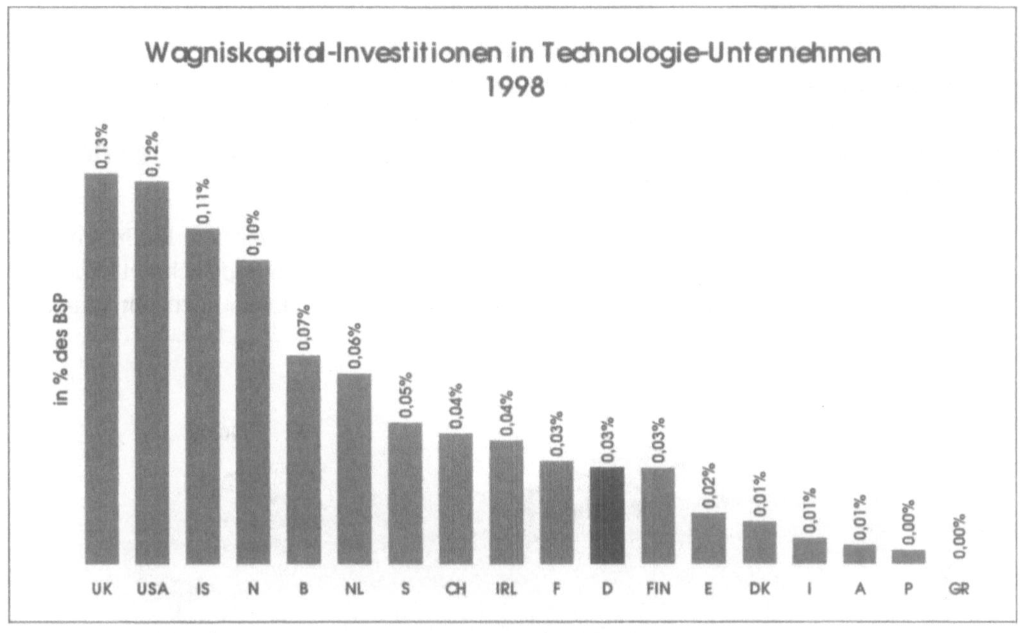

ABB. 65: WAGNISKAPITAL-INVESTITIONEN IN TECHNOLOGIE-UNTERNEHMEN 1998 (QUELLE: PRICE WATERHOUSE 1998A, 1999B, EIGENE BERECHNUNGEN)

Markt für Telekommunikationsdienstleistungen

Bezogen auf den Electronic Commerce handelt es sich hierbei vor allem auch um die Regulierung des Marktes und die Sicherstellung von Wettbewerb im Bereich der Telekommunikationsnetzanbieter. Auf diesem Gebiet hat in den letzten Jahren eine stürmische Entwicklung in Deutschland stattgefunden, und es wurde mit der Regulierungsbehörde eine entsprechende regulierende Instanz geschaffen. Als Folge konnte ein Wettbewerb sowohl im Markt der Fest- als auch der Mobilfunknetze entstehen – mit Ausnahme eines de facto noch nicht vorhandenen Wettbewerbs im Ortsnetzbereich, der noch zu 98% von der Deutschen Telekom beherrscht wird, allerdings gerade für den Electronic Commerce von Bedeutung ist (Einwahl in das Internet erfolgt überwiegend über den nächsten lokalen Netzknoten, also zu Ortsnetzgebühren, insofern die Provider die Telefongebühren nicht übernehmen). Es zeichnet sich jedoch eine stärkere Einführung und Nutzung von Flat-Rate-Pauschaltarifen auch für Privathaushalte ab, bei denen zu einem monatlichen Fixpreis eine zeitlich unbegrenzte Netznutzung möglich sein wird.

Seit der Öffnung des Telekommunikationsmarktes in Deutschland am 01.01.1998 hat die Deutsche Telekom Konkurrenz bekommen. Mittlerweile haben sich über 100 Unternehmen darum beworben, Lizenzen für den Betrieb von Sprachkommunikationsdiensten über das Festnetz zu erhalten. Über 60 sind im Markt präsent und bieten Call-by-Call und/oder Preselection-Dienste im Fernbereich an. Ungefähr 40 bieten ihren Kunden zusätzlich einen eigenen Netzzugang und damit die Möglichkeit Ortsgespräche zu führen (vgl. WIK 1999). Einige Unternehmen wie z.B. ARCOR und o.tel.o (Muttergesellschaft: Mannesmann bzw. in

Kürze Vodafone) und Viag Intercom bauen ihre eigenen Festnetze auf. Die meisten anderen Betreiber (z.B. Mobilcom, Teldafax) kaufen jedoch lediglich Netzwerkkapazitäten bei der Deutschen Telekom, die sie dann an Endkunden weiter verkaufen, zu mittlerweile sehr konkurrenzfähigen Preisen. Auf regionaler bzw. städtischer Ebene sind zudem weitere Anbieter entstanden, z.B. netcologne, ISIS, HeliNet, deren Angebot sich auf die jeweilige Region in der sie lokalisiert sind beschränken.

Als eine Folge der Marktöffnung hat die Deutsche Telekom in erheblichem Maße Marktanteile im Ferngesprächebereich verloren. Im Vergleich zu anderen europäischen Ländern ist ihre Position im Festnetz aber mit einem Marktanteil von gut 80% immer noch sehr stark.

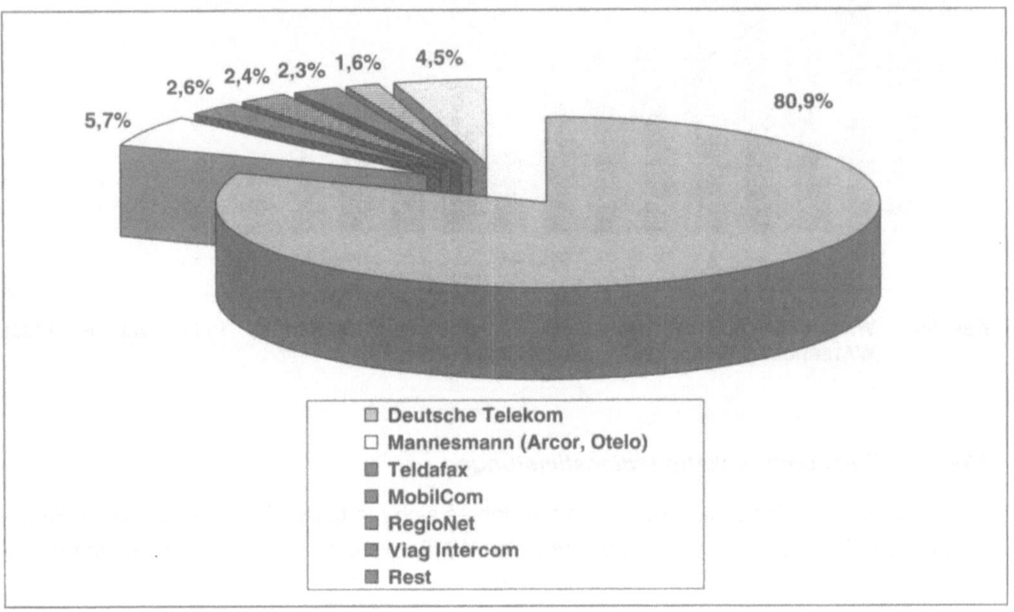

ABB. 66: MARKTANTEILE IM DEUTSCHEN TELEKOMMUNIKATIONSFESTNETZ IM AUGUST 1999 (QUELLE: PICA MARKTFORSCHUNG)

Im Zuge der Liberalisierung haben sich auch die Preise im Festnetz drastisch nach unten entwickelt. Im Vergleich zum Beginn des Jahres 1998 haben sich die Preise im Bereich der Ferngespräche um mehr als 50% verringert. Im Ortsnetzbereich lässt sich hingegen aus den genannten Gründen noch keine vergleichbare Preisentwicklung nach unten feststellen.

Auch der Wettbewerb im **Mobilfunkbereich** hat sich in Deutschland in den letzten Jahren erheblich verstärkt. Es existieren vier digitale Mobilfunknetze nach dem GSM-Standard: D1, D2, e-plus und VIAG Intercom. Die starke Konkurrenz der Mobilfunkanbieter hat mittlerweile auch zu drastischen Preissenkungen geführt. Noch vor wenigen Jahren lagen die Minutenpreise im Inland tagsüber bei etwa 2 DM/Min. Heute liegen sie je nach Vertrag zwischen 0,29 und 0,99 DM/Min. Ähnlich sieht es bei den Grundgebühren aus, die sich von ungefähr 50 DM zum Teil auf 20 DM oder sogar 10 DM/Monat verringert haben. Auch mussten früher für die Endgeräte noch mehrere hundert DM Kaufpreis bezahlt werden, wohingegen diese heute beim Abschluss eines Zweijahresvertrages oftmals kostenlos abgegeben werden.

Auch hier zeigt sich wiederum sehr deutlich, wie Marktöffnung und Liberalisierung zu starken Preissenkungen und damit einer Beschleunigung der Nutzung und Verbreitung der betroffenen Technologien führen.

Die Voraussetzungen für eine weiterhin positive Entwicklung des Marktes für Telekommunikationsdienstleistungen in Deutschland sind somit im Vergleich mit anderen Ländern Europas sowie den USA als durchaus positiv zu beurteilen. Während die laufenden Kosten für die Nutzung des Internet heute noch – insbesondere aufgrund der hohen Gebühren im Ortsnetzbereich – eine Barriere für die Verbreitung von Electronic Commerce darstellen, ist mittelfristig mit deutlich attraktiveren Gebührenstrukturen zu rechnen.

Logistik-Dienstleistungen

Hierzu zählen z.B. die nachgelagerten Logistikdienste mit Angeboten wie Lager, Paketverteilung, Inkasso, Mahnwesen usw. Mittlerweile werden von Unternehmen wie der Deutschen Post und PAGO, einer 50%igen Tochter der Deutschen Bank, Komplett-Service-Vereinbarungen angeboten, bei denen den Internet-Versandhäusern alle Aufgaben im Zusammenhang mit der Auslieferung der bestellten Ware abgenommen werden.

Über die Leistungsfähigkeit der nationalen Logistikmärkte liegen keine empirischen Daten vor, so dass keine Bewertung der deutschen Situation im Vergleich mit den europäischen und US-amerikanischen Märkten vorgenommen werden kann.

Markt für bargeldlose Zahlungsmethoden

Bei Thema „Kreditkarten" liegt Deutschland nach wie vor deutlich hinter vielen anderen Ländern in Europa und insbesondere den USA zurück. Im Gegensatz zu Ländern wie Großbritannien darf man hierbei aber auch nicht übersehen, dass für Kreditkarten in Deutschland normalerweise eine jährliche Grundgebühr gezahlt werden muss, die in anderen Ländern entfällt oder deutlich niedriger ist.

Da sukzessive attraktivere Angebote auch in Deutschland auf den Markt kommen, ist mit weiter steigenden Nutzerzahlen und höherer Nutzungsintensität zu rechnen. Schon heute wächst die Zahl der Kreditkarteninhaber in Deutschland beträchtlich: In den 90er Jahren hat sich die Anzahl der Eurocard-, Visa-, und Diners-Karten von 4 Mio. auf 15 Mio. erhöht (siehe EURO Kartensysteme 2000). Gleichzeitig werden Kreditkarten immer häufiger auch von Unternehmen außerhalb der Finanzdienstleistungsbranche angeboten bzw. vermarktet, wovon die Akzeptanz bei der Bevölkerung profitiert.

8.3.4 Angebot an qualifizierten Arbeitskräften

Bei der Beurteilung der Verfügbarkeit geeigneter Arbeitskräfte darf nicht von der Frage ausgegangen werden, ob generell ein Arbeitskräfteangebot auf dem Markt vorhanden ist, sondern ob die für die spezifische Innovation benötigten Fachkräfte verfügbar sind. Die Personalbeschaffungsprobleme, die im Zusammenhang mit der Entwicklung von Electronic-Commerce-Systemen auftreten, resultieren nicht aus einer generellen Ingenieurslücke, sondern stellen vielmehr eine spezifische Lücke im Bereich der Mikroelektronikqualifikation dar (vgl. Brasche 1989). In dem Maße, wie alle Bereiche der Wirtschaft nicht nur von der Entwicklung des Internet tangiert werden, sondern wesentliche Teile der Wertschöpfung in das Internet selbst verlagern, entsteht eine enorme Nachfrage nach Internet-spezifischen Qualifikationen (Ducatel & Burgelmann 2000). Nie zuvor haben sich die Qualifikationsanforderungen für einen großen Teil der Beschäftigten in einem so kurzen Zeitraum so grundlegend gewandelt, wie es heute der Fall ist.

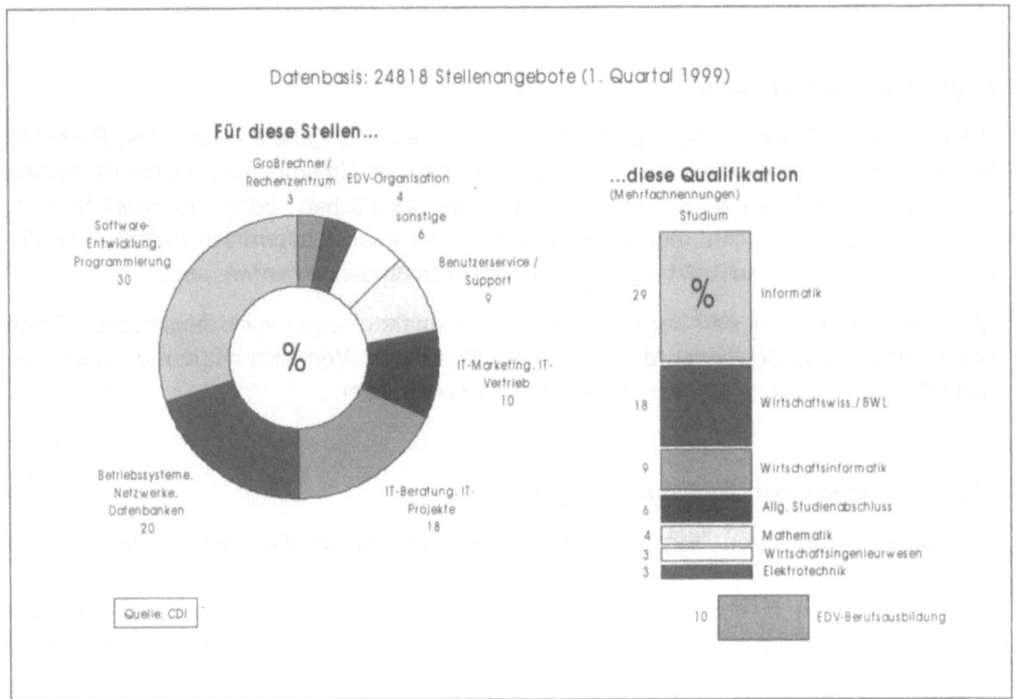

ABB. 67: STRUKTUR DER BEIM ARBEITSAMT GEMELDETEN OFFENEN STELLEN FÜR IT-FACHKRÄFTE (QUELLE: CDI 2000)

Folge dieser Entwicklung: Die europäische IT-Industrie schätzt, dass der ungedeckte Bedarf an Spezialisten im Bereich der IuK-technischen Qualifikationen sich bereits 1998 auf 510.000 Stellen bemaß und das diese Qualifikationslücke bis 2002 auf 1,6 unbesetzte Stellen ansteigen wird (EITO 2000, S. 52f.).

In Deutschland waren laut Arbeitsmarktstatistik im 1.Quartal 1999 knapp 25.000 offene Stellen für IT-Fachkräfte bei den Arbeitsämtern gemeldet (siehe Abb. 67). Die tatsächliche Zahl dürfte jedoch wesentlich höher liegen. Die registrierten Stellenangebote kommen zur Hälfte aus den Sektoren Software-Entwicklung, Programmierung sowie Betriebssysteme, Netzwerke und Datenbanken. Von den Bewerbern wird zumeist ein Studienabschluss verlangt, wobei Informatik und Wirtschaftswissenschaften an der Spitze der „Wunschliste" der Unternehmen stehen.

                                                    Gareis / Korte / Deutsch

Das BMWi und andere Ministerien haben bereits vielfältige Aktivitäten gestartet, um diesem Problem zu begegnen (vgl. auch IT-Aktionsprogramm der Bundesregierung) bis hin zur „Green Card" Aktion der Bundesregierung, mit der kurzfristig eine begrenzte Zahl von ausländischen Fachkräften für einen begrenzten Zeitraum eine Arbeitserlaubnis erhalten. Hierdurch soll der kurzfristige Bedarf gedeckt werden. Um jedoch auch mittelfristig den Bedarf decken zu können wird parallel die Verstärkung der eigenen Ausbildungsanstrengungen vorgenommen. Dabei gilt es jedoch zu beachten, dass nicht nur die technischen Kompetenzen nicht in ausreichendem Maße verfügbar sind sondern vor allem Erfahrungen und Qualifikationen in den Bereichen Projektmanagement, Strategieplanung aber auch ein umfassendes Wissen über die Arbeits- und Funktionsweise ganzer Industrie- und Wirtschaftsbereiche. Hierbei handelt es sich um Qualifikationen, die für die Bearbeitung immer komplexer werdender IT-Projekte von primärer Bedeutung sind (EITO 2000, S. 52).

8.4 Regulative Determinanten

8.4.1 Indirekte regulative Maßnahmen

Typisch für die Diffusion von Innovationen wie dem Electronic Commerce ist, dass eine Gesellschaft und Wirtschaft nicht so schnell mit der Realisierung neuer Berufe und Ausbildungsgänge sein kann, wie dies wünschenswert wäre, um zügig und umgehend die Vorteile dieser Neuerungen auch in noch größerem Ausmaß zu realisieren. Feststellbar ist in diesem Zusammenhang eine immer noch recht geringe „Durchlässigkeit" zwischen den Berufen und Anerkennung autodidaktisch oder anderweitig beigebrachter Qualifikationen in einem dem ursprünglichen Beruf nicht mehr entsprechendem Tätigkeitsfeld. So ist es z.B. ein gängiges Muster, dass sich Personen mit einem beliebigen Ausbildungsabschluss während ihres Berufslebens Wissen und Fähigkeiten in Electronic Commerce relevanten Bereichen aneignen – oftmals ohne Zertifikat, was dann aber bei beruflichen Wechseln keine Anerkennung findet. Hierbei handelt es sich häufig um ein psychologisches Problem in den Köpfen vieler Bürger, Unternehmer und Entscheidungsträger. Es wäre wünschenswert, wenn in unserer Gesellschaft und Wirtschaft derartig erworbene Qualifikationen stärkere Anerkennung finden würden. Sie entsprechen auch dem Prinzip des lebenslangen Lernens, das mittlerweile allgemein als gesellschaftspolitisches Ziel anerkannt wird.

Ein spezielles Angebot im zweiten (oder dritten) Bildungsweg kann hier Abhilfe schaffen.

8.4.2 Direkte regulative Maßnahmen

Investitionsförderung

Das BMWi und einige Landesministerien haben mit speziellen Förderprogrammen begonnen, Anreize für die Wirtschaft, insbesondere kleine und mittelständische Unternehmen, zu schaffen, damit diese Electronic-Commerce-Anwendungen im eigenen Unternehmen realisieren. Ferner gibt es vielfältige Aktivitäten unterschiedlicher Akteure (z.B. ISPs, IHK, Stadtverwaltungen, EU-Förderprogramme), die auf regionaler Ebene darauf zielen, kleinen und mittelständischen Unternehmen eine Internetplattform entweder kostenlos oder kostengünstig anzubieten. Großbritannien gilt auf diesem Gebiet als Vorreiter, in Deutschland stehen wir noch ziemlich am Anfang.

Das jüngste umfassende BMWi-Förderprogramm im Bereich des Electronic Commerce „Modellvorhaben zur Förderung des elektronischen Geschäftsverkehrs" vom Oktober 1999 hat ein Gesamtbudget von mehreren Millionen DM. Ziel und Gegenstand der Förderung ist die Entwicklung innovativer Modelllösungen im Bereich des elektronischen Geschäftsverkehrs zur umfassenden Anwendung in mittelständisch strukturierten Branchen. Die besonderen Bedürfnisse von kleinen und mittelständischen Unternehmen sowie des Handwerks sollen dabei besonders berücksichtigt werden. Unternehmen werden jeweils bis maximal 500.000,- DM gefördert.

Gesetzliche Regelungen und andere Formen der Marktregulation

Inwieweit ist der bestehende rechtliche Rahmen auf nationalem und internationalem Niveau auf die Herausforderungen des Electronic Commerce vorbereitet? Ist die Anpassung des gesetzlichen Regulation an die Entwicklung der globalen Datennetze in ausreichendem Maße erfolgt, oder stellt sie weiterhin eine Barriere für das Wachstum der Online-Wirtschaft dar? Diese Fragen sollen im Folgenden näher beleuchtet werden.

Auch wenn der Hauptteil der Transaktionen in absehbarer Zukunft noch innerhalb einzelner Länder stattfinden wird, kennt Electronic Commerce prinzipiell keine Grenzen (vgl. OECD 1998). Anders als bei herkömmlichen Handelsformen (bei denen zumindest eine Postadresse vorhanden sein muss) kann der Standort eines Anbieters völlig geheimgehalten werden. Für die Zurverfügungstellung von reinen Informationsprodukten genügt ein Server, der ohne Probleme an praktisch jedem Ort der Welt installiert werden kann.

Hieraus ergeben sich Probleme hinsichtlich der Anwendbarkeit nationaler Gesetze bzgl. Steuer-, Urheber- und Strafrecht etc. Die entscheidende Frage lautet: Wessen Gesetze gelten, wenn grenzüberschreitend über das Internet gehandelt wird (Waldmeir 1999)? Der internationale Rechtsrahmen ist heute noch nicht weit genug ausgebaut, um mit in größerem Umfang grenzüberschreitendem, elektronischem Geschäftsverkehr zurecht zu kommen. Entsteht hier ein rechtsfreier Raum, der für kriminelle Zwecke ausgebeutet werden kann (Jaeger 1999)?

Der EU Richtlinienentwurf zum elektronischen Geschäftsverkehr vom Anfang 1999 nimmt diesbezüglich eine Klarstellung vor, indem er den Standort eines Online-Anbieters als dessen räumliche Niederlassung festlegt: Der physische Ort der Angebotsbereitstellung (Internet-Server) ist demnach nicht relevant für die Bestimmung des nationalen rechtlichen Rahmens, der zur Anwendung kommt. Damit soll der opportunistischen Ausbeutung von Differenzen zwischen der Gesetzgebung einzelner Länder ein Riegel vorgeschoben werden.

Auf internationaler Ebene hat die OECD Rahmenforderungen ausgearbeitet, die den Regierungen bei der Anpassung der bestehenden Gesetzeslage an die neuen Entwicklungen im

Electronic Commerce helfen sollen. Auch hier wird Fragen der Rechtssicherheit (z.B. Einführung des Herkunftslandprinzips für Haftungsfragen) eine hohe Bedeutung eingeräumt.

Noch besteht allerdings bei vielen Wirtschaftsakteuren ein hohes Maß an Unsicherheit, das Vertrauen in die Anwendbarkeit des geltenden Rechts auf die Bedingungen des virtuellen Marktes ist nicht immer sehr ausgeprägt. Eine Reihe von viel beachteten Gerichtsurteilen sind Beleg für fehlende Rechtssicherheit, so etwa

- die Anklage gegen den Geschäftsführer von CompuServe-Deutschland. Der Vorwurf: Er habe der Verbreitung von Kinder- und Tierpornografie Vorschub geleistet, indem er als Internet-Provider Anbietern das Zurverfügungstellen illegalen Bildmaterials ermöglicht hätte;

- das so genannte Domain-Urteil: Untersagung der Verwendung von Gattungsbezeichnungen in der Internet-Adresse, hier: www.mitwohnzentrale.de;

- das so genannte Powershopping-Urteil gegen Primus Online. Vorwurf: Verkauf von Fernsehgeräten unter dem empfohlenen Verkaufspreis an eine virtuelle Einkaufsgemeinschaft; damit Verstoß gegen das Rabattgesetz, d.h. Dumping (siehe auch Manhart 1999);

- der Musterprozess um die Verwendung der Begriffe „Auktion" und „Versteigerung" – der Bundesverband Deutscher Kunstversteigerer wollte hiermit versuchen, Internet-Anbietern grundsätzlich die Benutzung dieser Begriffe zur Beschreibung ihres Angebots zu verbieten, da wesentliche Eigenschaften herkömmlicher Auktionen nicht vorhanden seien, so z.B. die physische Anwesenheit der Versteigerungsware beim Auktionshaus. Das Landgericht Wiesbaden hat zugunsten des Angeklagten, einer Internet-Auktionsfirma (extralot.com), entschieden.

Diese Liste könnte fast beliebig fortgeführt werden und steht an dieser Stelle nur zur Veranschaulichung der Breite an juristischen Fragestellungen, die der elektronische Geschäftsverkehr bereits impliziert hat und auch in Zukunft mit sich bringen wird.

Die EU-Kommission hat jüngst ihre Intention verlautbart, eine europäische Schlichtungsstelle für Electronic-Commerce-Streitigkeiten zu schaffen. Eine derartige Instanz würde eine zentrale Rolle bei der Schaffung eines europäischen Binnenmarktes für Electronic Commerce spielen; der Vorschlag ist daher unbedingt zu begrüßen.

Im Folgenden sollen die wesentlichen Probleme in ausgewählten Rechtsbereichen näher beschrieben werden, wobei der Hauptfokus auf dem Stand der Anpassung des geltenden Rechts sowie des verbliebenen Handlungsbedarfs liegt.

Steuerrecht

Aus steuerrechtlicher Sicht ergeben sich aus Electronic Commerce, insofern er **grenzüberschreitend** erfolgt, völlig neue Herausforderungen. Erforderlich ist nicht nur eine Anpassung der Besteuerungsnormen an die spezifischen Merkmale des elektronischen Geschäftsverkehrs, sondern insbesondere eine Überprüfung der herrschenden Besteuerungsverfahren, deren Durchsetzbarkeit zum Teil erhebliche Probleme bereitet (DIW 1999). Zu unterscheiden ist hierbei generell zwischen Online-Versandhandel, der grundsätzlich genauso zu behandeln ist wie der traditionelle Versandhandel, und dem Handel mit reinen Informationsprodukten. Letzterer stellt den eigentlichen Problemfall dar.

Bei der **Umsatzbesteuerung** (Bleuel & Stewen 1998; DIW 1999; Korf & Sovinz 1999) gilt heute im internationalen Handel in der Regel das Bestimmungslandprinzip, d.h. die Ware ist in jedem Land zu besteuern, in dem der Käufer sitzt. Dies ist bei Produkten des Versandhandels ohne Weiteres praktikabel, nicht jedoch bei reinen Informationsprodukten. Wie Bleuel & Stewen (1998) darlegen, ist es für einen Anbieter solcher Produkte aus technischen Gründen in vielen Fällen unmöglich, den Lieferweg (also etwa die Nationalität des Käufers) zu ermitteln. Dies ist auch so gewollt, um den Käufer vor einer Analyse seines Kaufverhaltens zu schützen. Hieraus ergibt sich in der Praxis, dass sich die Umsatzsteuer bei reinen Informationsprodukten gegenwärtig „praktisch nicht erheben" lässt (DIW 1999, S. 148).

Die OECD-Mitgliedsländer haben sich Ende 1998 darauf verständigt, dass das Bestimmungslandprinzip auch im elektronischen Handel gelten soll (OECD 1998). Noch bleibt jedoch völlig offen, wie dieser Vorsatz in der Realität umgesetzt werden soll. Vorschläge, die komplementären Zahlungsströme für die Besteuerung heranzuziehen oder die für die Besteuerung notwendigen Daten bei Transaktionen mittels eines Protokoll-Standards für den elektronischen Geschäftsverkehr automatisch generieren zu lassen, haben sich bisher nicht durchsetzen können (DIW 1999, S. 148). Korf und Sovinz (1999, S. 381) kommen in ihrer tiefgehenden Analyse der Problematik zu dem Schluss, dass zwei Voraussetzungen erfüllt sein müssen, wenn eine „akzeptable und belastungsgerechte Umsatzbesteuerung" angestrebt wird:

- "die Implementierung einer technischen Lösung im Internet, durch die die Nationalität des Nutzers erkennbar wird, und

- die finanzbehördliche Anerkennung von elektronischen Urkunden".

Die EU hat Anfang 2000 einen Vorstoß unternommen, um zu einer steuerlichen Gleichbehandlung von virtuellen Warenströmen zu gelangen. Demnach werden größere Anbieter aus Nicht-EU-Ländern (also vor allem der USA) aufgefordert, sich bei der EU registrieren zu lassen und auf der Basis ihrer Absatzzahlen in Europa Mehrwertsteuer an den EU-Haushalt abzuführen. Kleinere Anbieter würden diesem Vorschlag zufolge weiterhin unbesteuert bleiben (Hargreaves & Buckley 2000).

Im Ergebnis können die ungelösten Probleme bei der Durchsetzung geltenden Steuerrechts bei weiter fortschreitendem Wachstum der im Internet generierten Umsätze mit immateriellen Gütern zu spürbaren Steuerausfällen beim Staat führen. Es gibt mannigfaltige Diskussionen, wie den genannten Problemen durch eine Anpassung des Steuerrechts beizukommen ist, wobei die Bandbreite von einer Bit-Tax (Soete & Kamp 1996) bis zur Etablierung des Internet als einem steuerfreien Raum reichen.

Das Konzept der **Bit-Steuer** fundiert auf einer Abgabe auf die Anzahl der im Internet übermittelten Bits, um der Erosion der Steuerbasis im Zuge der zunehmenden Digitalisierung der Warenströme vorzubeugen. Eine Bit-Steuer wird unter anderem aus umweltpolitischen Gründen gefordert. Alle bedeutenden supranationalen Institutionen haben sich jedoch deutlich gegen eine solche Steuer ausgesprochen, so etwa die OECD. Schon Mitte 1997 erklärten die USA und die Länder der EU eine „Bonner Erklärung", nach der Internet-Handel nicht durch zusätzlichen Zölle und Sondersteuern belastet werden soll (Korf & Sovinz 1999) und übernahmen damit den Standpunkt, den die US-Regierung (1997) zuvor in ihrem „A Framework for Global Electronic Commerce" formuliert hatte.

Auch dem in die entgegengesetzte Richtung gehenden Vorschlag einer **völligen Befreiung des Internet-Handels von der Umsatzbesteuerung** werden wenig Chancen eingeräumt. Die Idee hat ihren Ursprung in der besonderen Situation des Vorreiterlandes USA: Die USA verfügen über keine einheitliche Umsatzbesteuerung, vielmehr existieren in allen Bundesstaaten unterschiedliche Verfahren bezüglich der Umsatzbesteuerung (Wolffe 1999). Folge ist, dass nur dann Umsatzsteuern (Local Taxes) abgeführt werden müssen, wenn der Anbieter seinen Sitz in dem selben Bundesstaat hat wie der Abnehmer. Der Versandhandel wird durch diese Regelung daher traditionell bevorzugt – eine Besonderheit, von der auch der Internet-Handel profitiert.

Die Länder der EU haben sich jedoch bereits 1997 darauf geeinigt, dass die Mehrwertsteuer auch für Online-Transaktionen gilt. Akuter Handlungsbedarf diesbezüglich besteht daher in der EU nicht.

Bezüglich der **Ertragsbesteuerung** besteht das Problem einer eindeutigen Bestimmung des Standortes des Anbieters (DIW 1999). Laut geltender Rechtsprechung ist ein Anbieter dann in Deutschland ertragssteuerpflichtig, wenn er hier über eine physische Präsenz in Form einer Betriebsstätte verfügt. Der physische Ort, an der das Produkt für den Verkauf bereitgestellt wird ("Ort der Leistungserzeugung"), ist bei reinen Informationsprodukten ein Internet-Server. Wird ein solcher Server aus rechtlicher Sicht als Betriebsstätte anerkannt, so resultiert hieraus für einen Anbieter die Möglichkeit, seinen Server in einem Land mit niedriger oder fehlender Ertragsbesteuerung zu lokalisieren und so der Besteuerung in Deutschland zu entgehen – und das auch, wenn das eigentliche Produkt in Deutschland mit deutschen Arbeitskräften hergestellt wird, also alle wesentlichen Wertschöpfungsstufen im Inland abgewickelt werden.

Mit einem EU Richtlinienentwurf von Anfang 1999 konnte in dieser Frage bereits weitgehend Rechtssicherheit geschaffen werden. Danach ist der Standort eines Betreibers eines Online-Angebots dessen räumliche Niederlassung im Sinne einer Arbeitsstätte. Der Standort des Servers, auf dem das Angebot abgelegt ist, ist hingegen ohne Relevanz.

Zoll- und Handelsbestimmungen

Die meisten Länder sind der Ansicht der USA (US Government 1997) gefolgt, dass eine Einführung zusätzlicher Abgaben auf elektronisch übermittelte Produkte schädlich für die

Entwicklung des Electronic Commerce wäre. Die Frage muss hier diesbezüglich allerdings lauten, was unter zusätzlichen Abgaben zu verstehen ist.

Zölle in Form von Einfuhrabgaben fallen beim Internet-Versandhandel in gleicher Weise an wie bei herkömmlichem Versandhandel, Handlungsbedarf gibt es diesbezüglich nicht.

Im Unterschied dazu werden auf reine Informationsprodukte, die über das Internet grenzüberschreitend verkauft werden, (noch) keine Einfuhrabgaben erhoben. Folge: Während auf Musik-CDs Zölle (und Einfuhrumsatzsteuern) zu entrichten sind, bleiben die gleichen Inhalte, wenn sie online auf den Rechner des Verbrauchers übermittelt werden, abgabenfrei. Wollte man diese Ungleichbehandlung beenden, so entstünden die gleichen Probleme wie bei der Durchsetzung der Umsatzbesteuerung im grenzüberschreitenden Handel (s.o.).

Urheberrecht

Das Grundkonzept des Urheberrechts lautet in einer Definition von von Lewinski (1999, S. 59): „Dem Urheber, der ein als Menschenrecht anerkanntes Eigentumsrecht an seiner geistigen Schöpfung innehat, stehen grundsätzlich an allen Nutzungen seines Werkes Rechte zu". Trotz gelegentlicher Forderungen nach seiner völligen Abschaffung in Angesicht des Übergangs zur Informationsgesellschaft besteht unter den politischen Entscheidungsträgern und der Fachwelt ein allgemeines Einverständnis, dass keine grundlegenden Änderungen am Urheberrecht notwendig sind, sondern lediglich für eine zeitgemäße Anpassung des geltenden Rechts gesorgt werden muss (von Lewinski 1999; Däubler-Gmelin 1999). Eine Erosion des Schutzes von geistigem Eigentum würde längerfristig zu schwerem volkswirtschaftlichen Schaden führen: Die letzten verfügbaren Statistiken (von 1989) weisen den Anteil der so genannten Copyright Industries[22] an der bundesdeutschen Bruttowertschöpfung mit etwa 3% aus (Melichar 1999). In den USA kommt eine ähnliche, regelmäßig durchgeführte Untersuchung für 1997 auf einen Anteil von 4,3%[23] am Bruttosozialprodukt (IIPA 1999).

Auf dem internationalen Parkett wurden bereits sehr frühzeitig regulatorische Maßnahmen ergriffen, um für eine Anpassung des Urheberrechtes an die neuen Bedingungen (insbesondere die sehr weitreichenden Möglichkeiten der digitalen Reproduktion und des Transfers von Texten und bestimmten Kunstwerken) zu sorgen. Die World Intellectual Property Organisation hat hierfür 1996 in zwei Verträgen ein Rahmenwerk geschaffen (WIPO 1996a, 1996b), deren Umsetzung in nationales Recht in den Mitgliedsländern noch nicht abgeschlossen ist. Die Verträge sorgen für rechtliche Klarheit, indem sie das Zurverfügungstellen von urheberrechtlich geschützten Werken in Online-Diensten als „öffentliche Wiedergabe" einstufen und auf diese Weise das ausschließliche Recht des Urhebers bzw. Künstlers zur Zugänglichmachung online bekräftigen (Melichar, S. 40). Auf der Basis der WIPO-Verträge

---

[22] Anteil der Wirtschaft, der auf die Produktion und Verbreitung mit urheberrechtlich geschützten Werken entfällt

[23] „Core copyright industries", siehe IIPA 1999.

entstand 1997 ein Richtlinienvorschlag der EU, der zur Zeit noch im Detail diskutiert wird (EU-Kommission 1997).

Fortschritte bei der Durchsetzung des bestehenden Rechtes können nur durch ein Zusammenwirken von supranationalen Absprachen über Standards einerseits und einer zielgerechten Weiterentwicklung technischer Schutzmaßnahmen andererseits (z.B. Etablierung von digitalen Wasserzeichen, siehe Busch et al. 1999) erzielt werden. Der Verband der deutschen Internetwirtschaft eco e.V. hat hierzu eine spezielle Expertenarbeitsgruppe eingerichtet, die Lösungen erarbeiten soll. Die Musikindustrie versucht darüber hinaus, über eine enge Kooperation mit ISP wie AOL Deutschland, Website-Betreiber, auf deren Sites raubkopierte Musikstücke zum Downloaden angeboten werden, dingfest zu machen. Sitzen die Täter in Deutschland, ist dies leicht möglich. Befinden sich die fraglichen Server allerdings jenseits der Grenze, ist den Anbietern mit juristischen Mitteln nur schwer beizukommen. Zwar wäre es technisch ohne weiteres möglich, bekannt gewordene Sites zu indizieren und von den ISP für deutsche Nutzer sperren zu lassen – hiergegen wehren sich jedoch die Internet-Provider, weil solche Formen der Zensur bei den Kunden auf Widerstand stoßen würden (SZ 26.1.00).

Datensicherheit und Vertragsrecht

Mit dem Inkrafttreten des Signaturgesetzes (SigG) als Teil des Informations- und Kommunikationsdienste-Gesetzes im Juli 1997 hat Deutschland auf diesem Gebiet weltweit eine Führungsrolle eingenommen. Das Gesetz legt die Prozedur für die Vergabe der Signaturschlüssel, die eine Person benötigt, um Dokumente mit einer digitalen Signatur versehen zu können, im Detail fest (Grube 1998). Wichtiger Bestandteil des Verfahrens sind die Zertifizierungsstellen (Trust-Center), die die Signaturschlüssel an die Versender von Dokumenten vergeben und bei denen Empfänger digital unterzeichneter Dokumente eine Bestätigung der Echtheit des zugehörigen Schlüssels erhalten können. Trust-Center sind privatwirtschaftliche Unternehmen, die sich im freien Wettbewerb erfolgreich um eine staatliche Zertifizierung beworben haben. Derzeit (Anfang 2000) gibt es eine existierende und fünf im Aufbau befindliche solche Einrichtungen[24].

Die im SigG getroffenen Regelungen gelten bei einigen Vertretern in der Wirtschaft als überdimensioniert und in der Anwendung (zumindest für den privaten) Endkunden als zu teuer. Tatsächlich finden digitale Signaturen der beschriebenen Art in der Praxis noch kaum Anwendung. Eventuell könnten komfortablere und leichter nutzbare Lösungen besser dazu beitragen, das Vertrauen in den elektronischen Geschäftsverkehr zu erhöhen. Laut Bundesamt für Sicherheit in der Informationstechnik (1999) hat aber „das Thema Digitale Signatur [...] die breite Öffentlichkeit bisher noch nicht erreicht". Zwar hat das SigG schon sehr frühzeitig einen gangbaren Weg für die Erhöhung der Sicherheit von Transaktionen im Internet aufgezeigt und somit positiv auf die Diskussion um die Realisierbarkeit gewohnter Sicher-

---

[24] betrieben von der Deutschen Telekom, PostCom, D-Trust, Trustcenter Hamburg, CCI TeleCash-Center Meppen, Fa. Giesecke und Devrient (Borchers 2000)

heitsstandards eingewirkt. Konkret kann der typische Internet-Nutzer dieses Mehr an Sicherheit aber nicht erfahren.

Nach dem Willen der Trustcenter-Betreiber soll sich das in den kommenden Monaten ändern: Die PostCom will ab sofort über die Filialen ihrer Mutter, der Deutschen Post AG, eine Basisausstattung vertreiben, die aus einem persönlichen Schlüssel, Chipkarte, Kartenlesegerät und Software besteht. Das Paket soll 120 DM kosten und ist für den Massenmarkt konzipiert (Borchers 2000).

Das Signaturgesetz allein reicht jedoch nicht aus, um den elektronischen Vertragsabschluss umfassend zu etablieren. Verträge können zwar nach deutschem Gesetz grundsätzlich formfrei geschlossen werden, jedoch gibt es Ausnahmen, bei denen eine handschriftliche Signatur vorgeschrieben ist (Jaeger 1999): Allein im Bürgerlichen Gesetzbuch gibt es 400 hiervon (Rubner 2000). Außerdem kann das Fehlen einer eigenhändigen Unterschrift im Konfliktfall zur Beweisnot vor Gericht führen, d.h. eine Gleichbewertung von digitaler und handschriftlicher Signatur ist durch das SigG noch nicht sichergestellt.

Auf Ebene der EU unter maßgeblicher Beteiligung des BMWi sind im Jahr 1999 entscheidende Weichenstellungen vorgenommen worden, um diese Diskrepanz zu beseitigen: Der Ministerrat der EU hat sich im November 1999 auf eine gemeinsame Richtlinie zur elektronischen Signatur verständigt. Sie ist im Januar 2000 in Kraft getreten (Terhörst 2000). Die Frist für die Umsetzung der neuen Regeln in den Mitgliedsländern beträgt 18 Monate. In Deutschland ist deren Umsetzung noch für dieses Jahr (2000) angekündigt; hierfür ist das Signaturgesetz zu novellieren. Das Dokument bildet die Grundlage dafür, dass in Deutschland und Europa eine geprüfte Sicherheitsinfrastruktur auf kommerzieller Basis entsteht, die sichere Kommunikation, den Abschluss von Verträgen im Internet und elektronisches Bezahlen per E-Cash erlaubt. Die Richtlinie verpflichtet die Mitgliedstaaten, die digitale Signatur einer handschriftlichen Unterschrift rechtlich gleichzustellen.

Bei der Anwendung der digitalen Signatur hat das Land Niedersachsen eine Vorreiterrolle eingenommen. Es hat im Februar 2000 bereits 6400 Landesbedienstete mit einer digitalen Signatur und Kartenlese-Geräten ausgestattet und fördert auf diese Weise die Verwendung der elektronischen Unterschrift im zwischenbehördlichen Dokumentenaustausch (CW 2000a).

Allerdings gibt es auch kritische Stimmen. Diese fordern einen stärkeren Rückzug des Staates aus der Umsetzung des Datenschutzes zugunsten „offener Lösungen" (Borchers 2000, S. 12) wie des populären Standards PGP (Pretty Good Privacy), mit der ein durch das SigG vorgesehener Sicherheitsstandard mit niedrigerem Aufwand erzielt werden könne. Diesbezüglich kommt der Kryptopolitik eine große Bedeutung zu. Eine zeitgemäße Kryptopolitik muss abwägen zwischen

- dem berechtigten Interesse von Wirtschaft und Bevölkerung an sicheren Verschlüsselungsmethoden für die Versendung von Daten über das Internet einerseits und

- dem Gemeininteresse an einer Verhinderung von Missbrauch und an effektiver Strafverfolgung andererseits.

Da auch Kriminelle Zugang zu Verschlüsselungssoftware haben und sie sich auf dieser Weise z.B. richterlicher Überwachungsmaßnahmen weitgehend entziehen können, wird seit einigen Jahren diskutiert, ob und in welchem Umfang die Nutzung kryptographischer Verfahren gesetzlich beschränkt werden sollte. Nicht zuletzt um die Entwicklung des elektronischen Geschäftsverkehrs nicht zu behindern, hat sich die Bundesregierung trotz dieser Bedenken bereits 1997 darauf geeinigt, dass „es bei einer uneingeschränkten Freiheit der Nutzer bei der Auswahl und dem Einsatz von Verschlüsselungssystemen bleiben" soll (BMWi 1997, S. 17). Dieser Standpunkt wurde auch nach dem Regierungswechsel ausdrücklich bekräftigt (BMWi & BMI 1999).

Nachdem die US-Regierung lange eine äußerst restriktive Politik bezüglich des Exports von Krypto-Produkten betrieben hat, hat sie die Ausfuhr solcher Software jüngst weitgehend freigegeben. Damit haben die USA dem Drängen der internationalen Öffentlichkeit nachgegeben, welche die US-Kryptopolitik als Barriere für die Verbreitung professioneller Internet-Nutzung ausgemacht hatte.

Zusammengenommen geben der Beschluss der Bundesregierung zum ungehinderten Einsatz wirkungsvoller Verschlüsselungsprodukte, die Bereinigung der international geltenden Ausfuhrkontroll-Listen für Verschlüsselungstechnik sowie die erfolgte Umsetzung der EU-Richtlinie über elektronische Signaturen für inländische Anwender und ausländische Partner ein wichtiges Signal für mehr Sicherheit und Vertrauensschutz in der Informationstechnik.

Verbraucher- und Datenschutz

Beim **Datenschutz** besteht ein grundlegender Unterschied zwischen den Haltungen der EU und ihrer Mitgliedsstaaten einerseits und den USA andererseits. Da aus deutscher Sicht ein Großteil des grenzüberschreitenden Datenverkehrs im Internet mit US-amerikanischen Anbietern erfolgt, kommt dieser Diskrepanz eine wichtige Rolle zu. Wie in Kapitel 3.2 dargestellt wurde, eröffnet der elektronische Geschäftsverkehr technisch fast unbegrenzte Möglichkeiten zum Sammeln und Auswerten personenbezogener Daten.

Die **USA** verfügen über eine sehr zurückhaltende Datenschutzpolitik. Ihr Hauptfokus liegt auf dem Schutz der Privatbürger vor einer Gefährdung des Persönlichkeitsrechts, die *vom Staat* ausgeht: „Das Persönlichkeitsrecht des Einzelnen ist aus amerikanischer Sicht ausreichend geschützt, wenn für den Staat verbindliche Regeln bestehen, nach denen er Daten erheben, speichern und nutzen darf" (Tröndle 1999, S. 719). Die Daten der Bürger sind jedoch nur in sehr geringem Maße vor einer Ausbeutung *durch die Privatwirtschaft* geschützt. Im Rahmen von Electronic Commerce wurde die Notwendigkeit eines staatlichen Eingriffs in den letzten Jahren umfassend diskutiert. Trotzdem beharrt die zuständige Bundesbehörde Federal Trade Commission weiterhin auf Selbstregulierung der Wirtschaft und Verzicht auf gesetzliche Regelungen.

Im Gegensatz dazu hat die **EU** zwei Richtlinien zum Datenschutz erlassen, die die Rolle des Staates für den Datenschutz festschreiben („Datenschutzrichtlinie" 95/46/EG und „Telekommunikations-Datenschutzrichtlinie" 97/66/EG). Sehr weitgehend werden hierin Datenschutz-Anforderungen definiert, die private oder öffentliche Stellen erfüllen müssen. Grundsätzlich darf eine Nutzung personenbezogener Daten nur erfolgen, wenn eine ausdrückliche Zustimmung der betreffenden Person vorliegt oder dies zu Vertragszwecken oder zum Schutze der rechtmäßigen Interessen der Öffentlichkeit bzw. einzelner Personen notwendig ist (Tröndle 1999, S. 719f).

Die Richtlinie 95/46/EG gab Anlass für einen anhaltenden Disput zwischen der EU (wobei Deutschland hier eine besonders aktive Rolle einnimmt) und den USA über die Übermittlung von persönlichen Daten aus einem EU-Mitgliedsland in Drittstaaten, in denen kein angemessener Datenschutzstandard besteht. Der Richtlinie zufolge muss die USA dafür Sorge tragen, dass auch in den USA ansässige Unternehmen das in den EU-Richtlinien festgeschriebene Schutzniveau gewähren. Tut sie dies nicht, müsste der Datentransfer unterbunden werden. Die USA möchte dieser Verpflichtung über eine Selbstregulierung der Industrie nachkommen (freiwillige Selbstkontrolle nach dem Safe Harbor Prinzip, siehe Tröndle 1999, S. 721). Mittlerweile existiert eine Anzahl von unabhängigen Organisationen, die Datenschutzmaßnahmen von Internet-Anbietern auditieren und bei Einhaltung bestimmter Kriterien ein Label vergeben (Maxwell et al. 1999). Beispiele sind TRUSTe, VeriSign und BBB OnLine[25]. Der Druck auf die Anbieter, die keine solche Auszeichnung besitzen, nimmt allmählich zu.

Die Masse der Internet-Anbieter verfügt jedoch noch nicht über Maßnahmen, die eine Einhaltung von Datenschutzanforderungen garantieren könnte. Gerade im Jahr 1999 wurden sogar immer wieder Fälle bekannt, in denen die Persönlichkeitsrechte der Verbraucher in bedenklicher Weise verletzt wurden (siehe z.B. Wildstrom 2000). Verständlicherweise lehnt die EU daher eine reine Selbstregulierung durch die Industrie ab.

Die Diskussionen zwischen den USA und der EU sind bisher noch zu keinem befriedigenden Ergebnis gekommen. Ein Scheitern würde niemandem nützen, denn die EU-Datenschutzrichtlinien dürften sich gegen den Willen der USA in der Praxis nicht durchsetzen lassen. Die US-Unternehmen ihrerseits könnten gezwungen werden, separate Datenbanken für ihre europäischen Kunden anzulegen, wodurch erhebliche Kosten verursacht würden (Waldmeir 1999).

Der **Verbraucherschutz** beim Internet-Handel steckt noch in den Kinderschuhen. Allgemein gilt, dass Verbraucherschutz unter anderem wegen der durch die Internet-Technologie ermöglichten Dynamik der Preis- und Artikelinformationen schwieriger durchzusetzen ist, als dies bei herkömmlichem Handel der Fall war. Als Beispiel mag hier der Disput um verfälschende Angaben in Online-Auktionen bei Atrada, Ricardo und Primus-Online dienen. Dies gilt umso mehr, je stärker sich die Strategie der Preisdifferenzierung durchsetzt und für verschiedene Gruppen von Kunden verschiedene Preismodelle zur Anwendung kommen.

Bisher gibt es kein gesetzliches Rückgaberecht auf online bestellte Waren, auch wenn dieses von größeren Online-Händlern freiwillig eingeräumt wird. Besser sieht es hinsichtlich der Gewährleistung aus: Mit der Richtlinie 1999/44/EG hat die EU die bisher geltenden nationalen Bestimmungen vereinheitlicht. Dem Verbraucherinteresse wurde dabei Priorität eingeräumt (Jaeger 1999, S. 185). So wurde die Frist für die Geltendmachung des Rechtes aus

---

[25] http://www.truste.org; http://www.verisign.com; http://www.bbbonline.com

                                          Gareis / Korte / Deutsch

Gewährleistung (Garantien) auf zwei Jahre festgelegt (gegenüber der in Deutschland bisher gültigen 6 Monate).

Eine weitere Richtlinie, die bisher nur als ein Entwurf des Europäischen Parlaments vorliegt ("Entwurf einer Richtlinie über bestimmte rechtliche Aspekte des elektronischen Geschäftsverkehrs im Binnenmarkt") regelt weitere Aspekte des Verbraucherschutzes im Fernabsatz. So wird ein Widerrufsrecht innerhalb von 7 Werktagen vorgeschlagen. Die Umsetzung der EU-Richtlinien in deutsches Recht soll in Form eines Fernabsatzgesetzes erfolgen, das derzeit erarbeitet wird.

Der Richtlinienentwurf thematisiert darüber hinaus die **unerlaubte Werbung**. Die Aufstellung von Kriterien soll den einzelnen Mitgliedsländern überlassen bleiben, wobei diese aber jeweils nur für Unternehmen mit Sitz in dem betreffenden Land Gültigkeit besitzen sollen. Eine einheitliche Regelung ist diesbezüglich damit nicht in Sicht.

Angesichts des noch bestehenden Gegensatzes zwischen den weitgehenden Regelungen zum Verbraucherschutz in der EU und der weniger strengen Gesetzgebung im Rest der Welt stellt sich die Frage des **geltenden Rechtsrahmens bei internationalem Handel**. Für deutsche Verbraucher ist hier das Einführungsgesetz zum Bürgerlichen Gesetzbuch maßgebend (Jaeger 1999). Ihm zufolge gilt deutsches Recht, wenn ein Deutscher im Internet von Deutschland aus einen (nicht gewerblichen[26]) Vertrag abschließt. Er profitiert von allen im bundesdeutschen Gesetz verankerten Verbraucherrechten. Die gleiche Regelung soll nach dem EU Richtlinienentwurf Ende 1999 (s.o.) in allen EU-Mitgliedsstaaten angewendet werden. Damit werden die verbraucherfreundlichen Regeln der Konventionen von Brüssel (1968) und Rom (1980) auf den Internet-Handel ausgeweitet.

Aus Sicht des Anbieters ergibt sich aus dieser Rechtslage die Pflicht, sich über die Rechtssysteme der Länder, in die eine Lieferung erfolgt, zu informieren und sein Angebot gegebenenfalls entsprechend anzupassen. Für kleine Unternehmen kann der hierzu erforderliche Aufwand prohibitiv hoch sein, so dass ganz auf ein grenzüberschreitendes Angebot verzichtet wird. Allerdings kommt auch der Abschluss einer Rechtsschutzversicherung als Problemlösung in Frage (Rathmann 1999).

Was jedoch nützen die besten Verbraucherrechte, wenn ihrer Durchsetzung im Praxisfall auf fast unüberwindbare Barrieren stößt? Für die Durchsetzbarkeit im Einzelfall ist der Gerichtsstand ausschlaggebend: Wenn ein deutscher Verbraucher gegen einen ausländischen Anbieter klagen will, so muss er das in der Regel im Herkunftsland des Anbieters machen. Einen derartig hohen Aufwand würden die meisten Privatpersonen scheuen und stattdessen auf eine Geltendmachung ihres Rechtsanspruchs verzichten. Innerhalb der EU wurde hingegen in einer Reihe von Abkommen festgelegt, dass der Verbraucher in seinem eigenen Land klagen kann (Jaeger 1999).

Die OECD (1999b) hat jüngst Empfehlungen für Leitlinien aufgestellt, die nach ihrer Vorstellung weltweit in nationales Recht überführt werden sollten. Es handelt sich um

---

[26] Bei gewerblichen Verträgen gilt das UN-Übereinkommen über Verträge über den internationalen Warenkauf.

Grundanforderungen an die Transparenz von Angeboten im Internet sowie um Datenschutzaspekte. Ziel ist es, Konsumenten beim Online-Handel die gleichen Rechte zu verschaffen, die sie vom herkömmlichen Handel gewohnt sind. Die Empfehlungen sind zwar nicht bindend, stellen aber einen wichtigen Schritt in Richtung einer weltweiten Einigung bezüglich Verbraucherschutz im Internet dar.

Wettbewerbsrecht

Bei allen regulatorischen Aspekten ist darauf zu achten, dass über das Internet überwiegend Dienstleistungen erbracht werden, die vorher bereits – wenn auch in anderer Form, meist mit höherem Anteil physischer Transaktionen – über andere Kanäle verfügbar waren. Beim Online-Shopping sind das z.B. der klassische Versandhandel; bei E-Mail: der physische Briefverkehr; bei Voice over Internet: das öffentliches Telefonnetz; bei Video-on-Demand: das Fernsehen bzw. der Video-Verleih; bei journalistisch aufbereiteten Nachrichten: die Zeitungen. Die regulatorische Behandlung des Internet muss daher immer berücksichtigen, dass in aller Regel bereits ein Regulationsrahmen existiert, der als Ausgangspunkt für eine Gesetzgebung zu dienen hat. Unter Umständen kann dies bedeuten, dass sehr aufwändige Abgleichungen vorzunehmen sind, wie etwa bei dem komplexen Rundfunkrecht in Deutschland.

8.5 Merkmale der Adoptoren

8.5.1 Persönliche Merkmale der Anwender

Zahlungsbereitschaft

Von den fixen und laufenden Kosten für den Internet-Zugang abgesehen stellt sich die Frage, in welchem Maße private und betriebliche Nutzer bereit sind, kostenpflichtige Online-Inhalte (Content), z.B. in Form von Nachrichtenmagazinen oder Informationsdienste aller Art, nachzufragen. Der intensive Wettbewerb um die Aufmerksamkeit der Nutzer zusammen mit der Vielfalt der vorherrschenden Geschäftsmodelle hat dafür gesorgt, dass ein Großteil der privaten Nachfrage durch kostenlose Angebote befriedigt werden kann. Entsprechend sind es heute weniger als 2% der Bevölkerung in Deutschland, die kostenpflichtige Informationen aus dem Internet herunterladen. Selbst in Vorreiterländern wie Finnland sind es weniger als 5%. Entsprechend vertreiben in Deutschland derzeit auch nur etwa 10% der Betriebe kostenpflichtige Informationen über ihre Websites (siehe Kapitel 6). Hochspezialisierte Informationsangebote für die professionelle Nachfrage wie Datenbankabfragen sind hingegen besser vermarktbar.

Flexibilität Neuerungen gegenüber

Die Deutschen gelten gemeinhin als die „Weltmeister unter den Bedenkenträgern". Ihnen wird immer wieder vorgehalten, dass sie bei Neuerungen im Sinne einer Risikoabschätzung deren Vor- und Nachteile zunächst sorgfältig abwägen, bevor sie zu einer Entscheidung kommen. Im Zeitalter des Internet, wo Innovationen in hohem Tempo angenommen werden müssen (auch wenn sie noch nicht ausgereift sind), könnten sich derartige Eigenschaften als nachteilig erweisen. Doch lässt sich dieses Image empirisch untermauern, oder handelt es sich lediglich um ein Vorurteil?

Tatsächlich konnte im Rahmen umfangreicher wissenschaftlicher Untersuchungen nachgewiesen werden, dass der Grad der „Unsicherheitsvermeidung" zwischen einzelnen Ländern divergiert. Hofstede (1997) hat zu diesem Zweck Mitarbeiter regionaler Niederlassungen des IBM-Konzerns in 50 Ländern strukturiert befragt. Er definiert Unsicherheitsvermeidung als den Grad, in dem die Mitglieder einer Kultur sich durch ungewisse oder unbekannte Situationen bedroht fühlen. Niedrige Indexwerte stehen für Länder mit schwacher Unsicherheitsvermeidung, hohe Werte für Länder mit hoher Unsicherheitsvermeidung. Das Ergebnis für einige ausgewählte Länder zeigt Tab. 28.

Land	Index-Wert
Dänemark	23,00
Schweden	29,00
Irland	35,00
Großbritannien	35,00
USA	46,00
Niederlande	53,00
Finnland	59,00
Deutschland	65,00
Italien	75,00
Frankreich	86,00
Spanien	86,00

TAB. 28: UNSICHERHEITSVERMEIDUNGS-INDEX AUSGEWÄHLTER LÄNDER NACH HOFSTEDE (1997)

Hofstede ermittelte niedrige Index-Werte für Dänemark, Schweden, Irland und Großbritannien und hohen Werte für die Länder Südeuropas. Die Länder der ersteren Gruppe sollte diesem Befund zu Folge überdurchschnittlich gut darauf vorbereitet sein, eine neue technische Innovation zu adoptieren, während für die Länder der letzteren Gruppe das Gegenteil zutrifft. Die deutsche Bevölkerung erweist sich in diesem Zusammenhang als eher weniger gut auf die Adoption technischer Innovationen vorbereitet, auch wenn Länder wie Italien, Frankreich und Spanien nochmals deutlich ungünstigere Ergebnisse aufweisen.

Lern- und Erfahrungseffekte (auf einzelpersönlicher Ebene)

Bei einer Erstbewertung einer Innovation wird in der Bewertung auf die Erfahrung mit vergleichbaren Angeboten zurückgegriffen. Es ist deshalb nicht erstaunlich, dass diejenigen, die heute bereits E-Mail nutzen oder bereits im Internet browsen, dem Electronic Commerce sehr viel aufgeschlossener gegenüber stehen. Wie in Kapitel 6 gezeigt wurde, liegen die Nutzungsraten der deutschen Bevölkerung bezüglich Techniken mit Relevanz für Electronic

Commerce gegenüber anderen europäischen Ländern sowie den USA zurück. Dadurch reduziert sich für die deutschen Bürger im Vergleich zu anderen Ländern die Möglichkeit, Lern- und Erfahrungswerte zu sammeln, die eine einzelne Person erst in die Lage versetzen, Vertrauen im Umgang mit Electronic-Commerce-Anwendungen aufzubauen.

8.5.2 Institutionelle Merkmale der Unternehmen

Wirtschaftliche Lage – Eigenfinanzierungsmöglichkeit und Kapazitäten

Eine gute wirtschaftliche Lage begünstigt die Investitions- und damit die Adoptionsmöglichkeiten gerade von Technologien, die zunächst nicht als zentral für das operative Geschäft angesehen werden. Im Falle von Electronic Commerce gilt dies besonders: Da die meisten Anbieter im Electronic-Commerce noch kaum Gewinne machen, aber zunächst erhebliche Kosten für den Aufbau des Angebots verursacht werden, ist eine hohe Bereitschaft erforderlich, „ohne Aussicht auf schnellen Gewinn zu investieren, Durststrecken zu überstehen und längerfristig strategisch zu planen" (DIW 1998, S. 118).

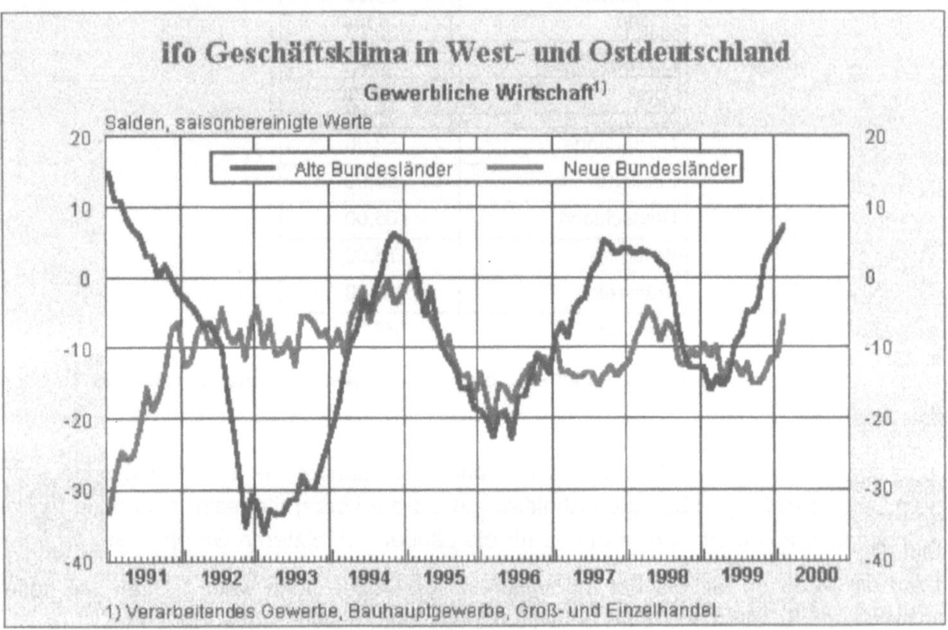

ABB. 68: **GESCHÄFTSKLIMA-INDEX 1991-1999 (QUELLE: IFO KONJUNKTURTEST)**

Zieht man den Geschäftsklima-Index des Wirtschaftsforschungsinstituts ifo[27] heran, um den Stand der konjunkturellen Entwicklung und damit die wirtschaftliche Lage auch der kleinen

---

[27] Jeden Monat befragt das ifo Institut für Wirtschaftsforschung e.V., München, über 7 000 Unternehmen der gewerblichen Wirtschaft (Verarbeitendes Gewerbe, Baugewerbe sowie Groß- und Einzelhandel) zu ihrer Einschätzung der konjunkturellen Lage und ihrer kurzfristigen Planung. Aus diesen Meldungen zum ifo Konjunkturtest wird die "Stimmungsvariable" ifo Geschäftsklima abgeleitet.

                                                      Gareis / Korte / Deutsch

und mittelständischen Unternehmen zu beurteilen, so ergibt sich folgendes Bild (siehe Abb. 68). Das Geschäftsklima hat sich seit Mitte 99 in der westdeutschen Wirtschaft merklich verbessert. Mit einer gewissen Zeitverzögerung ist das gleiche Phänomen seit Jahresende 99 in den neuen Bundesländern zu verzeichnen. Mit dem Beginn des neuen Jahrzehnts stehen die Zeichen somit günstig, dass sich die kleinen und mittelständischen Unternehmen verstärkt um die Sicherung ihrer langfristigen Überlebensfähigkeit kümmern und sich des Themas Electronic Commerce annehmen.

Neben der allgemeinen wirtschaftlichen Lage ist die Verfügbarkeit von betrieblichen Kapazitäten für die Arbeiten, die im Rahmen der Implementierung eines Electronic-Commerce-Systems anfallen, besonders wichtig. Bis Ende 1999 wurden in erheblichem Maße Investitionen und Personal durch die EURO-Umstellung und die Jahr 2000-Vorsorge gebunden. Diese Aufgaben sind nun bewältigt, so dass in vielen Unternehmen Kapazitäten für Electronic Commerce vorhanden sind.

	Die wichtigsten IT-Themen im Jahr 2000	**Anteil an allen Befragten**
1.	Datenmanagement	90%
2.	Senkung der IT-Kosten	86%
3.	Integration der Systeme	80%
4.	Elektronische Vernetzung mit Kunden, Lieferanten und Partnern	72%
5.	Entwicklung einer E-Business Strategie	72%
6.	Qualifizierung des Personals	67%
7.	Weiterbildung des Managements in der IT	66%
8.	Upgrading veralteter Systeme	65%
9.	Umsetzung von Business Reengineering	65%
10.	Ausrichtung von Informationssystemen auf die Unternehmensziele	65%

TAB. 29: DIE ZEHN WICHTIGSTEN IT-THEMEN AUS SICHT DER UNTERNEHMEN, STAND FRÜHJAHR 2000 (QUELLE: PLÖNZKE 2000)

Nach Angaben der Beratungsfirma CSC Plönzke (2000), die 100 IT-Manager befragt haben, stehen Electronic Commerce sowie die elektronische Vernetzung mit Kunden, Lieferanten und Partnern auf der Prioritätenliste der Unternehmen sehr weit oben (siehe Tab. 29). Themen wie Qualifizierung und Weiterbildung stehen erstaunlicherweise noch dahinter. Davor stehen nur das Dauerthema Kostenkontrolle sowie die Homogenisierung der Systemlandschaft.

Lern- und Erfahrungseffekte (auf Unternehmensebene)

Auch bei Unternehmen spielen die Lern- und Erfahrungseffekte eine Rolle bei der Einführung einer Innovation. Firmen, die bereits Erfahrung mit Versandhandel und/oder elektronischen Medien (vgl. Kapitel 6.1) haben, sind im Vorteil gegenüber solchen, die sämtliche logistischen Strukturen neu aufbauen müssen. Auch das Vorhandensein der technischen Infrastruktur, beispielsweise eines Intranets, und eines entsprechenden Kenntnisstandes der Mitarbeiter senkt die Barrieren bei der Einführung von Electronic Commerce auf der qualifikatorischen Seite. Auf der überbetrieblichen Ebene gilt darüber hinaus, dass jedes Unternehmen, das bereits Electronic-Commerce-Systeme betreibt, als Multiplikator wirkt, indem seine Erfahrungen als praktisches Vorbild auf Nachahmer abfärben.

Über die Lage der deutschen Betriebe hinsichtlich dieser Aspekte wurde bereits an anderer Stelle in diesem Bericht ausführlich eingegangen.

8.6   Zusammenfassung: Rahmenbedingungen und Handlungsbedarf

Da Electronic Commerce gerade kleineren Unternehmen große Wettbewerbsvorteile verschaffen kann bzw. zur Verteidigung der derzeitigen Marktposition dringend erforderlich ist, muss dafür gesorgt werden, dass das Nutzungspotenzial insgesamt besser ausgeschöpft wird sowie die Größenabhängigkeit der Nutzung auch in Deutschland rapide zurückgeht. Dazu ist es notwendig, die konkreten Barrieren, die kleine Betriebe in Deutschland mehr als in anderen Ländern von einer Nutzung von Electronic Commerce abhalten, zu identifizieren, ihre zukünftige Entwicklung zu antizipieren sowie entsprechende Maßnahmen abzuleiten, sofern dies geboten erscheint.

Trotz der im Ländervergleich restriktiven Ladenöffnungszeiten sehen große Teile der deutschen Bevölkerung noch keinen ausreichenden Nutzen in Electronic Commerce; dasselbe trifft auf die Betriebe zu, insbesondere auf die KMU. Von Unternehmensseite wird insbesondere beklagt, dass sowohl Nachfrage als auch Angebot im Internet noch nicht ausreichend groß seien, um eigene Aktivitäten zu rechtfertigen. Es überwiegt zudem noch die veraltete Ansicht, dass nur eine kleine Zahl an Produkten mit ganz bestimmten Merkmalen (gut beschreibbare Massenprodukte mit geringen Qualitätsvarianzen) für den Online-Handel geeignet seien.

Hohe Kosten und insbesondere Mangel an spezifischem Know-how sind weitere Barrieren, die Betriebe von einer Implementierung von Electronic-Commerce-Systemen abhalten. Kleine und mittelständische Unternehmen, die mit Hilfe einer Website neue Kunden im Business-to-Consumer-Bereich ansprechen wollen, müssen erhebliche Marketinganstrengungen unternehmen. Die Knappheit an Netzwerk- und Internet-Spezialisten auf dem Arbeitsmarkt tut ein Übriges, um den Aufbau des erforderlichen Know-hows zu erschweren. Die Politik hat sich in jüngster Zeit darum bemüht, den Zugang deutscher Arbeitgeber zum internationalen Markt für Computerspezialisten zu verbessern. Diese Aktivitäten müssen ausgeweitet bzw. verstetigt werden, da der grenzüberschreitende Arbeitsmarkt in diesem Bereich in den kommenden Jahren noch erheblich an Bedeutung gewinnen wird.

Nachfrageseitig wirken sich hohe Kosten für Telekommunikationsverbindungen im Allgemeinen und für den Internet-Zugang im Speziellen nachteilig auf das Interesse an und die Intensität der Internet-Nutzung aus. Die Zugangskosten in Deutschland zählten noch vor wenigen Jahren zu den höchsten Europas, und die Deregulierung im Ortsnetzbereich steht auch heute erst noch bevor. Eine Flat-Rate-Tarifierung, bei der die Bezahlung unabhängig von der Nutzungsdauer und -intensität erfolgt, dürfte zu einer erheblichen Zunahme der Nutzung führen. In den USA sind Flat Rates im Ortsnetzbereich schon lange üblich, während in Europa erst allmählich attraktive Angebote für den Privatnutzer auf den Markt gelangen.

Bedenken bezüglich der Sicherheit der Datenübertragung sowie der Betrugsgefahr sind nicht *ausschlaggebend* für die grundsätzliche Entscheidung großer Teile sowohl der Bevölkerung als auch der Wirtschaft, Electronic Commerce nicht zu nutzen. Sie *beeinflussen* jedoch Ausmaß und Art der Nutzung des Internet. Daher sind Maßnahmen, die Vertrauen in das Internet als Medium für geschäftliche Transaktionen schaffen, dringend geboten. Die deutsche Bundesregierung hat hier Pionierarbeit geleistet mit der Verabschiedung des Signaturgesetzes (SigG), das bereits 1997 die rechtlichen Grundlagen für die Verwendung digitaler Signaturen im Geschäftsverkehr geschaffen hat. Noch jedoch wird die Digitale Signatur nur selten angewandt, so dass von einem Umsetzungsdefizit gesprochen werden muss.

Zu einem ähnlichen Urteil gelangt eine Analyse der Situation bezüglich der Gewährung von Verbraucher- und Datenschutzbelangen. In der EU ist - unter maßgeblicher Beteiligung der deutschen Regierung - ein rechtlicher Rahmen bereitgestellt worden, der aus Verbrauchersicht als vorbildlich angesehen werden kann. Da jedoch ein Großteil der Electronic-Commerce-Anwendungen von US-amerikanischen Unternehmen bzw. ihren europäischen Niederlassungen abgewickelt wird, sind auch die in den USA geltenden Bestimmungen von großer Bedeutung. Die USA haben sich bisher gegen eine Übernahme des europäischen Schutzniveaus gewehrt und drohen daher, die Bestimmungen in den EU in ihrer Wirksamkeit zu unterminieren.

Es existieren noch eine Reihe von regulatorischen Barrieren im Bereich des Wettbewerbsrechts, die einer kritischen Überprüfung bedürfen. Mit dem Rabattgesetz und der Buchpreisbindung zum Beispiel wird es deutschen Online-Unternehmen unmöglich gemacht, Wettbewerbsvorteile gegenüber traditionellen Vertriebskanälen zu erzielen, welche in anderen Ländern erheblich zu dem Boom der Internet-Wirtschaft beigetragen haben. Als Beispiel sei hier amazon.com genannt - eine Erfolgsgeschichte, die in Deutschland unter den bisherigen Bedingungen schlichtweg unmöglich wäre!

Der Kreis der potenziellen Nutzer von Electronic Commerce im Business-to-Consumer-Bereich ist mittelfristig nicht unbegrenzt: Anwender müssen über die technischen Voraussetzungen verfügen, um das Angebot nutzen zu können, und die Fähigkeiten besitzen, die die Nutzung durch den Einzelnen erst ermöglichen (Umgang mit dem Computer und dem Internet). Da bisher noch immer fast ausschließlich der PC als Zugangsmedium für das Internet dient, ist das Potenzial zurzeit somit auf diejenigen Personen beschränkt, die Zugang zu einem PC haben und diesen benutzen können bzw. wollen. Da diese Bedingung auf große Teile der Bevölkerung nicht zutrifft, sind diese demnach von vornherein von einer Teilnahme am Electronic Commerce ausgeschlossen. Um hier Abhilfe zu schaffen, stehen grundsätzlich zwei Optionen bereit: Erstens die Erschließung neuer Zugangswege zum Internet und zweitens die Sensibilisierung und Ausbildung der heutigen Nichtnutzer.

Ein neuer Zugangsweg zu Electronic-Commerce-Anwendungen, der sich bereits recht deutlich abzeichnet, ist der Mobile Access über das Mobiltelefon bzw. einen mobilen Mini-Computer. In Japan hat sich bereits erwiesen, dass mittels M-Commerce erhebliche neue

Anwenderkreise, die eine Nutzung des PC ablehnen, zu erschließen sind. Als Nachteil erweist sich in diesem Zusammenhang, dass der Anteil der Mobilfunknutzer in Deutschland merklich niedriger ist als in den meisten anderen EU-Ländern. Aber erst mit einer Integration von herkömmlichem Fernsehen und Internet-Browser (heute Web-TV genannt) würden fast alle Haushalte zu potenziellen Electronic-Commerce-Nutzern werden.

Es besteht jedoch kein Anlass, allein auf technische Lösungen zu vertrauen. Aktive Maßnahmen zur Heranführung der heutigen Nichtnutzer an das Internet sind dringend geboten. Das hohe Tempo, mit der sich die Zahl der Internet-Anschlüsse auch in Deutschland erhöht, verschließt den Blick für vorhandene und neu entstehende Disparitäten in der Nutzung zwischen verschiedenen Segmenten der Bevölkerung. Es wird besonderer Anstrengungen bedürfen, alle deutschen Einwohner an das Internet heranzuführen, insbesondere solche mit niedrigerem Bildungsabschluss und niedrigem Haushaltseinkommen. Hier sind Maßnahmen erforderlich, die der Herausbildung einer „Digital Divide" entgegenwirken. Auch in diesen Zielgruppen muss versucht werden, eine kritische Masse an Nutzern für Electronic Commerce zu gewinnen und sie damit auf die Anforderungen der Informationsgesellschaft vorzubereiten. Hierin ist primär eine politische Aufgabe zu sehen.

Im Bildungsbereich haben Aktionen wie z.B. „Schulen ans Netz" die Ausstattungssituation in Schulen deutlich verbessert, jedoch fehlt es zunehmend an qualifiziertem Lehrpersonal. Der „Ausstattungsoffensive" muss daher jetzt eine „Ausbildungsoffensive" nachfolgen, mit der das Lehrpersonal umfassend für die neuartigen Anforderungen der Informationsgesellschaft fit gemacht wird.

Der deutsche Kapitalmarkt war lange Zeit nicht gut auf die Anforderungen der Internet-Wirtschaft vorbereitet. Unternehmensgründern mit innovativen Ideen fehlte der Zugang zu Kapital. Noch 1998 betrug der Umfang der Wagniskapital-Investitionen in Technologie-Unternehmen in Deutschland (in % des BSP) nur ein Viertel des US-amerikanischen Wertes. Gleichzeitig wächst der Venture-Capital-Markt jedoch auch in Deutschland in erheblichem Tempo, so dass mittelfristig mit einer deutlich verbesserten Lage gerechnet werden kann.

Die konjunkturellen Voraussetzungen hinsichtlich der verfügbaren finanziellen und auch personellen Kapazitäten sind in den kleinen und mittelständischen Unternehmen zu Beginn des neuen Jahrzehnts günstig. Insbesondere kommt den Electronic-Commerce-Aktivitäten in den einzelnen Unternehmen zugute, dass mit der EURO-Umstellung sowie dem Jahr-2000-Problem zwei Aufgabenfelder, die erhebliche Kapazitäten gebunden haben, abgeschlossen sind und sich dass Personal nun neuen Themen zuwenden kann.

Wie angedeutet wurde, ist bezüglich der Mehrzahl der genannten Rahmenbedingungen von einer zügigen Besserung der Situation in Deutschland auszugehen, die in der nahen Zukunft mit einem spürbaren Adoptionsschub rechnen lässt. Trotzdem bleiben Zweifel, ob Deutschland in der Lage sein wird, seinen heutigen Rückstand gegenüber den weltweiten Vorreiterländern aufzuholen. Es braucht nämlich Zeit, bis man die Betriebe davon überzeugt hat, dass Electronic Commerce für jeden von ihnen von Belang ist, ja dass die Auseinandersetzung mit seinen Chancen, aber auch Risiken ausschlaggebend sein kann für die Wettbewerbsfähigkeit und damit Überlebensfähigkeit in einem zunehmend vom (globalen) Wettbe-

werb geprägten Marktumfeld. Noch mehr Zeit braucht es, die Bevölkerung davon zu überzeugen, alte (Einkaufs-)Gewohnheiten zu ändern und die Vorteile des Electronic Commerce
wahrzunehmen. Eine Verbesserung der Rahmenbedingungen wirkt sich also nicht sofort auf
die Diffusionsgeschwindigkeit aus, sondern erst nach einem Zeitverzug. Es ist von einer
erheblichen Persistenz der heutigen Strukturen auszugehen.

9 Perspektiven und Empfehlungen für kleine und mittlere Unternehmen

Die allgemeine Aufregung, die heute in der Wirtschaft herrscht, sobald die Sprache auf das Internet und Electronic Commerce kommt, ist gerechtfertigt. Denn alle vorhanden Erfahrungen weisen darauf hin, dass Electronic Commerce keinen Wirtschaftsakteur unberührt lassen wird. Das bedeutet auch: Kein Unternehmen – sei es auch noch so klein – kann sich auf die ruhige Haut legen. Der Wettbewerbskontext wird in allen Branchen noch härter werden. Gleichzeitig nehmen die Handlungsoptionen durch das Internet zu. Wer die Chancen ergreift, die Electronic Commerce bietet, wird seine Wettbewerbsfähigkeit nachhaltig stärken können. Jedes einzelne (!) Unternehmen muss eine Internet-Strategie haben, wenn es für die Zukunft gerüstet sein will.

Anhand des in der Grafik dargestellten Ablaufmodells für ein Projekt zur Ausschöpfung des eigenen Electronic-Commerce-Potenzials soll im Folgenden aufgezeigt werden, wie ein Unternehmen, das noch nicht über eine Internet-Strategie verfügt, vorgehen sollte.

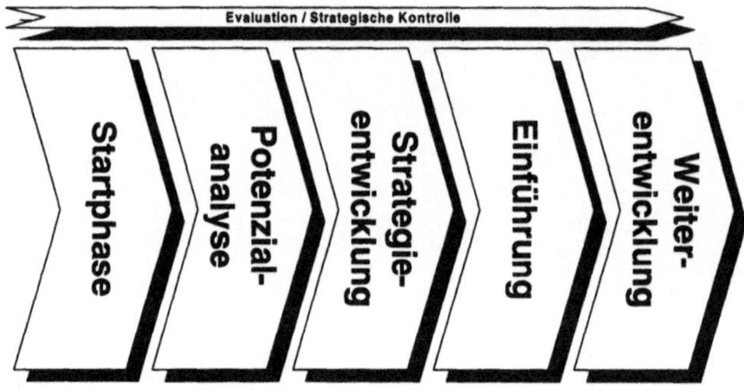

ABB. 69: ABLAUFMODELL FÜR EIN PROJEKT ZUR AUSSCHÖPFUNG DES UNTERNEHMENSSPEZIFISCHEN ELECTRONIC-COMMERCE-POTENZIALS (QUELLE: EMPIRICA, IN ANLEHNUNG AN ZERFAß & HAASIS 1999, S.22)

Startphase

In der Startphase muss neben den üblichen Bestandteilen eines Projektablaufs (Zusammenstellen eines Projektteams, Beraterauswahl etc.) die Festlegung der Ziele des Electronic-Commerce-Engagements erfolgen. Bereits an diesem Punkt entscheidet sich oftmals, ob ein Projekt konkrete Erfolgsaussichten hat. Viele kleine und mittelständische Unternehmen beschäftigen sich nur deshalb mit dem Internet, weil sie hierin eine Selbstverständlichkeit sehen, d.h. einen von außen kommenden Zwang zum Aktivwerden verspüren. Dementsprechend wird das Internet als notwendiges Übel und nicht als Chance begriffen, und es wird oftmals nicht zielführend geplant. Dies ist zu vermeiden, wenn man sich zuerst mit den Gesetzmäßigkeiten des Internets vertraut macht und danach die Chancen des Unternehmens

Gareis / Korte / Deutsch

und dessen Kernkompetenzen in diesem Umfeld betrachtet. Der Zielfindungsprozess sollte von der Geschäftsführung ausgehen und in Abstimmung mit der gesamten Unternehmenssituation und sonstigen strategischen Planungen stattfinden (Reichwald et al. 1996).

Potenzialabschätzung

Die Analyse des Potenzials auf der Grundlage des heutigen Stands der Online-Wirtschaft sowie der abzusehenden Entwicklungen bedarf umfangreichen Know-hows und kann daher die Hinzuziehung eines Beraters notwendig machen. Entsprechend der in Kapitel 3.2.2 diskutierten Eignung von Gütern für bestimmte Formen des Electronic Commerce ist zu hinterfragen, welche Möglichkeiten die Produktpalette für den Online-Handel eröffnet – und unter welchen Umständen diesbezüglich eine Neuabschätzung notwendig würde. Ein Beispiel: Während die Möglichkeiten für die Online-Übertragung von Bewegtbildern etwa für die Produktpräsentation heute noch sehr begrenzt sind, würde sich die Lage bei allgemeiner Verfügbarkeit eines breitbandigen Internet-Zugangs grundsätzlich anders darstellen. Allgemein ist zu überprüfen, ob und welche Produkte aus dem eigenen Angebot (inkl. vermarktungsbegleitende Produkte wie Info-Broschüren etc.) in digitale, online zu vertreibende Informationsprodukte überführt werden könnten.

Neben der praktischen Eignung für die Online-Vermarktung sind insbesondere Änderungen an der Wettbewerbssituation zu prüfen. Dies umfasst eine Analyse der Wettbewerbsbedingungen (Wie sieht der Kundenstamm aus? Wie groß sind die Markteintrittsbarrieren für neue Konkurrenten? Welche Marktstrategien verfolgen die Wettbewerber?) sowie der Abschätzung der Veränderungen durch die Möglichkeiten des Electronic Commerce (Szenario-Betrachtung). Die zentralen Fragen sind in Abb. 70 aufgelistet.

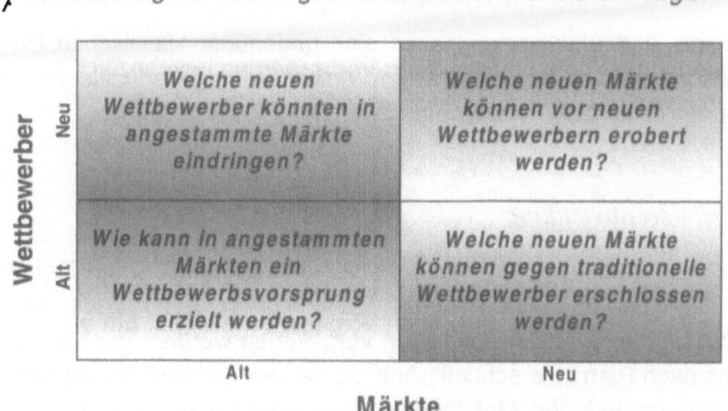

ABB. 70: AUSWIRKUNGEN DES DIGITAL BUSINESS: ZENTRALE FRAGEN (QUELLE: GLANZ & SANDER 1999, S. 8)

Strategie- und Konzeptentwicklung

Ergebnis der Potenzialabschätzung ist die Entwicklung einer Produkt/ Markt-Strategie, d.h. die Entscheidung, ob und welche Produkte auf welchen Märkten abgesetzt (Haasis & Zerfaß 1999) und in welcher Form dabei das Internet als Distributionskanal genutzt werden soll. In dem vorliegenden Bericht wurde an verschiedenen Stellen darauf hingewiesen, welche Bedeutung der Ausrichtung auf den Kundennutzen für die Wettbewerbsfähigkeit zukommt. Eine konsequente Kundenorientierung setzt voraus, das alle Segmente des Wertschöpfungsprozesses hinsichtlich ihres (direkten oder indirekten) Mehrwerts aus Kundensicht hinterfragt werden. Ohne eine Definition von Geschäftsprozessen ist es allerdings kaum möglich, diese zu optimieren. Hier sind also gegebenenfalls entsprechende Vorarbeiten nachzuholen.

In dieser Phase fällt die Entscheidung über das Ausmaß des Internet-Engagements. Es ist durchaus möglich, dass die Potenzialanalyse eine Strategie ratsam macht, welche zunächst auf den Einsatz des Internets für den Vertrieb, also Electronic Commerce im engeren Sinne, verzichtet. Ein solcher Befund muss jedoch auf der Basis einer sorgfältigen Auseinandersetzung mit Möglichkeiten und Grenzen der neuen Technologie erfolgen.

Bei Entscheidung für eine Einführung von Electronic Commerce müssen Art und Weise der technischen Abwicklung des Vorhabens festgelegt werden, also auch Umfang und Ziel einer Kooperation mit einem IT-Partner. Das Spektrum reicht dabei von einem kompletten Outsourcing aller Aktivitäten im Zusammenhang mit der Web-Präsenz bis zu einer weitgehenden Eigenerbringung der notwendigen Leistungen.

Entwicklung und Einführung

Schließlich findet die Umsetzung der Konzepte statt, wobei versucht werden sollte, Kunden und Kooperationspartner an der Bewertung von Testversionen des Systems zu beteiligen.

Die Entwicklungs- und Einführungsphasen sind gegenüber klassischen Projekten oftmals durch Pilotversionen und deren sukzessiven Verbesserung gekennzeichnet. Immer häufiger ersetzen weiterentwickelbare Prototypen aufwendige Feinkonzepte.

Einsatz und Weiterentwicklung

Die schnellebige Internet-Welt verlangt eine ständige Evaluation von Zielgerichtetheit und Performance der eigenen Online-Präsenz. Unbedingt ist darauf zu achten, dass ausreichend investive und personelle Kapazitäten vorgesehen werden, um auch nach Abschluss des Vorhabens nach Plan eine schnelle Anpassung des Systems an aktuelle Erfordernisse, die sich z.B. aus veränderten Marktbedingungen oder neuen technischen Entwicklungen ergeben, gewährleisten zu können. Nichts ist verheerender als ein Electronic-Commerce-System, das nach Implementierung verwahrlost.

Aus dem bereits Genannten lassen sich 10 Grundregeln ableiten, die Leitbild jedes erfolgsversprechenden Electronic-Commerce-Projektes sind:

1. strategische Orientierung

Ohne ein Commitment der Geschäftsführung kann eine Internet-Strategie nicht gelingen, denn sie betrifft über kurz oder lang die Grundfesten der Unternehmenstätigkeit. Benötigt werden eine klare Strategie mit ehrgeizigen, aber realistischen Zielen und messbaren Erfolgskriterien (vgl. Roland Berger 1999; Chappell & Feindt 1999).

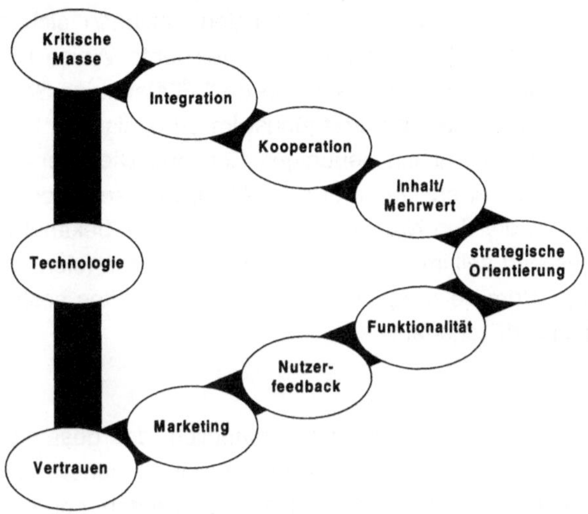

ABB. 71: DER ELECTRONIC-COMMERCE-PFEIL: 10 GRUNDREGELN FÜR EIN ERFOLGREICHES ELECTRONIC-COMMERCE-SYSTEM (QUELLE: EMPIRICA)

Gleichzeitig ist ein langer Atem gefragt – die Implementierung eines geeigneten Electronic-Commerce-Systems ist kostenintensiv, erwirtschaftet jedoch in der Regel erst in der mittleren Frist eine angemessene Rendite. Dies bedeutet, dass nicht die gleichen Amortisationskriterien angelegt werden sollten (und können!) wie bei herkömmlichen Investitionsprojekten – auch weil die exakten Bedingungen und der Umfang, mit dem in Zukunft mit Electronic Commerce Geld verdient werden kann, noch im Dunkeln liegen. Trotzdem sind Investitionen schon heute vonnöten, da in der Gegenwart Know-how in der Internet-Wirtschaft aufgebaut werden muss, das dringend benötigt wird, um in Zukunft noch konkurrenzfähig zu sein. Ohne Risikobereitschaft begibt sich ein Unternehmen heute mehr denn je in die Gefahr, schon morgen obsolet zu sein.

2. Integration

Anzustreben ist eine möglichst vollständige Integration der Front-end-Anwendungen (Website) untereinander (z.B. Zugang über Call Center und Internet) und mit den dahinterliegenden Geschäftsprozessen im Bereich Logistik, Kundendienst und operative Systeme (z.B. Warenwirtschaftssysteme), Buchführung und Controlling. Medienbrüche sind zu vermeiden bzw. sukzessive abzubauen. Wenn die Internet-Aktivitäten, wie bei kleinen und mittelständischen Unternehmen üblich, als Add-on an die bestehenden Geschäftsabläufe angelagert werden, können die entscheidenden Effizienzsteigerungs- und Qualitätspotenziale nicht realisiert werden; Enttäuschungen sind vorprogrammiert.

Integration auf der operativen Ebene meint jedoch auch die Abstimmung der Online-Vermarktung mit anderen bestehenden oder noch zu schaffenden Distributionskanälen (Ladengeschäft, Versandhandel über Katalog, Telefon, Mobiltelefon, Interactive TV etc.). Aufgrund des derzeit noch begrenzten Kreises an potenziellen Nutzern, die über das Internet erreicht werden können, ist z.B. zu empfehlen, eine zumindest zweigleisige Strategie unter Hinzuziehung eines Call-Centers ("Tandem-Zugang") zu fahren (Kollmann 1999a). Andere, erfolgreiche Electronic-Commerce-Strategien zeichnen sich dadurch aus, dass Online- und ladengeschäftsbasierter Handel auf intelligente Weise miteinander verknüpft werden (Negelmann 1999). Als Beispiel kann hier die US-stämmige Spielzeug-Handelskette ToysInternational genannt werden, die erst jüngst im europäischen Markt Fuß gefasst hat (Bovensiepen 1999). Sie verfolgt ein neuartiges Konzept: Die (wenigen) Ladengeschäfte werden an Toplagen in den Innenstädten großer Metropolen angesiedelt und dienen primär als Touristenattraktionen, die den Namen des Unternehmens bekannt machen sollen. Das eigentliche Massengeschäft soll im Internet abgewickelt werden (siehe auch Brull (1999) für das Beispiel Gateway). Primäre Aufgabe eines Ladengeschäftes sollte es sein, Vertrauen durch physische Präsenz zu schaffen.

3. Kooperation

In der schnelllebigen Welt des Internet ist es unmöglich, das gesamte für ein Webauftritt erforderliche Know-how im eigenen Unternehmen parat zu haben. Kooperationen sollten allerdings nicht nur mit Technik-Providern eingegangen werden, sondern auf einer strategischen Ebene mit Partnern aus der eigenen und benachbarten Branchen, um das Angebot aus Kundensicht attraktiver zu machen. Der Trend geht in Richtung multifunktionaler, Multi-Content-Sites, für die sich mehrere Branchenplayer zusammentun. Kooperationen im Bereich Werbung und Verbundabsatz dienen der Finanzierung.

4. Inhalt/Mehrwert

Das Webangebot muss dem Kunden einen Zusatznutzen gegenüber alternativen Angeboten (anderer Website-Betreiber oder herkömmlicher Distributionskanäle) verschaffen – welcher Art auch immer. Erwogen werden können z.B.: Preisvorteile, ein Mehr an Bequemlichkeit, besserer Service und größere Aktualität etwa über Echtzeit-Datenbankzugriff. Dies gilt auch und insbesondere, wenn das Web-Engagement auf eine defensive Strategie zurückgeht, also die Verteidigung des Marktanteils gegenüber Internet-Start-ups.

Dabei ist zu berücksichtigen, dass der stationäre Handel aus Kundensicht über eine Reihe von Vorteilen verfügt, die zu entschärfen spezielle Anstrengungen vom Internet-Händler verlangt. Dazu gehören die Möglichkeit zu Rückgabe und Umtausch der Ware bei Nichtgefallen (Margherio 1998). Im Business-to-Business-Handel mit hochwertigen Gütern sollte unbedingt der Eindruck vermieden werden, dass der Anbieter den Face-to-Face-Kontakt mit dem Kunden – etwa aus Kostengründen – meidet. Wenn der Kunde zusätzlich zur Online-Interaktion ein persönliches Gespräch oder eine Begutachtung der Ware vor Kauf wünscht, so muss dies möglich sein.

　　　　　　　　　　　　　　　　　　　　　　　　Gareis / Korte / Deutsch

5. Kritische Masse

Ziel muss es ein, die Kundenloyalität, die aufgrund des geringen Aufwands für den Wechsel eines Anbieters/ Zulieferers gefährdet ist, zu stärken. Hierzu sind geeignete Maßnahmen zu erwägen. Die Schaffung eines Mehrwerts für den Kunden leidet jedoch unter der leichten Imitierbarkeit innovativer Anwendungsideen im Internet: Gute Einfälle werden sofort von den Wettbewerbern aufgegriffen und in ihr eigenes Angebot integriert, so dass ein Abheben aus der Masse schwer fällt.

Anders sieht es jedoch aus bei solchen Funktionen, die sich erst mit einer hohen Zahl an Nutzern realisieren lassen, bei denen also Netzwerkeffekte zum Tragen kommen (siehe 7.1). Hier gilt das Gesetz der kritischen Masse, d.h.: Je mehr Nutzer gewonnen sind, desto größer ist der Mehrwert des Angebots gegenüber alternativen Optionen und desto leichter fällt es daher, weitere Nutzer zu gewinnen. Z.B. versucht Amazon seine große Kundenzahl zu einem dauerhaften Wettbewerbsvorteil auszubauen, indem die Kunden dazu animiert werden, Empfehlungen und Kommentare zu ihnen bekannten Produkten zu verfassen und auf der Website des Internet-Versandhändlers zugänglich zu machen. Auch für den Aufbau von Vertrauen ist eine kritische Zahl von Nutzern, übersetzt in einen hohen Bekanntheitsgrad der Marke, von essentieller Bedeutung.

Der Reiz einer wiederholten Nutzung kann auch künstlich erhöht werden, indem das Prinzip der Vielfliegerprogramme angewandt wird (Zerdick et al. 1999). Auf vielen Auktions-Websites erhalten private Verkäufer, die eine Transaktion zur Zufriedenheit aller Beteiligten abgeschlossen haben, Vertrauenspunkte (z.B. Ebay, Ehammer, Ricardo). Je mehr solcher Punkte ein Verkäufer gesammelt hat, desto leichter fällt es ihm bei zukünftigen Auktionen, potenzielle Abnehmer von der eigenen Zuverlässigkeit zu überzeugen.

6. Funktionalität

Beim Design der Internet-Anwendungen, also der Website mit allen dahinterliegenden Funktionalitäten, ist höchsten Wert auf eine klare Strukturierung und Benutzerfreundlichkeit zu legen. Die Benutzerfreundlichkeit von Websites leidet heute noch vor allem an einer (bei den vorherrschenden schmalbandigen Internet-Zugängen) zu geringen Geschwindigkeit des Seitenaufbaus. Laut einer Befragung der Boston Consulting Group (2000) erwartet der durchschnittliche Internet-Nutzer, dass sich eine Webpage spätestens nach 13 Sekunden aufgebaut hat. Länger als 6 Minuten sollte es nicht dauern, bis der Kunde das von ihm erwünschte Produkt gefunden hat und die eigentliche Bestellung sollte nach weiteren maximal viereinhalb Minuten abgeschlossen sein. Die Mehrheit der heutigen Electronic-Commerce-Angebote im Internet erfüllen diese Kriterien nicht.

Aber nicht nur die Website muss funktional sein, sondern auch die dahinterliegenden Back-Office-Geschäftsprozesse. Empirische Analysen von Websites (z.B. Kröger 1998; EU Commission 1999) kommen immer wieder zu dem Ergebnis, dass E-Mails nicht schnell genug oder gar nicht beantwortet werden. Wer so mit seinen Kunden umgeht, ist noch nicht reif für Electronic Commerce.

7.   Nutzerfeedback

Internet-Anbieter verfügen über einen wesentlichen Vorteil gegenüber den Unternehmen, die über die herkömmlichen Distributionskanäle vermarkten: Die Möglichkeit zur einfachen und unkomplizierten Interaktion mit den Kunden über E-Mail und interaktive Webpages (Formulare). Gerade angesichts des hohen Stellenwerts der Funktionalität von Websites sind Internet-Anbieter gut beraten, die Nutzer zu kritischem Feedback zu animieren und Strukturen aufzubauen, über die derartige Rückmeldungen automatisch in die Weiterentwicklung des Angebots einfließen können. Ebenso sind geeignete Tools anzuwenden, um die Nutzerbewegungen auf der Website automatisch zu erfassen und auf Hinweise über deren Nutzerfreundlichkeit auszuwerten.

In der Software-Branche ist es üblich, dass von neuen Programmen zunächst Beta-Versionen produziert werden, die noch intensiv getestet werden müssen, bevor sie einwandfrei funktionsfähig sind. An diesen Tests werden die Kunden selbst beteiligt – sie können sich die entsprechenden Versionen von den Websites der Hersteller herunterladen und werden dann gebeten, alle „Bugs" (Fehler) zu dokumentieren und an den Programmierer zu übermitteln. Ohne die Beteiligung der Kunden würde die Software-Entwicklung nicht in dem Tempo vonstatten gehen können, das heute üblich ist. Eine solche Beteiligung der Kunden an der Produktentwicklung stellt einen interessanten Ansatz dar, dessen Machbarkeit auch in anderen Branchen, die mit digitalen Informationsprodukten handeln, eruiert werden sollte.

8.   Marketing

Wer auf einem weltweiten Marktplatz wahrgenommen werden will, muss sehr laut schreien. Hierzu ist ein stringentes Marketingkonzept zu erstellen, zu dem auch die Bewerbung der Webpräsenz in den traditionellen Medien gehört. Potenziale, die durch Webpräsenz erzeugten Kundendaten zur Kundenbedarfs- und -verhaltensanalyse zu verwenden, sind zu ermitteln und gegebenenfalls zur Personifzierung des Angebots einzusetzen (siehe Green 1999).

9.   Vertrauen

Mehr als bei traditionellen Handelsformen mit Face-to-Face-Kontakt zwischen den Beteiligen stellt Vertrauen im Online-Business die Voraussetzung für ein erfolgreiches Agieren am Markt dar. Laut einer Studie der Marktforscher Forrester (2000b) ist das Vertrauen, welches Internet-Nutzer in bestimmte Angebote im Netz haben, entscheidend dafür, ob sie sich im Einzelfall für eine oder gegen die Durchführung eines Transaktion entscheiden. Die Ereignisse in den letzten Monaten haben deutlich vor Augen geführt, dass Website-Betreiber noch bei weitem nicht genug unternehmen, um Vertrauen zu schaffen und den Konsumenten ein „gutes Gefühl" beim Online-Shoppingbummel zu geben (Cheskin Research et al. 1999).

Folgende Grundregeln für den Datenschutz sind daher unbedingt einzuhalten (vgl. Wildstrom 2000):

- keine Weitergabe personenbezogener Daten an Dritte ohne ausdrückliche Zustimmung des Betroffenen;

- Bereitstellung der Möglichkeit, die über die eigene Person gesammelten Daten einsehen und ändern zu können;

- Gewährung der Option, das Sammeln von Daten über die eigene Person über das für die unmittelbare Transaktion (z.B. Auftrag) hinausgehende Maß zu unterbinden;

- Unterlassung jeglichen heimlichen Datensammelns, d.h. dort, wo dies vom Nutzer nicht vermutet wird, wenn diese mit personenbezogenen Daten in Verbindung gebracht werden könnten.

Vertrauen schaffen bedeutet darüber hinaus, dass dem Kunden verschiedene Optionen für die Abwicklung der Transaktion gegeben werden – auch solche, die aus Anbietersicht nachteilhaft sind (Nachnahme, Rechnung). Es ist besser, diesen Aufwand auf sich zu nehmen und auf diese Weise einen Kunden zu gewinnen, als ihn an die Konkurrenz zu verlieren – denn bisherige Erfahrungen zeigen, dass Kunden, sobald sie eine größere Vertrautheit mit Electronic Commerce erreicht haben, zu einem späteren Zeitpunkt auf Zahlung per Kreditkarte überwechseln.

Am leichtesten fällt das Vermitteln von Vertrauen solchen Unternehmen, die bereits über einen hohen Bekanntheitsgrad in der „physischen" Wirtschaft verfügen. Etablierte Markennamen können auch dazu eingesetzt werden, Vertrauen in einen bisher unbekannten Anbieter zu schaffen, z.B. indem Partnerschaften abgeschlossen werden, bei denen das bekannte Unternehmen mit seinem Namen für einen unbekannten Anbieter bürgt („Endorsement"). Das kann in Form von Shopping Malls geschehen, bei denen alle vertretenen Anbieter einer strikten Qualitätskontrolle unterzogen werden (vgl. auch die Darstellung des Praxisbeispiels Vivendo auf der Website zum Buch unter www.empirica.com/ec-studie).

10. Technologie

Für alle der bisher genannten Regeln gilt, dass ihnen nur bei Wahl der richtigen (d.h. zieladäquaten) Technologie entsprochen werden kann. Wichtig sind hierbei insbesondere die Kompatibilität mit den eigenen Systemen sowie mit den Geschäftspartnern. Darüber hinaus befindet sich jedes Unternehmen in seiner Eigenschaft als Bestandteil von Wertschöpfungsketten auch in einer Abhängigkeit von der technischen Ausstattung seiner Kooperationspartner (Zulieferer oder Kunden). Eventuell kann es sich als notwendig erweisen, diese von bestimmten Standards zu überzeugen, um selbst von den Vorteilen einer neuen Technologie profitieren zu können – denn ansonsten kann es passieren, dass die digitale Wertschöpfungsskette an einigen Stellen unterbrochen ist und damit nur einen Bruchteil der Effizienzpotenziale wahrgenommen werden können.

Besonders hohe Anforderungen stellt Supply Chain Management an die beteiligten Unternehmen: Während z.B. die Implementierung von ERP nur die Optimierung der internen Funktionen und Abläufe (Back Office) betraf und die Zulieferer und Kunden (Front Office) nur indirekt tangierte, sollen bei Supply Chain Management die Schnittstellen zur Außenwelt optimiert werden. Bei einem Misslingen sind sofort und direkt Kunden betroffen, d.h. die Außendarstellung und damit die Reputation des Unternehmens stehen auf dem Spiel. Die gewählte Technologie muss deshalb optimal auf die Zielsetzung der Implementierung und die internen Geschäftsprozesse abgestimmt werden.

ANHANG

A. Nutzungs- und Potenzial-Index für Electronic Commerce

Im folgenden werden mit dem E-Commerce-Index (Nutzungs-Index) und dem Potenzial-Index zwei Indizes gebildet, die sich hinsichtlich ihrer Zielsetzung wie folgt unterscheiden:

- Beim **E-Commerce-Index** handelt es sich um einen Nutzungs-Index. Dieser basiert im wesentlichen auf Daten, die im Rahmen der ECaTT-Untersuchung erhoben wurden, und stellt somit eine Art Zusammenfassung der Ergebnisse dieser Benchmarking-Studie dar. Der Index gibt Antwort auf die Frage, wie weit fortgeschritten die Electronic Commerce Nutzung in Betrieben und Bevölkerung der jeweiligen Länder ist.

- Ergänzend hierzu wird mit dem **Potenzial-Index** ein zweiter Index gebildet, der das mittelfristig (langfristig ist alles veränderbar) konstante bzw. unveränderliche Potenzial für Electronic Commerce in den untersuchten Ländern darstellt. Hierbei bleiben Interesse bzw. Willensbildung der Beteiligten (Bevölkerung; Entscheidungsträger in Betrieben) unberücksichtigt: Existenz und Ausmaß einer „Barriere in den Köpfen" werden also ausgeblendet. Zielsetzung des Potenzial-Index ist aufzuzeigen, was mittelfristig vom Potenzial her prinzipiell machbar wäre.

Jeder Index besteht aus mehreren Sub-Indizes, die wiederum aus verschiedenen Indikatoren zusammengesetzt sind. Bei der Index-Bildung werden jeweils die Werte der sieben untersuchten Länder zueinander in Beziehung gesetzt. Das Land mit der stärksten Verbreitung bzw. dem Spitzenwert erhält jeweils den Wert 100, alle anderen den jeweiligen Anteil.

Bei der Datenauswahl sind Erhebungen, die alle beteiligten Länder (auch inkl. USA) abdekken, gegenüber Einzelerhebungen pro Land vorzuziehen, da hier die Vergleichbarkeit hinsichtlich verwendeter Methode, Operationalisierung und Zeitpunkt der Erhebung besser gewährleistet ist. Da es aber primär auf die Länderrelation ankommt, ist die Aktualität der Zahlen nicht ausschlaggebend (wenn man von ähnlichen Entwicklungstendenzen in den Ländern ausgehen kann). Dennoch wurde viel Wert darauf gelegt möglichst aktuelle Daten zu verwenden.

Insbesondere bei internationalen Vergleichen besteht die Problematik, dass vergleichbare Daten nicht immer verfügbar sind. Auch konnte die ECaTT GPS Erhebung in den USA leider nicht durchgeführt werden. In wenigen Fällen mussten daher die USA-Werte aus anderen Untersuchungen bzw. Quellen bezogen oder abgeschätzt werden.

Indikatoren können immer nur eine Näherung an die Verhältnisse bieten, die tatsächlich betrachtet werden sollen. Da der Anteil eines einzelnen Indikators am Gesamt-Index recht gering ist, kann über gewisse Ungereimtheiten im Einzelfall hinweg gesehen werden. Dennoch muss klar sein, dass es sich gewissermaßen um einen Entwurf eines Indexes handelt, den es in Zukunft weiter zu entwickeln gilt.

Im vorliegenden Kapitel wird die Herleitung der beiden Indizes näher beschrieben sowie die jeweiligen Ergebnisse kurz erläutert und gegenübergestellt.

Herleitung des E-Commerce-Index

Der E-Commerce-Index zeigt die derzeitige Verbreitung des Electronic Commerce in den untersuchten Ländern auf. In den Gesamt-Index gehen vier Sub-Indizes mit dem jeweils gleichen Gewicht ein:

- Internet-Infrastruktur

- Internet-Zugang

- Electronic Commerce Angebot der Betriebe

- Electronic Commerce Nachfrage von Betrieben und Bevölkerung

Der Bereich Electronic-Commerce-Angebot bezieht sich allein auf B2B, Internet-Zugang und Electronic Commerce Nachfrage sowohl auf B2B als auch auf B2C.

Alle Sub-Indizes setzen sich wiederum aus mehreren Indikatoren zusammen. Die jeweilige Zusammensetzung zeigt folgende Übersicht:

Variable	Indikator	Datenquelle
1. Internet-Infrastruktur		
Internet-Hosts	Internet-Hosts pro 1000 Einwohner 1999	BITKOM 2000
2. Internet-Zugang		
Betriebe als Internet-Nutzer	Anteil der Betriebe mit Internet-Anschluss 1999	ECaTT DMS (empirica 1999)
Betriebe mit Internet-Präsenz	Anteil der Betriebe mit Präsenz im Internet (insb. Website) 1999	ECaTT DMS (empirica 1999)
Personen als Internet-Nutzer	Anteil der Personen an der Bevölkerung, die regelmäßig das Internet nutzen 1999	ECaTT GPS (empirica 1999); USA geschätzt, siehe auch: Nua Ltd.; Price Waterhouse; BITKOM
3. Electronic Commerce Angebot		
Werbung und Marketing im Internet	Anteil der Betriebe mit Werbung und Marketing im Internet 1999	ECaTT DMS (empirica 1999)
Online-Vertrieb	Anteil der Betriebe mit Online-Vertrieb 1999	ECaTT DMS (empirica 1999)
Online-Datenaustausch	Anteil der Betriebe mit Online-Datenaustausch mit Zulieferern und Geschäftskunden 1999	ECaTT DMS (empirica 1999)
4. Electronic Commerce Nachfrage		
Beschaffung/ Einkauf im Internet durch Betriebe	Anteil der Betriebe mit Online-Einkauf/ Beschaffung 1999	ECaTT DMS (empirica 1999)
Online-Shopping	Anteil der Personen an der Bevölkerung, die regelmäßig im Internet einkaufen 1999	ECaTT GPS (empirica 1999); USA: Forrester Research, Inc.
Online-Banking	Anteil der Personen an der Bevölkerung, die regelmäßig Online Banking betreiben 1999	ECaTT GPS (empirica 1999); USA: eMarketer

TAB. 30: E-COMMERCE-NUTZUNGS-INDEX: LISTE DER INDIKATOREN, DEREN OPERATIONALISIERUNG UND DATENQUELLEN

Erläuterung der einzelnen Indikatoren

1. Internet-Infrastruktur

Der Sub-Index Internet-Infrastruktur besteht nur aus einem Parameter: der Anzahl der Internet-Hosts pro 1000 Einwohner. Eine Ergänzung wäre prinzipiell die Anzahl der angebotenen Websites. Allerdings liegen für die USA hierzu keine Informationen vor.

1.1 Internet-Hosts

Ein wichtiger Indikator für den Diffusionsgrad von Electronic Commerce in einer Volkswirtschaft ist die Zahl der Internet-Hosts bezogen auf die Einwohnerzahl. Die Anzahl der Internet-Hosts gibt an, wieviel Computer dauerhaft an das Internet angeschlossen sind. Gezählt werden Domain Namen mit IP Adresse einschließlich Generic Top Level Domain. Die Häufigkeit ihrer Verbreitung gibt Auskunft über den Umfang der im Internet angebotenen Informationen. Die statistischen Angaben (aus dem Jahr 1999) entstammen dem aktuellen Bericht „Wege in die Informationsgesellschaft" des Fachverbandes BITKOM.

2. Internet-Zugang

Der Sub-Index Internet-Zugang setzt sich aus insgesamt drei Indikatoren zusammen:

2.1 Internet-Nutzer unter den Betrieben

Aus der empirica-Betriebsstättenbefragung (DMS) in ECaTT werden zwei Variablen für den Sub-Index Internet-Zugang herangezogen. Einer davon ist der Anteil der Betriebe, die Zugang zum Internet haben. Mit diesem Indikator werden auch diejenigen Betriebe abgedeckt, die nur im Internet recherchieren (neben denen, die mit eigenem Angebot präsent sind sowie Beschaffungsmaßnahmen durchführen bzw. einkaufen).

2.2 Betriebe mit Internet-Präsenz

Als weiterer Indikator aus der Betriebsstättenbefragung wird der Anteil der Betriebe verwendet, die bereits im Netz präsent sind. Die Internetpräsenz erfolgt i.d.R in Form einer eigenen Website. Andere Möglichkeiten sind beispielsweise ein Standort in einer anbieterübergreifenden Mall oder der Eintrag in einem elektronischen Branchenregister. Die notwendigen Daten stellt – wie erwähnt – die ECaTT DMS Erhebung bereit.

2.3 Internet-Nutzer in der Bevölkerung

Auf Seiten der Endverbraucher ist weniger deren aktive Internet-Präsenz von Bedeutung, z.B. in Form einer eigenen Website, als der Anteil der Personen, die regelmäßig das Internet nutzen. Aktuelle Daten für Europa liefert die ECaTT Bevölkerungsbefragung (GPS). Für die USA muss ersatzweise auf der Basis anderer Quellen eine hinsichtlich Definition, Operationalisierung und Zeitpunkt korrespondierende Zahl abgeschätzt werden. Der ermittelte Wert liegt nahe beim Spitzenreiter Finnland und deutlich über dem Verbreitungsgrad in den vier großen europäischen Ländern.

3. Electronic Commerce Angebot

Beim Sub-Index Electronic Commerce Angebot wird nach den unterschiedlichen Zwecken differenziert, die die Betriebe mit ihrer Internet-Präsenz verfolgen. Unterschieden werden die drei Aspekte Werbung und Marketing, Online-Vertrieb sowie der Datenaustausch mit Zulieferern und Geschäftskunden. Für dieses Themenfeld können alle notwendigen Daten aus der ECaTT Betriebsstättenbefragung herangezogen werden.

3.1 Werbung und Marketing im Internet

Für viele Unternehmen ist der erste Schritt im Zusammenhang mit ihrer Präsentation im Internet die Bereitstellung von Informationen zu Werbe- und Marketingzwecken. Als Indikator verwenden wir den Anteil der Betriebe, die bereits das Internet als Marketingwerkzeug bzw. für Werbezwecke nutzen.

3.2 Online-Vertrieb

Ein weiterer zu verwendender Indikator ist der Anteil der Betriebe mit Online-Vertrieb. Hierunter wird sowohl der Verkauf von Waren und Dienstleistungen mittels Internet als auch der Vertrieb von kostenpflichtigen Informationen über das neue Medium verstanden. Es ist abzusehen, dass der Online-Vertrieb zu einem wesentlichen Vertriebsweg für viele Betriebe werden wird.

3.3 Online-Datenaustausch

Als dritte Internet-Anwendung geht der Datenaustausch mit Partnern in der Wertschöpfungskette in den Index ein. Verwendet wird der Anteil der Betriebe aus den jeweiligen Ländern, die bereits online Daten austauschen.

4. Electronic Commerce Nachfrage

4.1 Beschaffung/ Einkauf im Internet

Betriebe machen auch als Nachfrager von Waren und Dienstleistungen Gebrauch vom Internet. Ein wichtiger Indikator für die Electronic Commerce Nachfrage ist daher der Anteil der Betriebe, die bereits Online-Dienste für die Beschaffung von Vorprodukten, Produktionsmitteln und Dienstleistungen nutzen. Auch hierzu können als Datenquelle die ECaTT DMS Befragungsergebnisse verwendet werden.

4.2 Online-Shopping

Nicht minder bedeutsam ist der Verkauf von Produkten und Dienstleistungen an Endkunden über das Internet bzw. Online-Dienste. Die entsprechenden Daten für Europa liefert die im Rahmen von ECaTT durchgeführte paneuropäische Bevölkerungsbefragung (GPS), wobei nur diejenigen berücksichtigt werden, die regelmäßig im Internet Einkäufe tätigen. Da in den USA keine Befragung der Bevölkerung durchgeführt wurde, müssen die entsprechenden Daten aus anderen Quellen bezogen werden. Mit dem verwendeten Wert für die USA, der sich auf Haushalte und das Jahr 1999 bezieht (Forrester Research) wird der Tatsache Rechnung getragen, dass Online-Shopping in den USA deutlich stärker verbreitet ist als in Europa.

4.3 Online-Banking

Neben dem Online-Shopping ist Online-Banking die zweite große Anwendung des Electronic Commerce seitens der Bevölkerung. Als Quelle für die europäischen Länder kann wiederum die ECaTT-GPS-Befragung dienen. Wie schon beim Online-Shopping werden hier ebenfalls nur diejenigen berücksichtigt, die regelmäßig im Internet Bankgeschäfte durchführen. Bzgl. der Nutzerzahlen für Online-Banking in den USA gilt das gleiche wie beim Online Shopping. Ersatzweise verwenden wir die Daten einer amerikanischen Quelle (eMarketer 1999), die für 1999 den Anteil von Haushalten angibt, die Online-Banking betreiben. Der verwendete Wert erscheint als plausibel, da Online-Banking in den USA nicht so stark verbreitet ist wie in den europäischen Vorreiterländern.

Herleitung des Potenzial-Index

Der Potenzial-Index soll die Möglichkeiten für Electronic Commerce in den Ländern aufzeigen. Es werden möglichst alle Faktoren herausgelassen, die sich im Zeitablauf schnell ändern können. Der Potenzial-Index setzt sich aus folgenden fünf Sub-Indizes zusammen:

- persönliche Präferenzen

- Bildungsstand/ Medienkompetenz

- Wirtschaftsstruktur/ Verflechtungen in der Wirtschaft

- technische Infrastruktur

- Auslieferungsbedingungen.

Verzichtet wird auf Indikatoren, die Preise oder Tarife beinhalten, weil diese – wie gerade in Deutschland die Beispiele Ferngespräche, Internetzugang und Mobilfunk zeigen – in kurzer Zeit infolge ordnungspolitischer Maßnahmen starken Veränderungen unterworfen sind.

Zudem gehen ordnungspolitische Unterschiede, Verfügbarkeit von Venture Capital, politische Maßnahmen, etc. nicht in den Potenzial-Index ein. Sie sind relativ kurzfristig veränderbar und gerade die Erklärung für die Unterschiede zwischen Potenzial und derzeitiger Nutzung.

Der Sub-Index Wirtschaftsstruktur/ Verflechtungen in der Wirtschaft bezieht sich allein auf B2B, persönliche Präferenzen und Bildungsstand hingegen nur auf B2C und alle weiteren sowohl auf B2B als auch B2C.

Alle fünf ausgewählten Sub-Indizes werden gleichwertig behandelt, d.h. sie gehen mit jeweils 20% in den Gesamt-Index ein.

Pro Sub-Index wurden mehrere Indikatoren gesucht. Nachfolgende Auflistung gibt einen Überblick:

Variable	Indikator	Datenquelle
1. persönliche Präferenzen		
Versandhandel	Umsatz im Versandhandel in Relation zum Bruttosozialprodukt 1996	Bundesverband des deutschen Versandhandels; eigene Berechnungen
bargeldloser Zahlungsverkehr	Anzahl der Eurocard/ Mastercard Kreditkarten pro 100 Einwohner 1999	Eurocard/ Mastercard; eigene Berechnungen
Medienakzeptanz/ TV-Konsum	durchschnittliche Fernsehdauer pro Tag 1996	Media Archiv
2. Bildungsstand/ Medienkompetenz		
PC-Kenntnisse	Anzahl der PC pro 100 Einwohner 1999	BITKOM 2000
englische Sprachkenntnisse	Anteil der Bevölkerung mit Englisch-Sprachkenntnissen 1995	Eurostat Jahrbuch 98/99
allgemeiner Bildungsstand	Anteil der 25-64-jährigen mit mindestens Bildungsniveau obere Sekundarstufe 2 in 1996	OECD Science, Technology and Industry Scoreboard 1999
3. Wirtschaftsstruktur/ Verflechtungen in der Wirtschaft		
unternehmensbezogene Dienstleistungen	Anteil des Erwerbstätigen im Sektor Finanzen und unternehmensbezogene Dienstleistungen 1996	European Commission: Employment in Europe 1997; US Census Bureau; eigene Berechnungen
Güterverkehrsleistungen	Inlands-Gütertransport (in Tonnenkilometer) bezogen auf das Bruttosozialprodukt 1995	OECD; eigene Berechnungen
Exportquote	Export bezogen auf das Bruttosozialprodukt 1997	IW; eigene Berechnungen
4. technische Infrastruktur		
Investitionen in die TK-Infrastruktur	Summe der Investition in öffentliche und private Telekommunikations-Ausrüstungen in 1996-2000	EITO 1997, 1998, 1999; eigene Berechnungen
Verfügbarkeit von Breitband-Anschlüssen	Anteil anschließbarer Haushalte an das Breitbandkabelnetz 1999	The Inside Cable & Telecoms Europe Datafiles Oct. 99; eigene Berechnungen
ISDN Verfügbarkeit	Anzahl der ISDN-Anschlüsse pro 100 Einwohner 1997	OECD Communications Outlook 1999; eigene Berechnungen
5. Bedingungen für Auslieferungen		
Verstädterungsgrad	Anteil der städtischen Bevölkerung 1997	FWA 2000
Servicequalität der Post/ Postzustellungsfristen	Anteil der Briefe, die am Folgetag den Adressaten erreichen 1996/97	CTcon 1998; USA geschätzt, siehe auch: US Postal Service

TAB. 31: POTENZIAL-INDEX: LISTE DER INDIKATOREN, DEREN OPERATIONALISIERUNG UND DATENQUELLEN

Erläuterung der einzelnen Indikatoren

1. Persönliche Präferenzen

In den Sub-Index persönliche Präferenzen gehen mit dem Versandhandel, dem bargeldlosen Zahlungsverkehr und dem täglichen TV-Konsum drei Parameter ein.

1.1 Umsatz im Versandhandel

Eine traditionelle Handelsform, die hinsichtlich Produktinformation, Bestellvorgang und Auslieferung gewisse Ähnlichkeiten mit Electronic Commerce hat, ist der Versandhandel. Es kann angenommen werden, dass die Bevölkerung in Ländern, in denen der Versandhandel eine besondere Rolle spielt, auch für den elektronischen Einkauf im Internet aufgeschlossener ist. Als Indikator wird der Umsatz im Versandhandel bezogen auf das jeweilige Bruttosozialprodukt verwendet. Diese Variable wird gegenüber dem Pro-Kopf-Umsatz bevorzugt, weil weniger die Höhe des Umsatzes interessiert als der Anteil der Güter, die per Versandhandel gekauft werden.

1.2 Verbreitung des bargeldlosen Zahlungsverkehrs

Die Praxis des bargeldlosen Zahlungsverkehrs erleichtert den Kauf von Produkten und Dienstleistungen bei Anbietern im Internet. Die Verwendung von Kreditkarten steht zudem in gewissem Maße für die Risikobereitschaft der Nutzer. Als Indikator wird der Anteil der Kreditkartennutzer an der Bevölkerung gemessen. Hierfür stehen uns nach Ländern differenzierte Daten eines führenden Kreditkartenanbieters (Eurocard/ Mastercard) zur Verfügung. Zusammen mit VISA bietet Eurocard/ Mastercard europaweit mit Abstand die meisten Akzeptanzstellen.

1.3 TV-Konsum

Als Indikator für die generelle Medienakzeptanz kann die Fernsehdauer pro Tag herangezogen werden. Als Datenquelle fungiert das Media Trend Journal 1998 und 1997. Die verwendeten Daten beziehen sich auf 1997. Die Ausnahme hiervon sind Finnland und die Niederlande, wo die verfügbaren Daten ein Jahr älter sind.

2. Bildungsstand/ Medienkompetenz

Der Einkauf im Internet setzt – zumindest derzeit noch – gewisse persönliche Fähigkeiten voraus, die sich nicht kurzfristig aneignen lassen. Mit der PC-Verbreitung, den Englisch-Kenntnissen und dem allgemeinen Bildungsniveau werden drei Parameter berücksichtigt.

2.1 PC-Nutzung

Voraussetzung für Electronic Commerce sind das Vorhandensein einer gewissen Medienkompetenz und von Erfahrungen im Umgang mit PCs seitens der potenziellen Kunden. Als Indikator wird die PC-Versorgung verwendet. Dahinter steckt die Annahme: Um so stärker die Verbreitung der Computer-Hardware, desto größer sind die diesbezüglichen Nutzererfahrungen in der Bevölkerung. Als einheitliche Quelle für alle Länder werden die Angaben aus BITKOM für 1999 verwendet.

                                                    Gareis / Korte / Deutsch

Auch wenn es zahlreiche Angebote auch in den jeweiligen Landessprachen gibt, ist Englisch im Internet nach wie vor die dominierende Sprache. Darüber hinaus sind viele Hilfsprogramme, Fehlermeldungen etc. in englisch verfasst, wie überhaupt Kenntnisse der englischen Sprache das Zurechtkommen mit der Computerterminologie merklich erleichtert. Daher wurde als weiterer Indikator der Anteil der Bevölkerung verwendet, der des Englischen mächtig ist. Herangezogen wurden die Daten des Eurobarometer, der den Anteil der Bevölkerung erfasst, die eine Sprache (in diesem Fall englisch) ausreichend beherrschen, um an einer Unterhaltung teilnehmen zu können. Für die Länder mit der Muttersprache Englisch, also Großbritannien und die USA, wurde der Anteil der Bevölkerung jeweils gleich 100% gesetzt.

2.3 Allgemeines Bildungsniveau/ Schulbildung

Internationale Vergleiche des Bildungsniveaus sind schwierig zu treffen. Verwendet werden Angaben aus dem OECD Science, Technology and Industry Scoreboard, in dem der Anteil der Bevölkerung im Alter von 25 bis 64 angegeben wird, der wenigsten über einen Abschluss der Sekundarstufe II verfügt. Die Sekundarstufe II entspricht ISCED 3 (internationale Standardklassifikation für das Bildungswesen), worunter in Deutschland die allgemeine Hochschulreife, die Fachhochschulreife bzw. ein berufsqualifizierender Abschluss verstanden wird.

3. Wirtschaftsstruktur/ Verflechtungen in der Wirtschaft

Eine wichtige Bedeutung für die Diffusion des elektronischen Handels nimmt auch die Wirtschaftsstruktur der jeweiligen Länder ein. Wenn die Wirtschaft national wie international stark verflochten ist, eine geringe Fertigungstiefe in der Industrie besteht und die Arbeitsteilung weit vorangeschritten ist, ist dies mit hohem Handelsvolumen verbunden. Folglich steigt der Bedarf nach Markttransparenz und kostengünstigen Vorleistungen, Produktionsmitteln sowie unternehmensbezogenen Dienstleistungen, wie sie der Elektronische Geschäftsverkehr für die Unternehmen bietet.

3.1 Bedeutung des Sektors Finanzen und unternehmensbezogene Dienstleistungen

Verwendet wird der Indikator Anteil des Sektors Banken, Versicherungen und unternehmensbezogene Dienstleistungen an der Gesamtwirtschaft (als Anteil der Beschäftigten). Annahme: Um so größer der Sektor, um so mehr unternehmensbezogene Dienstleistungen werden outgesourct und um so verflochtener ist die Wirtschaft. Im Bericht der European Commission „Employment in Europe 1997" finden sich statistische Angaben für die Länder Europas. Für die USA kann auf Angaben des US Census Bureau zurückgegriffen werden.

3.2 Güterverkehrsleistungen im Inland

Eine arbeitsteilige Wirtschaft zeichnet sich durch hohen Güterverkehr aus. Daher wird hier als weiterer Indikator auf die Güterverkehrsleistungen aller Verkehrswege im Inland gemessen in Tonnenkilometer zurückgegriffen. Die Werte werden auf das jeweilige Bruttosozialprodukt bezogen. Als Datenquelle fungiert die OECD.

Ergänzend zum Inlandsgüterverkehr wird auch der Export als weiterer Indikator verwendet. Bezug ist auch hier das jeweilige Bruttosozialprodukt. Die Exportquote bevorzugt eindeutig kleine Länder, weil sie naturgemäß über größeren Anteil an grenzüberschreitendem Handel verfügen. Dennoch erscheint uns die Aufnahme als Indikator sinnvoll (als einer unter vielen), weil die internationale Dimension gerade im Internet und im Electronic Commerce eine wichtige Rolle spielt.

4. Technische Infrastruktur

Das Vorhandensein einer ausreichenden IuK-technischen Infrastruktur ist eine zentrale Voraussetzung für die Ausbreitung des Electronic Commerce. Die potenziellen Kunden benötigen leistungsfähige Zugangsnetze zum Internet. Bei digitalisierten Produkten, die direkt über das Internet ausgeliefert werden, sind kurze und damit kostengünstige Down-loadzeiten eine notwendige Voraussetzung, damit sich dieser neue Vertriebsweg auf breiter Front durchsetzen kann. In die Indexbildung gehen mit Investitionen in TK-Infrastruktur, anschließbare Haushalte ans Breitbandnetz sowie Anzahl der ISDN-Anschlüsse drei Indikatoren ein. Verzichtet wird hingegen auf Variablen, bei denen heute bereits bzw. zumindest in naher Zukunft in allen untersuchten Ländern gleichermaßen Vollversorgung besteht (Telefon, TV) bzw. ein Anschluss kurzfristig bereitgestellt werden kann (Mobilfunk, Satellit). Abgesehen wird auch von der Verwendung des möglichen Indikators Stand der Digitalisierung der Ortsanschlüsse, weil in fünf der sieben untersuchten Länder die Ortsvermittlungsstellen bereits durchgängig mit digitaler Technik arbeiten (EITO 2000).

4.1 Investitionen in TK-Infrastruktur

Als Indikator herangezogen wird die Summe der Investitionen ins öffentliche und private TK-Equipment in den letzten 5 Jahren (1996-2000) bezogen auf die jeweilige Bevölkerung. Als Quelle fungieren die EITO-Berichte, wobei die Angaben für alle Jahre zum Wechselkurs 1997 erfolgen. Geeigneter wären unter Umständen die Angaben ausschließlich für das öffentliche Netz, d.h. also die finanziellen Mittel die in Kabel, Übertragungs- und Vermittlungstechnik gesteckt werden, jedoch liegen für die USA nur Gesamtdaten vor.

4.2 Anschließbare Haushalte ans Breitband-Verteilnetz

Als Alternative zur Anbindung mittels des flächendeckend verfügbaren Telefonnetzes kommt das ursprünglich zur Verteilung von Rundfunksignalen verlegte Breitbandverteilnetz in Betracht. Als Indikator wird nicht der Anteil der bereits angeschlossenen Haushalte verwendet, sondern der Anteil anschließbarer Haushalte, d.h. aller Haushalte, die bereits über Kabel-TV verfügen bzw. kurzfristig daran angeschlossen werden könnten. Damit wird das über diesen Distributionsweg für Electronic Commerce erreichbare Potenzial bestimmt. Datenquelle: The Inside Cable & Telecoms Europe Datafiles Oct. 99.

4.3 ISDN-Anschlüsse

Die Digitalisierung der Telekommunikationsnetze ist in allen untersuchten Ländern sehr weit fortgeschritten (s.o.). D.h. die Verfügbarkeit ist so groß, dass prinzipiell ein leistungsfähiger

Internet-Anschluss in allen Ländern kurzfristig bereitgestellt werden kann. Als ergänzenden Indikator verwenden wir die ISDN-Verbreitung in den Ländern bezogen auf die Bevölkerung. Die Daten wurden dem aktuellen „Communication Outlook" der OECD entnommen.

5 Bedingungen für Auslieferungen

Als weitere Parameter werden die Auslieferungsbedingungen herangezogen. Diese unterscheiden sich in den betrachteten Ländern nicht unerheblich. Berücksichtigt werden der Verstädterungsgrad und die Postzustellungsfristen. Andere möglicherweise ähnlich relevante Variablen, wie die Bevölkerungsdichte bzw. die Länge des Straßennetzes in Relation zur Landesfläche, bleiben außen vor.

5.1 Verstädterungsgrad

Der Indikator Verstädterungsgrad gibt an, wie stark konzentriert die Bevölkerung im jeweiligen Land lebt. Es kann davon ausgegangen werden, dass die siedlungsgeographischen Bedingungen einen maßgeblichen Einfluss darauf haben, wie schnell und reibungslos die Auslieferung im Internet bestellter Waren erfolgen kann. Besonders gilt dies, wenn man von einer starken Ausweitung des Electronic Commerce auf alle Waren und Dienstleistungen ausgeht. Je konzentrierter die Bevölkerung lebt, um so einfacher ist die Auslieferung der im Internet bestellten Waren zu organisieren. Datenquelle ist der Fischer Weltalmanach 2000.

5.2 Postzustellungsfristen

Der Indikator Postzustellungsfristen deckt darüber hinaus die Qualität der Logistiksysteme in den unterschiedlichen Ländern ab. Hierbei wird der Anteil der Briefpost, der über Nacht den Adressaten erreicht, gemessen. Für die USA musste der verwendete Wert geschätzt werden. Dabei wird berücksichtigt, dass hinsichtlich der Logistik Europa gegenüber den USA Vorteile hat (nicht zuletzt wegen der Größe des Landes). Aus der Literatur ist zu entnehmen, dass in den USA für bestimmte Zonen die Auslieferung bis zum nächsten Tag garantiert wird und inwieweit die zugesicherten Brieflaufzeiten auch eingehalten werden. Der geschätzte USA-Wert liegt mit 75% knapp unter dem für Italien und Frankreich, aber deutlich besser als für andere südeuropäische Länder wie Griechenland oder Spanien.

Ergebnisdarstellung und Diskussion

Berechnungsmethode

Bei jedem Indikator bzw. Index wird das führende Land gleich 100 gesetzt, alle anderen erhalten die relative Punktzahl.

Alle Sub-Indizes erhalten das gleiche Gewicht. Auch alle Einzelindikatoren eines Sub-Indexes gehen gleichwertig in die Berechnung ein. D.h. bei 5 Sub-Indizes hat jeder einen Anteil am Gesamt-Index von 20% und bei drei Indikatoren pro Sub-Index jeder jeweils 6,66 %.

Die verwendete Formel lautet:

Definitionen:

k	Anzahl der Länder (Laufvariable i)
s	Anzahl der Sub-Indizes (Laufvariable r)
n_r	Anzahl der Indikatoren in der Sub-Index-Gruppe r

Index-Formel:

$$I_i = \frac{K_i}{\max K} \times 100 \qquad \text{wobei} \qquad K_i = \sum_{r=1}^{s} SI_{ir}$$

$$\text{mit} \qquad K = \{K_i\}_{i=1, \ldots, k}$$

Sub-Index-Formel:

$$SI_{ir} = \frac{H_{ir}}{\max H_r} \times 100 \qquad \text{wobei} \qquad H_{ir} = \sum_{j=1}^{n_r} \frac{m_{ij}^*}{n_r \times s}$$

$$\text{mit} \qquad H_r = \{H_i\}_{i=1, \ldots, k}$$

$$\text{und} \qquad m_{ij}^* = \frac{m_{ij}}{\max M_j} \times 100$$

$$\text{mit} \qquad M_j = \{m_{ij}\}_{i=1, \ldots, k}$$

Erläuterung: Mit M_j wird die Menge der Werte für die Länder im Indikator j bezeichnet.

H_r bezeichnet die Menge der normierten Indikatorsummen in der Sub-Index-Gruppe r.

K bezeichnet die Menge der unnormierten Indizes.

Ergebnis der Berechnung: E-Commerce Index

	Nutzungs-Index
Deutschland	49
Finnland	100
Frankreich	38
Großbritannien	60
Italien	29
Niederlande	60
USA	80

TAB. 32: E-COMMERCE-INDEX (NUTZUNGS-INDEX): ERGEBNIS DER BERECHNUNG

Mit weitem Abstand stellt Finnland den Spitzenreiter, was die Electronic Commerce Nutzung betrifft. Das skandinavische Land liegt noch deutlich vor den USA. Es folgen etwa gleichauf Großbritannien und die Niederlande. Deutschland belegt nur einen Platz im hinteren Mittelfeld und läßt nur Frankreich und Italien hinter sich.

	Internet-Infrastruktur	**Internet-Zugang**	**E-Commerce-Angebot**	**E-Commerce-Nachfrage**
Deutschland	21	64	56	48
Finnland	100	100	100	100
Frankreich	19	46	33	45
Großbritannien	36	76	69	55
Italien	11	43	30	22
Niederlande	46	74	39	76
USA	98	88	61	72

TAB. 33: SUBINDIZES DES E-COMMERCE-INDEXES: ERGEBNIS DER BERECHNUNG

Finnland ist nicht nur Spitzenreiter beim Gesamt-Nutzungs-Index, sondern stellt auch in allen vier Bereichen den Benchmark. Die USA liegen nur im Bereich der Internet-Infrastruktur sowie abgeschwächt beim Internet-Zugang mit an der Spitze. Auffallend ist, dass Deutschland – ähnlich wie Großbritannien – im Bereich des Electronic Commerce Angebotes der Betriebe besser abschneidet als bei der Electronic-Commerce-Nachfrage, während es in den Niederlanden und den USA genau umgekehrt ist. Frankreich und Italien liegen in allen vier Feldern – teilweise sehr deutlich – zurück.

Ergebnis der Berechnung: Potenzial-Index

	Potenzial-Index
Deutschland	89
Finnland	76
Frankreich	66
Großbritannien	85
Italien	55
Niederlande	90
USA	100

TAB. 34:   POENZIAL-INDEX: ERGEBNIS DER BERECHNUNG

Beim Potenzial-Index nimmt Deutschland nach den USA und knapp hinter den Niederlanden (und noch vor Großbritannien) den dritten Platz ein. Dies steht in krassem Gegensatz zu den Ergebnissen für den Nutzungsindex (s.o.). Finnland und Frankreich liegen schon deutlich zurück, während Italien auch beim Potenzial-Index das Schlusslicht unter den beteiligten Ländern bildet.

	persönliche Präferenzen	Bildungs-stand / Medienkompetenz	Wirtschafts-struktur/ Verflechtungen	technische Infrastruktur	Ausliefe-rungs-bedingungen
Deutschland	73	64	62	100	96
Finnland	39	62	80	73	84
Frankreich	53	50	62	43	82
Großbritannien	68	81	73	58	95
Italien	38	33	59	35	79
Niederlande	41	73	100	91	100
USA	100	100	91	71	82

TAB. 35:   SUBINDIZES DES POTENZIAL-INDEXES: ERGEBNIS DER BERECHNUNG

Die Differenzierung nach Sub-Indizes zeigt folgendes Resultat: Die USA liegen im Ländervergleich vorne, wenn es um die persönlichen Präferenzen in der Bevölkerung und den Bildungsstand bzw. die Medienkompetenz geht. In den Bereichen Wirtschaftsstruktur und Verflechtungen sowie bei den Auslieferungsbedingungen liegen die Niederlanden an der Spitze. Deutschland nimmt bei der technischen Infrastruktur den ersten Platz ein und schneidet auch bei den Auslieferungsbedingungen/ Logistik gut ab.

Gareis / Korte / Deutsch

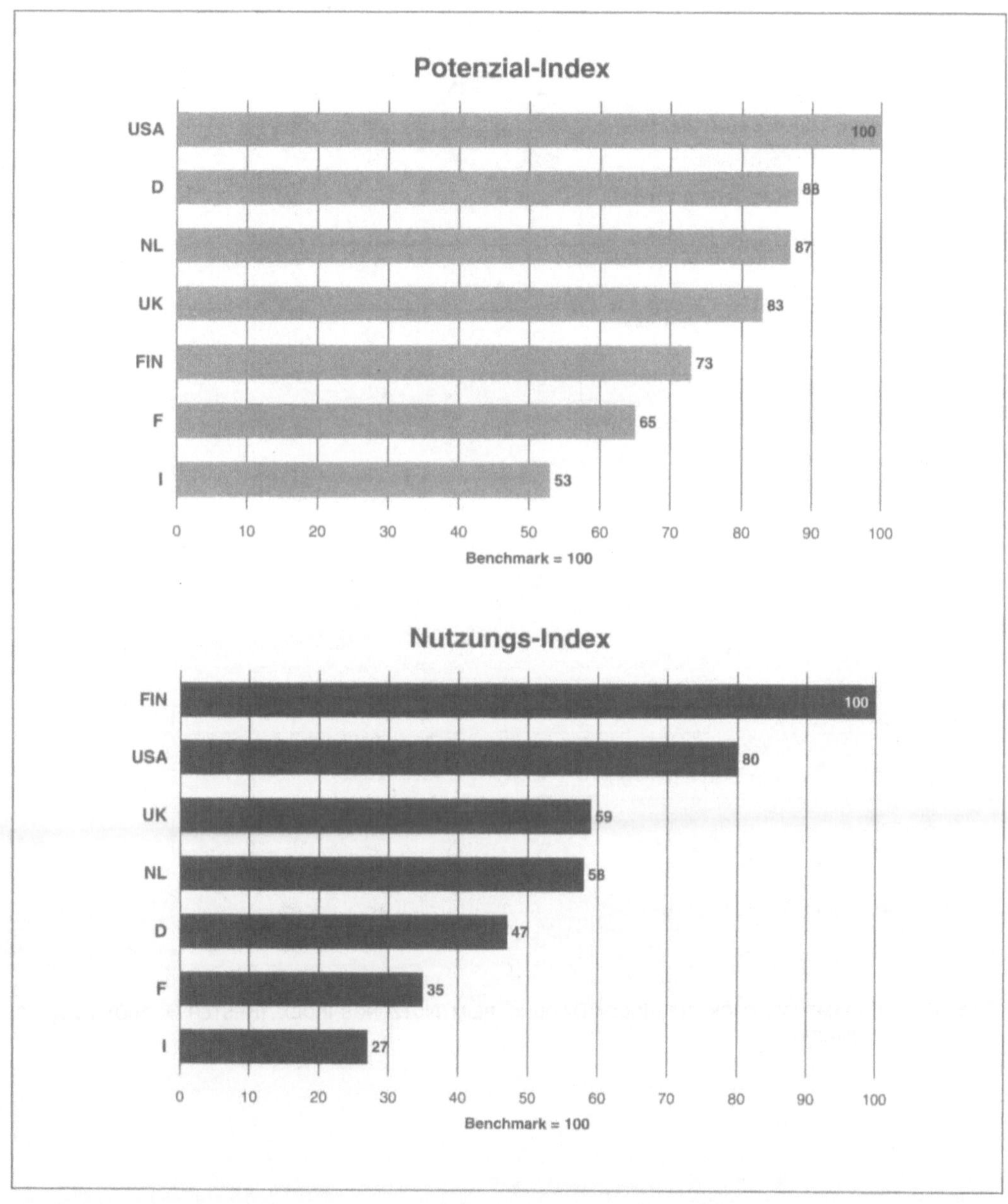

ABB. 72: VERGLEICH DES POTENZIAL- UND E-COMMERCE-INDEXES (QUELLE: EMPIRICA)

Auffallend ist die große Diskrepanz zwischen Potenzial einerseits und Nutzung andererseits. In Deutschland – wie in einigen anderen Ländern auch – ist das Potenzial für Electronic Commerce eher hoch und die Nutzung vergleichsweise gering. Ganz anders ist dies im

Vorreiterland Finnland. Das vergleichsweise bescheidene Potenzial kommt dort auch zur Anwendung, während in Deutschland die vorhandenen Möglichkeiten offenbar weniger gut ausgeschöpft werden.

	D	FIN	F	GB	I	NL	USA
Internet-Hosts pro 1000 Einwohner 1999	21	100	19	36	11	46	98
Sub-Index 1: Internet-Infrastruktur	21	100	19	36	11	46	98
Anteil der Betriebe mit Internet-Anschluss 1999	74	100	53	89	62	78	82
Anteil der Betriebe mit Präsenz im Internet 1999	71	100	42	81	35	63	87
Anteil der Personen, die regelmäßig das Internet nutzen 1999	46	100	42	58	31	82	94
Sub-Index 2: Internet-Zugang	64	100	46	76	43	74	88
Anteil der Betriebe mit Werbung und Marketing im Internet 1999	69	100	32	84	38	39	83
Anteil der Betriebe mit Online-Vertrieb 1999	42	100	21	55	17	39	47
Anteil der Betriebe mit Online-Datenaustausch mit Zulieferern und Geschäftskunden 1999	59	100	45	69	36	38	54
Sub-Index 3: E-Commerce Angebot	56	100	33	69	30	39	61
Anteil der Betriebe mit Online-Einkauf/ Beschaffung 1999	57	100	27	73	31	69	63
Anteil der Personen an der Bevölkerung, die regelmäßig im Internet einkaufen 1999	38	60	58	57	22	70	100
Anteil der Personen an der Bevölkerung, die regelmäßig Online-Banking betreiben 1999	29	100	32	13	4	59	24
Sub-Index 4: E-Commerce Nachfrage	48	100	45	55	22	76	72
Nutzungs-Index	**47**	**100**	**35**	**59**	**27**	**58**	**80**

TAB. 36: GESAMTÜBERBLICK ZUR INDEX-BILDUNG BEIM NUTZUNGS-INDEX (BESTER = 100) (QUELLE: EMPIRICA)

Gareis / Korte / Deutsch

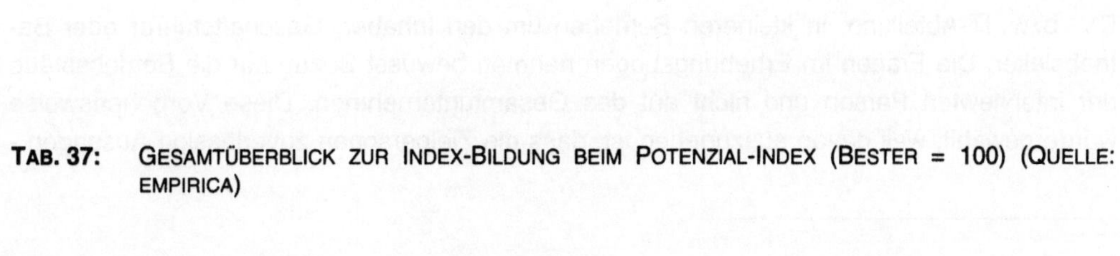

Die EC-Studie

B. Methodik der Datenerhebung

Betriebsstättenbefragung (DMS)

Die Erhebung basierte auf einer geschichteten Zufallsstichprobe von nichtlandwirtschaftli-
chen Betrieben (= Arbeitsstätten) in 6 Länder der Europäischen Union (Deutschland, Finnland, Frankreich, Niederlande, Italien und Großbritannien[28]) sowie den USA. Die Schichtung
fand anhand der Variablen Betriebsstättengröße (Zahl der Beschäftigten) und Branche statt
und stellt Erwerbstätigenproportionalität sicher: Die Wahrscheinlichkeit, dass ein Betrieb in
die Stichprobe gelangt, ist direkt proportional zu seinem Anteil an der Zahl der Erwerbstätigen. Anders ausgedrückt: Jeder Erwerbstätige hatte die gleiche Chance, dass sein Betrieb
befragt wurde. Wegen dieser Schichtung ist eine Aussage wie "50% aller Betriebe in Land A
nutzen E-Mail" zu interpretieren als "Betriebe, die 50% der Erwerbstätigen in Land A auf
sich vereinen, nutzen E-Mail".

Die Stichprobe wurde entweder aus so genannten Mastersamples gezogen, welche die
Befragungsinstitute extra für den Zweck der Betriebsbefragung selbst erstellt haben und die
üblicherweise das Optimum an Aktualität und Transparenz darstellen, oder aber - wo diese
nicht vorliegen - aus anderen Quellen, nämlich:

Deutschland	Infratest Burke Arbeitsstätten-Mastersample - enthält ca. 150,000 Adressen von Betriebsstätten (darunter so gut wie alle mit mehr als 100 Beschäftigten)
Finnland	Startel Betriebsverzeichnis
Frankreich	INSEE (Datenbank des nationalen Statistikamtes)
Großbritannien (inkl. Nordir-land)	Business Datenbank
Italien	Yellow Pages
Niederlande	Chamber of Commerce Datenbank
USA	GENESYS

Die Erhebung wurde in Form einer computerunterstützten Telefonbefragung (CATI) durchgeführt. In den größeren Ländern wurden 500, in den kleinerer 300 Entscheidungsträger
befragt. Als Zielpersonen für die Interviews wurden solche ausgewählt, die maßgeblich an
unternehmerischen Entscheidungen über IuK-technische Belange mitwirken: In größeren
Betrieben handelt es sich hierbei i.d.R. um den Leiter bzw. einen leitenden Mitarbeiter der
DV- bzw. IT-Abteilung, in kleineren Betrieben um den Inhaber, Geschäftsführer oder Be-
triebsleiter. Die Fragen im Erhebungsbogen nehmen bewusst Bezug auf die Betriebsstätte
der interviewten Person und nicht auf das Gesamtunternehmen. Diese Vorgehensweise
wurde gewählt, weil davon auszugehen ist, dass die Zielpersonen zuverlässige Aussagen -

---

[28] Wenn von Großbritannien die Rede ist, so ist hiermit immer das United Kingdom inkl. Nordirland
gemeint (im Unterschied zu "Great Britain", in dem Nordirland nicht enthalten ist).

z.B. über das Ausmaß der Telearbeit - nur über ihren unmittelbaren Zuständigkeitsbereich geben können, nicht jedoch über das Gesamtunternehmen.

Die Zahl der Interviews teilt sich wie folgt auf die Länder auf:

	Soll	Ist
Deutschland	500	501
Finnland	300	308
Frankreich	500	501
Großbritannien	500	501
Italien	500	506
Niederlande	300	300
USA	500	500

TAB. 38: VERTEILUNG DER STICHPROBE FÜR DIE BETRIEBSBEFRAGUNG AUF DIE BETEILIGTEN LÄNDER

Die untenstehende Tabelle zeigt die Verteilung der Stichprobe auf die einzelnen Betriebsgrößenklassen (vor und nach der Gewichtung). Die Verteilung nach Gewichtung entspricht nach den vorliegenden statistischen Angaben aus den einzelnen Ländern den Eigenschaftsmerkmalen der Grundgesamtheit (Beschäftigungsproportionale Schichtung = in Deutschland sind z.B. nach Infratest-internen Datenquellen (Infratest Betriebs-Mastersample) 28% der Beschäftigten in Betrieben beschäftigt, die weniger als 10 Mitarbeiter haben).

Verteilung der Stichprobe auf die Betriebsgrößenklassen (in %, vor/ nach Gewichtung durch Infratest/ GfK)										
	Beschäftigtenzahl									
	bis 9		10 bis 49		50 bis 199		200 bis 499		500 und mehr	
	vor	nach	vor	nach	vor	nach	vor	nach	vor	nach
Deutschland	29,4	28,0	24,5	23,7	20,8	17,1	18,2	21,0	7,1	10,2
Finnland	34,9	25,4	35,9	27,5	18,3	23,7	7,1	14,6	3,7	8,8
Frankreich	27,5	30,9	25,9	28,3	20,4	20,4	17,8	14,2	8,4	6,2
Großbritannien	22,2	19,4	24,8	31,0	19,4	16,0	23,6	23,1	10,1	10,5
Italien	41,1	45,8	26,3	23,1	19,2	16,4	10,1	10,7	3,4	4,0
Niederlande[29]	15,7	15,7	27,0	27,0	26,7	26,7	24,7	24,7	6,0	6,0
USA	15,0	14,4	27,2	26,7	33,0	27,9	11,4	11,2	13,4	19,8

TAB. 39: VERTEILUNG DER STICHPROBE FÜR DIE BETRIEBSBEFRAGUNG AUF DIE BETRIEBSGRÖSSENKLASSEN VOR UND NACH GEWICHTUNG DURCH INFRATEST/ GfK (QUELLE: EMPIRICA, BETRIEBSBEFRAGUNG 1999)

---

[29] In den Niederlanden musste keine Gewichtung vorgenommen werden, da die gewünschte Verteilung bereits per Quotierung erreicht werden konnte.

Bevölkerungsbefragung (GPS)

Die Erhebung basierte auf einer Zufallsstichprobe von Privatpersonen in den ausgewählten Ländern der Europäischen Union (Deutschland, Finnland, Frankreich, Niederlande, Italien und Großbritannien). Die Feldarbeit lag in der Verantwortung von Infratest Burke (u.a. in Deutschland) bzw. Emnid/ Taylor Nelson Sofres Gruppe.

Die Interviews wurden in Form einer computerunterstützten Telefonbefragung (CATI) durchgeführt. In den größeren Ländern wurden etwa 1000, in den kleineren etwa 500 Personen im Alter von 15 Jahren oder mehr befragt:

	Soll	Ist
Deutschland	1.000	1.000
Finnland	500	502
Frankreich	1.000	1.008
Großbritannien	1.000	1.095
Italien	1.000	1.010
Niederlande	500	526

TAB. 40: VERTEILUNG DER STICHPROBE FÜR DIE BEVÖLKERUNGSBEFRAGUNG AUF DIE BETEILIGTEN LÄNDER

Repräsentativität entlang der Variablen Region, Haushaltsgröße, Geschlecht und Alter wurde durch Quotensetzung und ergänzend durch nachträgliche Gewichtung sichergestellt.

C. Ergebnisse der Korrelationsrechnung

Der Korrelationskoeffizient nach SPEARMAN misst Richtung und Stärke des Zusammenhangs zwischen zwei mindestens ordinal-skalierten Variablen. Er nimmt einen Wert zwischen 0 und 1 ein, wobei der Wert 1 einen sehr hohen und der Wert 0 einen nicht existierenden Zusammenhang angibt. Für den Zweck der Berechnung wurden die IuK-Technik-Nutzungsvariablen jeweils in Ordinalskalierung verwandelt, wobei der kleinste Wert 1 für die Nichtnutzer ohne Einführungspläne, 2 für die Nichtnutzer mit Einführungsplänen in den nächsten 1-2 Jahren und 3 für die heutigen Nutzer stehen.

Betriebsgrößenabhängigkeit der Nutzung von IuK-Technik: Korrelationskoeffizient nach SPEARMAN					
	E-Mail	**Internet**	**Intranet**	**Video-Konferenzen**	**Call-Center**
Deutschland	0,562***	0,505***	0,497***	0,335***	0,197***
Finnland	0,411***	0,348***	0,484***	0,269***	0,327***
Frankreich	0,583***	0,526***	0,569***	0,408***	0,106*
Großbritannien	0,486***	0,404***	0,520***	0,474***	0,266***
Italien	0,530***	0,522***	0,386***	0,373***	0,251***
Niederlande	0,445***	0,410***	0,509***	0,279***	0,272***
USA	0,347***	0,274***	0,397***	0,426***	0,234***

Basis: Alle Betriebe (n = 3.117)

**** = signifikant auf dem 99,9%-Niveau (höchst signifikant)*

*** = signifikant auf dem 99%-Niveau (sehr signifikant)*

** = signifikant auf dem 95%-Niveau (signifikant)*

° = nicht signifikant

TAB. 41: BETRIEBSGRÖßENABHÄNGIGKEIT DER NUTZUNG VON IUK-TECHNIK IN EUROPA UND DEN USA (QUELLE: EMPIRICA, BETRIEBSBEFRAGUNG 1999)

Betriebsgrößenabhängigkeit der Internet-Nutzung nach Wirtschaftssektor: Korrelationskoeffizient nach SPEARMAN				
	Produzierendes Gewerbe etc.	**Handel, Verkehr & Nachrichtenübermittlung**	**Finanz- und unternehmensbezogene Dienstleistg.**	**Öffentlicher Sektor etc.**
Deutschland	0,566***	0,489***	0,501***	0,354***
Finnland	0,294**	0,520***	0,430*	0,305**
Frankreich	0,595***	0,351***	0,581***	0,427***
Großbritannien	0,417***	0,324***	0,229°	0,450***
Italien	0,513***	0,527***	0,434***	0,517***
Niederlande	0,548***	0,514**	0,240°	0,362***
USA	0,182°	0,150*	0,444***	0,328***

Basis: Alle Betriebe (n = 3.117)

**** = signifikant auf dem 99,9%-Niveau (höchst signifikant)*

*** = signifikant auf dem 99%-Niveau (sehr signifikant)*

** = signifikant auf dem 95%-Niveau (signifikant)*

° = nicht signifikant

TAB. 42: BETRIEBSGRÖSSENABHÄNGIGKEIT DER INTERNET-NUTZUNG NACH WIRTSCHAFTSSEKTOR IN EUROPA UND DEN USA (QUELLE: EMPIRICA, BETRIEBSBEFRAGUNG 1999)

Betriebsgrößenabhängigkeit der Internet-Nutzung nach Standorttyp: Korrelationskoeffizient nach SPEARMAN			
	Großstadt	**suburbaner Raum**	**ländlicher Raum bzw. Kleinstadt**
Deutschland	0,408***	0,442***	0,618***
Finnland	0,343***	0,119°	0,361***
Frankreich	0,465***	0,485***	0,536***
Großbritannien	0,141°	0,466***	0,474***
Italien	0,450***	0,584***	0,473***
Niederlande	0,414***	0,444***	0,381***
USA	0,400***	0,254***	0,173*

Basis: Alle Betriebe (n = 3.117)

**** = signifikant auf dem 99,9%-Niveau (höchst signifikant)*

*** = signifikant auf dem 99%-Niveau (sehr signifikant)*

** = signifikant auf dem 95%-Niveau (signifikant)*

° = nicht signifikant

TAB. 43: BETRIEBSGRÖSSENABHÄNGIGKEIT DER INTERNET-NUTZUNG NACH STANDORTTYP IN EUROPA UND DEN USA (QUELLE: EMPIRICA, BETRIEBSBEFRAGUNG 1999)

Gareis / Korte / Deutsch

Betriebsgrößenabhängigkeit der Internet-Nutzung nach Betriebstyp: Korrelationskoeffizient nach SPEARMAN		
	Einbetriebsunternehmen	Teil eines Mehrbetriebsunternehmens
Deutschland	0,443***	0,354***
Finnland	0,331***	0,200*
Frankreich	0,502***	0,343***
Großbritannien	0,394***	0,292***
Italien	0,488***	0,382***
Niederlande	0,470***	0,256***
USA	0,297***	0,314***

Basis: Alle Betriebe (n = 3.117)

**** = signifikant auf dem 99,9%-Niveau (höchst signifikant)*

*** = signifikant auf dem 99%-Niveau (sehr signifikant)*

** = signifikant auf dem 95%-Niveau (signifikant)*

° = nicht signifikant

TAB. 44: BETRIEBSGRÖßENABHÄNGIGKEIT DER INTERNET-NUTZUNG NACH BETRIEBSTYP IN EUROPA UND DEN USA (QUELLE: EMPIRICA, BETRIEBSBEFRAGUNG 1999)

Betriebsgrößenabhängigkeit der Nutzung von Electronic Commerce: Korrelationskoeffizient nach SPEARMAN	
	Electronic-Commerce-Typ
Deutschland	0,480***
Finnland	0,429***
Frankreich	0,493***
Großbritannien	0,428***
Italien	0,487***
Niederlande	0,384***
USA	0,293***

Basis: Alle Betriebe (n = 3.117)

**** = signifikant auf dem 99,9%-Niveau (höchst signifikant)*

*** = signifikant auf dem 99%-Niveau (sehr signifikant)*

** = signifikant auf dem 95%-Niveau (signifikant)*

° = nicht signifikant

TAB. 45: BETRIEBSGRÖßENABHÄNGIGKEIT DER NUTZUNG VON ELECTRONIC COMMERCE IN EUROPA UND DEN USA (QUELLE: EMPIRICA, BETRIEBSBEFRAGUNG 1999)

Betriebsgrößenabhängigkeit der Nutzung von Electronic Commerce nach Wirtschaftssektor: Korrelationskoeffizient nach SPEARMAN				
	Produzierendes Gewerbe etc.	**Handel, Verkehr & Nachrichtenübermittlung**	**Finanz- und unternehmensbezogene Dienstleistg.**	**Öffentlicher Sektor etc.**
Deutschland	0,581***	0,458***	0,522***	0,292**
Finnland	0,355***	0,567***	0,461*	0,410***
Frankreich	0,541***	0,348***	0,534***	0,393***
Großbritannien	0,445***	0,323***	0,351*	0,506***
Italien	0,521***	0,481***	0,418**	0,460***
Niederlande	0,534***	0,566***	0,230°	0,316***
USA	0,369***	0,249***	0,302*	0,364***

Basis: Alle Betriebe (n = 3.117)

**** = signifikant auf dem 99,9%-Niveau (höchst signifikant)*

*** = signifikant auf dem 99%-Niveau (sehr signifikant)*

** = signifikant auf dem 95%-Niveau (signifikant)*

° = nicht signifikant

TAB. 46: BETRIEBSGRÖßENABHÄNGIGKEIT DER NUTZUNG VON ELECTRONIC COMMERCE NACH WIRTSCHAFTSSEKTOR IN EUROPA UND DEN USA (QUELLE: EMPIRICA, BETRIEBSBEFRAGUNG 1999)

Betriebsgrößenabhängigkeit der Nutzung von Electronic Commerce nach Standorttyp: Korrelationskoeffizient nach SPEARMAN			
	Großstadt	**suburbaner Raum**	**ländlicher Raum bzw. Kleinstadt**
Deutschland	0,349***	0,523***	0,567***
Finnland	0,375***	0,461**	0,435***
Frankreich	0,394***	0,513***	0,495***
Großbritannien	0,356***	0,447***	0,455***
Italien	0,504***	0,534***	0,387***
Niederlande	0,193°	0,521***	0,392***
USA	0,304***	0,318***	0,218**

Basis: Alle Betriebe (n = 3.117)

**** = signifikant auf dem 99,9%-Niveau (höchst signifikant)*

*** = signifikant auf dem 99%-Niveau (sehr signifikant)*

** = signifikant auf dem 95%-Niveau (signifikant)*

° = nicht signifikant

TAB. 47: BETRIEBSGRÖßENABHÄNGIGKEIT DER NUTZUNG VON ELECTRONIC COMMERCE NACH STANDORTTYP IN EUROPA UND DEN USA (QUELLE: EMPIRICA, BETRIEBSBEFRAGUNG 1999)

Gareis / Korte / Deutsch

Betriebsgrößenabhängigkeit der Nutzung von Electronic Commerce nach Betriebstyp: Korrelationskoeffizient nach SPEARMAN		
	Einbetriebsunternehmen	Teil eines Mehrbetriebsunternehmens
Deutschland	0,366***	0,282***
Finnland	0,360***	0,322***
Frankreich	0,452***	0,309***
Großbritannien	0,372***	0,315***
Italien	0,471***	0,325***
Niederlande	0,484***	0,088°
USA	0,285***	0,209***

Basis: Alle Betriebe (n = 3.117)

**** = signifikant auf dem 99,9%-Niveau (höchst signifikant)*

*** = signifikant auf dem 99%-Niveau (sehr signifikant)*

** = signifikant auf dem 95%-Niveau (signifikant)*

° = nicht signifikant

TAB. 48: BETRIEBSGRÖßENABHÄNGIGKEIT DER NUTZUNG VON ELECTRONIC COMMERCE NACH BETRIEBSTYP IN EUROPA UND DEN USA (QUELLE: EMPIRICA, BETRIEBSBEFRAGUNG 1999)

D. Abbildungsverzeichnis

E. Tabellenverzeichnis

F. Literatur

Aaron, R., **Dècina**, M. & **Skillen**, R. (1999): Electronic Commerce: Enablers and Implications. In: IEEE Communications Magazine, Nr. 9, S. 47-52.

Acs, Z. & **Andretsch**, D. (1992): Innovation durch kleine Unternehmen. Berlin.

Afif, N.M. (1999): Schöne neue digitale Welt. In: Information Week Spezial: E-Commerce, 12.8., S. 10-14.

Akerlof, G.A. (1970): The Market for ‚Lemons‘: Quality, Uncertainty and the Market Mechanism. In: Quarterly Journal of Economics, Jg. 84, S. 488 - 500.

Albrecht, A. (1999): Biometrie, Digitale Signatur und Elektronische Bankgeschäfte zum Nutzen für Verbraucher. Olsberg.

Bailey, J.P. & **Bakos**, Y. (1997): An Exploratory Study of the Emerging Role of Electronic Intermediaries. In: International Journal of Electronic Commerce, Nr. 3, S. 7-20.

Bakos, Y. (1991): A Strategic Analysis of Electronic Marketplaces. In: MIS Quarterly, Jg. 15, Nr. 3, S. 295-310.

Bakos, Y. (1998): The Emerging Role of Electronic Marketplaces. In: Communications of the ACM, Jg. 41, Nr. 8, S. 35-42.

Balthasar, D. (1999): Online-Buchhandlungen – eine neue Vertriebsform für Medien im Internet. Diplomarbeit an der Fachhochschule für das öffentliche Bibliothekswesen, Bonn.

Barling, B. & **Stark**, H. (1998): Business-to-Business Electronic Commerce – Opening the Market. Volumes 1-3, London.

Bleuel, J. & **Stewen**, M. (1998): Grundlegende Probleme einer Besteuerung von Internet-Transaktionen. In: Wirtschaftsdienst, Nr. 2, S. 104-110.

Bliemel, F. & **Fassott**, G. (1999): Electronic Commerce und Kundenbindung. In: **Bliemel**, F., **Fassott**, G. & **Theobald**, A. (Hrsg.): Electronic Commerce. Herausforderungen – Anwendungen – Perspektiven. 2. Auflage, Wiesbaden, S. 11-26.

Bliemel, F., **Fassott**, G. & **Theobald**, A. (Hrsg.)(1999): Electronic Commerce. Herausforderungen – Anwendungen – Perspektiven. 2. Auflage, Wiesbaden.

Bloch, M., **Pigneur**, Y. & **Segev**, A. (1996): On the Road of Electronic Commerce – a Business Value Framework, Gaining Competitive Advantage and Some Research Issues. URL: http://www.stern.nyu.edu/~mbloch/docs/roadtoec/ec.htm, 15.11.1999.

Blöchl, B. (2000): Angriff auf Amazon. In: Süddeutsche Zeitung, 18.1.2000, S. V2/14.

BMWi (Bundesministerium für Wirtschaft und Technologie) & **BMI** (Bundesministerium des Innern)(1999): Eckpunkte der deutschen Kryptopolitik. Pressemitteilung vom 2.6.1999, Bonn.

Borchers, D. (2000): Der virtuelle Wilhelm: Digitale Signaturen machen den Datenaustausch im Netz sicherer. In: Süddeutsche Zeitung, 4.1.2000.

Boston Consulting Group (2000): Ecommerce Sites Still Failing Shoppers. Pressemitteilung, 8.3.2000, Boston.

Bovensiepen, N. (1999): Spielzeug über das Internet verkaufen. In: Süddeutsche Zeitung, 9.11.1999.

Bräuer, M. & **Stolpmann**, M. (1999): Schlau und Sicher – Technologische Trends bei E-Commerce-Lösungen. In: **Bliemel**, F., **Fassott**, G. & **Theobald**, A. (Hrsg.): Electronic Commerce. Herausforderungen – Anwendungen – Perspektiven. 2. Auflage, Wiesbaden, S. 85-102.

Brake, K. & **Bremm**, H.J. (1993): Unternehmensbezogene Dienstleistungen und regionale Entwicklung. In: Geographische Zeitschrift, Jg. 81, Nr. 1/2, S. 51-68.

Brasche, U. (1989): Qualifikation – Engpaß im Innovationsprozeß? Die Diffusion von Mikroelektronik und die Veränderung der Qualifikationsanforderungen. Beiträge zur Sozialökonomik der Arbeit, Bd. 18, Berlin.

Bremicker, H. & **Wilke**, J. (1998): Supply Chain Management – Wer kooperiert, gewinnt! In: Diebold Management Report, Nr. 11, S. 16-20.

Brull, S.V. (1999): A Net Gain for Gateway? In: Business Week, 19.7.1999, S. 60-61

BSI (Bundesamt für Sicherheit in der Informationstechnik)(1999): BSI-Projektbüro „Digitale Signatur". Bonn.

Buckley, P. (1999): Electronic Commerce in the Digital Economy. In: **Henry**, D. et al. (Hrsg.): The Emerging Digital Economy II. U.S. Department of Commerce, Washington, S. 1-13.

Bundesverbandes Deutscher Zeitungsverleger (2000): Online-Werbeumsatz hat sich verdoppelt. Pressemitteilung, 15. Februar 2000, Bonn.

Busch, C, **Arnold**, M. & **Funk**, W. (1999): Schutz von Urheberrechten durch digitale Wasserzeichen. In: **Banse**, G. & **Langenbach**, C.J. (Hrsg.): Geistiges Eigentum und Copyright im multimedialen Zeitalter. Positionen, Probleme, Perspektiven. Graue Reihe der Europäischen Akademie zur Erforschung von Folgen wissenschaftlich-technischer Entwicklungen, Nr. 13, Bad Neuenahr-Ahrweiler; S. 70-84.

Butler Group (1999): The Big E-commerce Rip-off. Pressemitteilung.

BVK (Bundesverband deutscher Kapitalbeteiligungsgesellschaften)(Hrsg.): Jahrbuch 1999. Berlin 1999.

Chappell, C. & **Feindt**, S. (1999): Analysis of E-Commerce Practice in SMEs. Barleben.

Cheskin Research & **Studio Archetype/ Sapient** (1999): eCommerce Trust Study. Redwood Shores.

Cho, Stephen (1999): Customer-Focused Internet Commerce at Cisco Systems. In: IEEE Communications Magazine, Nr. 9, S. 61-63.

Coase, R.H. (1937): The Nature of the Firm. In: Economia, Nr. 4, S. 386-405.

Cohn, L. (2000): B2V: The Hottest Net Bet Yet? In: Business Week, 17.1.2000, S. 42-43.

Conzelmann, R. (1994): Erfolgsfaktoren der Innovation am Beispiel Pflanzenölmotor. Göttingen.

CSC Plönzke (2000): Auf dem Sprung zur Wissensgesellschaft: Chancen und Risiken angewandter IT für die Arbeitswelt von heute. Pressemitteilung, 21.3.2000. Frankfurt/M.

CW (Computerwoche)(1999a): Amazon.com vermietet seine Website an Online-Händler. In: Computerwoche, Nr. 41, S. 42.

CW (Computerwoche)(2000a): Niedersachsen macht Ernst mit dem Einsatz elektronischer Signaturen. In: Computerwoche, Nr. 6, S. 39.

CW (Computerwoche)(2000b): Intranet-Anwendung macht dem Bestellprozess Beine. In: Computerwoche, Nr. 6, S. 59.

Däubler-Gmelin, Herta (1999): Urheberrechtspolitik in der 14. Legislaturperiode – Ausgangspunkt und Zielsetzung. In: GEMA Nachrichten, Nr. 159.

Darby, M. R. & **Karni**, E. (1973): Free Competition and the Optimal Amount of Fraud. In: The Journal of Law and Economics, Jg. 16, S. 68 - 85.

Davidow, W.H. & **Malone**, M.S. (1992): The Virtual Corporation. New York.

Deutsch, M. (1999): Electronic Commerce. Wiesbaden

DG Bank (Hrsg.)(1999): Mittelstand im Mittelpunkt Herbst/ Winter 1999. Sonderthema: Internet und E-Commerce. Frankfurt/M.

Diamond, P.A. & **Rothschild**, M. (1989): Uncertainty in Economics. New York 1989.

Dicken, P. (1986): Global Shift. The Internationalization of Economic Activity. London.

DIW (Deutsches Institut für Wirtschaftsforschung)(Hrsg.)(1998): Untersuchung der Übertragbarkeit von Erfolgsfaktoren US-amerikanischer Teleshopping-Angebote auf den deutschen Markt. Berlin.

DIW (Deutsches Institut für Wirtschaftsforschung)(Hrsg.)(1999): Electronic Commerce. Zu Chancen und Risiken des weltweiten elektronischen Geschäftsverkehrs. In: DIW Wochenbericht, Nr. 7, S. 141-149.

Ducatel, K. & **Burgelman**, J.-C. (2000): ICTs and Employment in Europe. In: Proceedings of the 15th European Communications Policy Research Conference, 25.-27.3.2000, Venice, S. 423-443.

Eaglesham, J. (1999): Cosultancy: All Aboard the E-Rocket. In: Financial Times, 15.12.1999.

ECO (Electronic Commerce Forum)(1999): Deutsche Online-Shops mangelhaft. Pressemitteilung, 28.10.1999, Bonn.

EITO (2000): European Information Technology Observatory 2000. Frankfurt/M.

EU Kommission (1997): Vorschlag für eine Richtlinie des Europäischen Parlaments und des Rates zur Harmonisierung bestimmter Aspekte des Urheberrechts und der verwandten Schutzrechte in der Informationsgesellschaft. Brüssel.

European Commission (1999): Best Business Web Sites. Luxemburg.

EURO Kartensysteme (2000): Entwicklung des Kreditkartenmarktes in Deutschland. URL: http://www.eurocard.de/jo/jo_frame_daten_fakten.html, abgerufen 15.2.2000.

Fark, M. (1998): Internet-Shopping heute. Der Einsatz des Internets als Vertriebs- und Distributionskanal: Analyse der Sicherheitsanforderungen bestehender und potentieller Betreiber. GMD Research Series, Nr. 2/98, Sankt Augustin.

Farrell, C. (1999): All the World's an Auction Now. In: Business Week, 4.10.1999, S. 70-74.

Ferguson, K. (1999): Purchsing in Packs. In: Business Week, 1.11.99, S. EB24-17.

Forrester Research (2000a): B2B Sites Defective and Difficult to Use. Pressemitteilung, 14.12000, Cambridge.

Forrester Research (2000b): Europeans Slow to Shop Online. Pressemitteilung, 24.2.2000, Cambridge.

Friedrich, A. (1999): Browse and Talk – D&S nutzt seit einem Jahr ein Internet-basiertes Call Center. In: Computerwoche Extra, Nr. 3, S. 29.

Gareis, K. (1996): Auf dem Weg zum „virtuellen Unternehmen"? Standorte und räumliches Verhalten von Werbeagenturen im Zeichen der neuen Telekommunikationstechniken. Diplomarbeit an der Universität Bonn, unveröffentlicht.

Geigant, F., **Haslinger**, F., **Sobotka**, D. & **Westphal**, H.M. (Hrsg.)(1994[6]): Lexikon der Volkswirtschaft.

Glanz, A. & **Sander**, J. (1999): Roadmap in digitale Welten. In: Computerwoche Extra, Nr. 2, S. 6-8.

Goder, A. (1999): Deutsche Online-Bookshops schreiben Verlustkapital. In: Computerwoche, Nr. 48, S. 45-46.

Grande, C. (2000): E-Procurement: Ending the Corporate Paper-chase. In: Financial Times, 9.2.2000.

Green, H. (1999): The Information Gold Mine. In: Business Week e-biz, 26.7.99, S. 11-19.

Green, H. (2000): Privacy: Outrage on the Web. In: Business Week, 14.2.2000, S. 65-66.

Green, H. et al. (2000): Online Privacy. In: Business Week, 20.3.2000, S. 48-56.

Grover, V. & **Lebeau**, J. (1996): US Telecommunications: Industries in Transition. In: Telematics and Informatics, Jg. 13, Nr. 4, S. 213-231.

Grube, L. (1998): Das Informations- und Kommunikationsdienste-Gesetz. In: Neue Wirtschaftsbriefe, Nr. 7, S. 491-494.

Haasis, K. & **Zerfaß**, A. (Hrsg.)(1999): Digitale Wertschöpfung. Multimedia und Internet als Chance für den Mittelstand. Heidelberg.

Hagel, J. & **Rayport**, J.F. (1997): Net Gain. Boston.

Hagel, J. & **Singer**, M. (1999): Net Worth: Shaping Markets When Customers Make the Rules. Boston.

Hamm, S. (1999): A Cyber-Arsenal for Road Warriors. In: Business Week, 15.11.1999, S. 92-96.

Hargreaves, D. & **Buckley**, N. (2000): Brussels May Put VAT on E-goods. In: Financial Times, 8.2.2000.

Helft, M. (2000): Expedia to Take Credit Card Charge. In: Industry Standard, 1.3.2000.

Hofstede, G. (1997): Lokales Denken, globales Handeln. Kulturen, Zusammenarbeit und Management. München.

IIPA (International Intellectual Property Alliance)(1999): Copyright Industries in the U.S. Economy: The 1999 Report. Washington, D.C.

IIPA (International Intellectual Property Alliance)(1999b): IIPA Special 301 Recommendations February 16, 1999. Washington, D.C.

Illik, J.A. (1998): Electronic Commerce – eine systematische Bestandsaufnahme. In: HMD Theorie und Praxid der Wirtschaftsinformatik, Heft 199, S. 10-24.

Internet Intern (1999): Supermarkt Amazon. Meldung vom 4.10.1999. URL: http://www.intern.de/99/39/03.shtml

Internet Intern (2000a): Versicherungsvertreter zittern. Meldung vom 3.3.2000, URL: http://www.intern.de/news/381.html.

Jaeger, S. (1999): Verbraucherschutz und Verbindlichkeit beim E-Commerce. In: c't, Nr. 19, S. 184-187.

Johnson, M. (1999): E-urope. In: International Consultants' Guide, Nr.4, S. 2-5.

Judge, P.C. & **Green**, H. (1999): The Name's the Thing. In: Business Week, 15.11.1999, S. 50-53.

Kortum, S.S. & **Lerner**, J. (1999): Does Venture Capital Spur Innovation? Harvard Business School Working Paper, Nr. 78.

Köppen, A. (2000): E-Business managen. Veröffentlichungen des Instituts für Wirtschaftsinformatik, Nr. 155, Saarbrücken.

Kollmann, T. (1999a): Wie der virtuelle Marktplatz funktionieren kann. In: Harvard Business Manager, Nr. 4, S. 27-34.

Kollmann, T. (1999b): Akzeptanzprobleme neuer Technologien – Die Notwendigkeit eines dynamischen Untersuchungsansatzes. In: **Bliemel**, F., **Fassott**, G. & **Theobald**, A. (Hrsg.): Electronic Commerce. Herausforderungen – Anwendungen – Perspektiven. 2. Auflage, Wiesbaden, S. 27-45.

Korf, R. & **Sovinz**, S. (1999): Umsatzbesteuerung des elektronischen Handels. In: Computer und Recht, Teil I: Nr. 5, S. 314-320, Teil II: Nr. 6, S. 371-381.

KPMG (Hrsg.)(1999): Electronic Commerce – Status quo und Perspektiven '99. Berlin.

Kröger, C. (1998): Kundenkommunikation im World Wide Web. München.

Kubicek, H. (2000): Internetverbreitung ist kein selbstlaufender Prozess, oder: die kritische Masse ist kritisch. Thesenpapier anlässlich des Parlamentarischen Abends der Stiftungsinitiative Informationsgesellschaft am 21. März 2000 in Berlin.

Kuhlmann, C. (1997): Diffusion von Informationstechnik. Wiesbaden.

Kunii, I.M. (2000): Amazing DoCoMo. In: Business Week, 17.1.2000, S. 24-29.

Lang, R. (1999): Portale als Zugang zum Wissen und Instrumente des Marketings. In: Computerwoche, Nr. 41, S. 82-83.

Lee, H.G. (1998): Do Electronic Marketplaces Lower the Price of Goods? In: Communications of the ACM, Jg. 41; Nr. 1, S. 73-80.

Mandel, M.J. (1999): The Internet Economy: the World's Next Growth Engine. In: Business Week, 4.10.99, S. 44-49.

Manhardt, K. (1999): Debatte um Rabatte. In: Süddeutsche Zeitung, 21.12.1999.

Manhardt, K. (2000): Virtual Cash im World Wide Web. In: Funkschau, Nr. 4, S. 24-27.

Manhardt, K. (2000): Das richtige Online Shopsystem. In: Funkschau, Nr. 4, S. 28-31.

Mannesmann AG (Hrsg.)(1999): Mannesmann-Index MAX. Zur Entwicklung der Telekommunikationsmärkte in ausgesuchten Ländern Europas. Düsseldorf.

Margherio, L., **Henry**, D., **Cooke**, S., **Montes**, S. & **Hughes**, K. (1998): The Emerging Digital Economy. U.S. Department of Commerce, Washington.

Mattson, S.-A. (1999): Twists in the Supply Chain. In: International Consultants' Guide, Nr.9, S. 20-23.

Maxwell, E., **Wakid**, S. & **Moline**, J. (1999): A Policy Perspective on Electronic Commerce. In: IEEE Communications Magazine, Nr. 9, S. 87-91.

Melichar, F. (1999): Neue Nutzungsformen urheberrechtlich geschützter Werke. In: **Banse**, G. & **Langenbach**, C.J. (Hrsg.): Geistiges Eigentum und Copyright im multimedialen Zeitalter. Positionen, Probleme, Perspektiven. Graue Reihe der Europäischen Akademie zur Erforschung von Folgen wissenschaftlich-technischer Entwicklungen, Nr. 13, Bad Neuenahr-Ahrweiler; S. 33-46.

Merz, M., **Tu**, T. & **Lamersdorf**, W. (1999): Electronic Commerce. Technologische und organisatorische Grundlagen. In: Informatik-Spektrum, 22.10., S. 328-343.

MMXI Europa B.V. (2000): Die reichweitenstärksten Angebote im Internet. Ergebnisse für November 1999. Nürnberg.

Moore, D. W. (2000): Americans Say Internet Makes Their Lives Better. Gallup Press Release, 23.2.2000.

Negelmann, B. (1999): Trends und Perspektiven im Electronic Commerce. In: Newsletter der GIM e.V., Nr. 2.

Negelmann, B. (1999b): Informationsvermittler im Marketspace. Neue Geschäftsmodelle für elektronische Märkte. In: Newsletter der GIM e.V., Nr. 5.

Nelson, P.J. (1970): Information and Consumer Behaviour. In: Journal of Political Economy, Jg. 78, S. 311-329.

Niemann, F. (1999): Umgekehrte Auktionen erobern das Internet. In: Computerwoche, Nr. 41, S. 37-38.

NOP Research (1999): UK Ecommerce to Top USD15 Billion by 2000. Pressemitteilung, 30.8.1999.

NTA (National Telecommunications and Information Adminstration) & **U.S. Department of Commerce** (Hrsg.)(1999): Falling through the Net: Defining the Digital Divide. A Report on the Telecommunications and Information Technology Gap in America. Washington 1999.

O'Connor, A. (1999): Turn Your Office into an Online Workshop. In: Financial Times, 20.10.1999.

OECD (Hrsg.)(1997): Electronic Commerce – Opportunities and Challenge for Government. The OECD „Sacher" Report. Paris.

OECD (1998): Electronic Commerce: Taxation Framework Conditions. Paris.

OECD (Hrsg.)(1999): The Economic and Social Impact of Electronic Commerce. Preliminary Findings and Research Agenda. Paris.

OECD (1999b): Recommendation of the OECD Council Concerning Guidelines for Consumer Protection in the Context of Electronic Commerce. Paris.

OECD (2000a): Science, Technology and Industry Scoreboard 1999. Paris.

Pfitzmann, A. (1999): Datenschutz durch Technik. In: Bäumler, H. & von Mutius, A. (Hrsg.): Datenschutzgesetze der dritten Generation. Texte und Materialien zur Modernisierung des Datenschutzrechts. Neuwied, S. 18-27.

Philips, L. (1988): The Economics of Imperfect Information. Cambridge.

Picot, A. (1993): Organisation. In: **Bitz**, M. et al. (Hrsg.): Vahlens Kompendium der Betriebswirtschaftslehre, Bd. 2, 3. Auflage, München, S. 101-174.

Picot, A., **Reichwald**, R. & **Wigand**, R.T. (1996): Die grenzenlose Unternehmung.Information, Organisation und Management. Wiesbaden.

Ponce, B. (1999): The Impact of MP3 and the Future of Digital Entertainment Products. In: IEEE Communications Magazine; Nr. 9, S. 68-70.

Price Waterhouse Coopers (1999a): Money for Growth – Technology Investment Report Europe 1998. Windsor.

Price Waterhouse Coopers (1999b): MoneyTree US Report – Full Year & Q4 1999 Results. New York.

Rathmann, C. (1999): Die EU und der elektronische Handel – Regeln fürs Internet. In : Süddeutsche Zeitung, 8.11.1999.

RegTP (Regulierungsbehörde für Telekommunikation und Post)(2000): Jahresbericht 1999. Bonn 2000.

Reichwald, R., **Höfer**, C. & **Weichselbaumer**, J. (1996): Erfolg von Reorganisationsprozessen. Leitfaden zur strategieorientierten Bewertung. Stuttgart.

Reinhardt, A. (2000): No Net Taxes: a Break for the Well-off. In: Business Week, 17.1.2000, S. 45.

Riggins, F.J. & **Rhee**, H.-S. (1998): Towards an Unified View of Electronic Commerce. In: Communications of the ACM. Jg. 41, Nr. 10, S. 88-95.

Rodger, W. (2000): Activists Charge DoubleClick Double Cross. In: USA Today, 25.1.2000.

Rogers, E.M. (1995): Diffusion of Innovations. New York.

Rohrbach, P. (1997): Interaktives Teleshopping. Elektronisches Einkaufen auf dem Informationhighway. Wiesbaden.

Roland Berger & Partner (1999): Success Factors in Electronic Commerce. Study. Frankurt/Main.

Rubner, J. (2000): Unterschrift per Zahlenfolge. In: Süddeutsche Zeitung, 24.1.2000, S. 1.

Schoder, D. (1998): Electronic Commerce Enquête 1997/98. Executive Research Report. Empirische Untersuchung zum betriebswirtschaftlichen Nutzen von Electronic Commerce für Unternehmen im deutschsprachigen Raum. o.O.A.

Schneier, B. (2000): The Uses and Abuses of Biometrics. In: Communications of the ACM, Jg. 42, Nr. 8, S. 136.

Schoder, D. & **Strauß**, R.E. (1998): Was ist Electronic Commerce? In: **Korte**, W.N. & **Reinhard**, U. (Hrsg.): Who is Who in Electronic Commerce `98, Heidelberg, S. 137-142.

Shapiro, C. & **Varian**, H.R. (1999): Information Rules. A Strategic Guide to the Network Economy. Boston.

Sieber, P. & **Hunziker**, D. (1999): Einsatz und Nutzung des Internet in kleinen und mittleren Unternehmen in der Schweiz. Arbeitsbericht Nr. 115 des Instituts für Wirtschaftsinformatik, Universität Bern.

Soete, L. & **Kamp**, K. (1996): The „BIT TAX": the Case for Further Research. University of Maastricht Research Paper, Maastricht.

Spectrum Strategy Consultants (1999): Moving into the Information Age – An International Benchmarking Study 1999. London.

StBA (Statistisches Bundesamt) (2000): Datenreport 1999. Wiesbaden.

Süddeutsche Zeitung (SZ)(2000): Vergeblicher Kampf gegen Raubkopien – Im Internet spielt die Musik. 26.1.2000, S. 31.

Symonds, M. (1999): The Net Imperative. A Survey of Business on the Internet. In: The Economist, 26.6.

Terhörst, W. (2000): EU-Signatur-Richtlinie stärkt die Web-Wirtschaft. In: Computerwoche, Nr. 5, S. 29-30.

Tröndle, R. (1999): „Privacy Policies" und das Internet. In: Computer und Recht, Nr. 11, S. 717-725.

U.S. Government (1997): A Framework for Global Electronic Commerce. The White House, Washington.

von Lewinski, S. (1999): Urheberrecht und digitale Technologie. In: **Banse**, G. & **Langenbach**, C.J. (Hrsg.): Geistiges Eigentum und Copyright im multimedialen Zeitalter. Positionen, Probleme, Perspektiven. Graue Reihe der Europäischen Akademie zur Erforschung von Folgen wissenschaftlich-technischer Entwicklungen, Nr. 13, Bad Neuenahr-Ahrweiler; S. 58-69.

w & v new media report (1999): Provider sollen zahlen. In: w & v new media report, Nr. 5, S. 24.

Waldmeir, P. (1999): Global E-commerce Law under Spotlight. In: Financial Times, 23.12.1999.

Watson, R.T. et al. (1999): Teledemocracy in Local Government. In: Communcations of the ACM, Jg. 42, Nr. 12, S. 58-63.

Weiber, R. & **Kollmann**, T. (1999): Wertschöpfungsprozesse und Wettbewerbsvorteile im Marketspace. In: **Bliemel**, F., **Fassott**, G. & **Theobald**, A. (Hrsg.): Electronic Commerce. Herausforderungen – Anwendungen – Perspektiven. 2. Auflage, Wiesbaden, S. 47-62.

WIK (Hrsg.)(1999): WIK-Newsletter, Nr. 36, Bad Honnef.

Wildstrom, S.H. (2000): On the Web, It's 1984. In: Business Week, 10.1.2000, S. 8.

Williams, F. (1999): E-Commerce: UN Links with Software Firms. In: Financial Times, 30.11.1999.

Williamson, O. (1975): Markets and Hierarchies: Analysis and Antitrust Implications. New York.

WIPO (World Intellectual Property Organisation)(1996a): WIPO Copyright Treaty. Geneva.

WIPO (World Intellectual Property Organisation)(1996b): WIPO Performances and Phonograms Treaty. Geneva.

Wolffe, R. (1999): E-Commerce: Taxing for Government. In: Financial Times, 14.9.1999.

Zangeneh, K. (1999): Kein E-Commerce ohne E-Money. In: Computerwoche Extra, 19.03.1999, S. 20-27.

Zerdick, A. et al. (1999): Die Internet-Ökonomie. Strategien für die digitale Wirtschaft. Berlin et al.

Zerfaß, A. & **Haasis**, K. (1999): Multimedia im Mittelstand: Anwendungsfelder, Chancen, Handlungsmöglichkeiten. In: **Haasis**, K. & **Zerfaß**, A. (Hrsg.): Digitale Wertschöpfung. Multimedia und Internet als Chance für den Mittelstand. Heidelberg, S. 3-24.

G. Index